河津優司 監修　　風袋宏幸・水谷俊博 編

環境デザインの試行

新宮 晋
宮城俊作
安田幸一
原 広司
杉本貴志
長倉洋海
北川フラム
庄野泰子
海藤春樹
平出 隆
たほりつこ

［はじめに］◉『環境の世紀を生きる感性』

　東京武蔵野の地にある本学に建築学系専攻をつくるときに、その専攻を人間関係学部環境学科に置いた。そしてその名前を住環境専攻とした。いま考えてもそれは実にすばらしい思いつきであったと思う。建築は人間への考察なしには存在できず、環境への配慮なしには計画できないということが自明であるにもかかわらず、そのままの名を冠した学部・学科がいまだに存在しなかったからである。

　そんな経緯のなかで、専攻科目の中に『環境デザイン』『環境デザイン論』という授業科目が生まれた。このような名前の学科も全国的にはあり、それなりの理念をもって設置した科目ではあったのだが、いざ開講してみると意外と概念整理が難しい。概念が拡散するばかりで、教員スタッフですら共通の理念をもちえない状況であった。

　そんなとき東京都武蔵野市から市民大学のための寄付講座の企画をいただいた。わたしたちは早速それに跳びついて、その講座の名前を『環境の世紀を生きる感性』とし、十二人の各界のトップデザイナーを招聘し、連続講演を打つことにした。それらの講演者を講演順にご紹介すると、建築家の安田幸一氏、ランドスケープ・アーキテクトの宮城俊作氏、アーティストの新宮晋氏、照明デザイナーの海藤春樹氏、建築家の原広司氏、アーティストのたほりつこ氏、インテリアデザイナーの杉本貴志氏、詩人の平出隆氏、音環境デザイナーの庄野泰子氏、プロダクトデザイナーの深澤直人氏、写真家の長倉洋海氏、アート・ディレクターの北川フラム氏と、実に多士済々であった。

デザインの現場を踏まえた皆さんの話は実に面白かった。講演の中身もさまざまなら、講演の手法もさまざまだった。集まった学生を含む聴衆の反応もさることながら、一番嬉々として聞き耳を立てていたのは企画したわたしたちだったろう。

おのおのの講演は『環境の世紀を生きる感性』というテーマを踏まえたものだったが、毎回講演の最後に「あなたにとって環境とはなんですか？」という意地悪な質問を用意していた。その答えを大まかに仕分けて整理してこの本の構成とした。

「環境デザイン」とはいったいなんでしょう？　講演を聴いてスタッフと議論し、本にまとめるに当たってまた議論した。その抄録を巻末に載せたが、その成否はともかくも、大いに生真面目に考える機会を得たと思う。

「環境デザインとは何か？」この問いは「環境とは何か？」に通ずる。このヌエ的な言葉に覆われた21世紀のデザインはいったいどこに行こうとしているのか？『環境の世紀に生きる感性』のデザインワークのお話を聞きながら、結局「環境デザインに何が可能か？」を問い直すことになったわたしたちといっしょに考えていただけると幸いです。

監修・河津優司

環境デザインの試行◈目次

[PART 3] 身体◉自己あるいは身体との関係性について

表紙・カバーデザイン＝風袋宏幸

［全体解説］

揺れ動く環境デザインのフレーム

環境デザインとは何か？　この言葉からは、ランドスケープや土木のデザイン、都市や地域のデザイン、あるいは建築や家具のデザインといった、さまざまなデザイン対象のことがまずは連想されるかもしれない。これは、私たちを取り巻くデザイン対象の領域的な広がりによって、環境デザインの姿がイメージされることが多いことにほかならない。ただこうしたとらえ方から、既存のデザイン分野の寄せ集め以上の意味を見いだすことは難しい。

国際環境デザイン学会（EDRA）には「人と人を取り巻く場との関係を理解し、人間の要求に答える環境を創出する」というミッションが掲げられている。そこに示されているように、環境デザインとは、関係性のデザインであること、さらに人間が中心のデザインであることとしばしば定義される。この定義は、デザインを行なううえでの着眼点と立場の表明であり、デザイン対象の領域的な広がりを包括する理念ではある。しかし、包括的すぎるがゆえに抽象度が高くもうひとつ全体像がつかみきれない。

このように環境デザインが集合的あるいは抽象的な存在にならざるをえないのはなぜか？　その背景には、専門分野によってとらえ方が異なり、また場所や時代と共にその実体や概念が変容していく環境という厄介な存在がある。この環境とデザインがむすびつくと話はさらに込み入ってくる。

そもそも環境という言葉は、デザインされる実体のある対象のことを指すのか、あるいは「やさしい」「ここちよい」などというデザインの質のことを意味するのかさえ曖昧である。いずれにせよ、環境デザインを取り巻く現在の状況は混迷しているように見える。はたして環境デザインを取り巻くこのいわば不確定な境界は、分野の未成熟さによる過渡的な状況であり、理解が進めばいずれ定位されるものなのだろうか。

こうした状況の中で企画されたレクチャーシリーズ『環境の世紀を生きる感性』がわたしたちに求めたものは、むしろこの不確定さ自体を環境デザインの特質として受け入れることであった。そこで本書では、「環境デザインとは何か？」

を問い続けるのではなく、むしろ「環境デザインに何が可能か？」をこそ模索してみたいと思う。環境という揺れ動く概念とのかかわりからデザインという行為にいかなる希望が見えてくるのか。まずは以下に本書の構成に関する簡単な見取り図を示し、さまざまに展開される試行への入口としたい。

デザインとは本来何を行なうことなのか。石を削り槍をつくったり、洞穴を掘り棲みかをつくることだろうか。あるいは、火を熾《おこ》したり、荒地を耕し田畑にする営為などにデザインの原型を見ることはできようか。このような例を見るかぎり、本来デザインとは、ある種の「自然」をもとに「文化」を形成していく行為だといえそうである。さらにこの行為は「身体」を通じた働きかけによってなされるところに着目したい。一方でこうした行為を環境とのかかわりから見ると、みずからの生活の場を空間的あるいは時間的に拡張していくことだったとも考えられる。

しかし現在のデザインは、前述のプリミティブな行為からは想像が困難なほど、高度に複雑化している。身体は生身の肉体にとどまらず、新しい道具を装着し拡張され続けている。自然は巧妙に管理され、何層にもデザインが織りこまれ、多層的な文化へと変容してきた。こうした環境を生きるとき、デザインの対象は実体から離れ、情報システムやコミュニケーションなど、より高次な関係性が問題にされることになる。すでにわたしたちの環境は、新たに拡張すべき自然としてではなく、再び編集される文化と共にある。

以上のような認識にたって、まずは本書に登場するさまざまな環境デザインの試行を、いったん「自然」「文化」「身体」というデザインの前提を成すそれぞれの概念とのかかわりにおいて秩序づけ、本書の3部構成とする。無論、こうした構成はジャンル分けをするためにではなく、思考を展開するための手がかりとして用意したものである。各概念とのつながりは、レクチャーのタイトルにすでに強く表明されているものもあれば、作品に対する言説の中に見え隠れする場合もある。あるいは「あなたにとって環境とは何か？」という聞き手からの問いに対する応答として浮かび上がることもある。
そして、各レクチャーを読み進めれば明らかなように、各デザインの試行は極めて多様で複合的な環境条件に対応している。したがって、巻末において、各概念の空間的および時間的変容というパースペクティブの中で概念相互の関係を立体的に考察していく。これをもって、微力ながら編者らの役割を多少なりとも果たしたいと思う。

風袋宏幸

[Part 1]

自然

◉人為を超えた存在として

1-0 自然 ［テーマ解説］

環境デザイン、あるいは環境という言葉を聞いて、いったいわれわれはどんなことを連想するのだろうか。人によって、さまざまな事象や物理的なモノを思い浮かべるだろうが、やはり、環境という言葉を聞いてとっさに思いつくのは「自然」ではないだろうか。まず本書の最初のパートでは、われわれがおそらくなじみが深いであろうこの「自然」というトピックから環境デザインというものを見ていきたいと思う。しかしよくよく考えてみれば、この「自然」もなかなかやっかいだ。抽象的な概念であるため本当にさまざまな解釈があり得る。ここでは、「自然」に取り組みながら世界各地でデザイン活動を展開しているアーティスト、ランドスケープ・アーキテクト、建築家のそれぞれの考え方、実際の活動、作品等を通して、環境デザインを考える最初のステップにしていただければと思う。

まずトップバッターはアーティストの新宮晋。のっけから「人類は地球に生き残れるか?」というタイトルは刺激的である。新宮は風（空気）や水をテーマにそれらの自然エネルギーで動く造形物の創作を行なっている。その一連の活動の集大成的なプロジェクトが「ウインドキャラバン」。世界中の六つの地点で、自然環境を体感するアート作品を設置し、現地の人にプロジェクトに直接参加してもらい、共に自然を体験するというアートプロジェクトである。とても印象に残るのが「本当に突然、誰に頼まれた企画でもなく、お金もあるわけではなく、スポンサーがついたわけでもないのに、これはどうしてもやらなければならない」と思ったという新宮の言葉。キャラバンを展開していくことにより世界中の人たちと共に自然に触れ合うことで「未来の地球について、生き方についてみんなに考えてもらいたい」という氏の強い思いが込められている。

続いては緑、木や土などの自然要素と最も直接的にかかわっているランドスケープ・デザインという取り組み。ランドスケープ・アーキテクト、宮城俊作は風景を誘《いざな》うデザインをめざし、環境の現実と向き合いながら環境デザインを行なっている。「風景はつくれるものではない」という宮城の考えは非常に魅力的であり、「風景が立ち現われる」プロセスに自分を関与させるということでデザインを成立させることができるのではないか——というデザイン姿勢は興味深い。たとえば水平に点在する境界のない複数の点を結ぶためのキーワードになるものは、機能としての環境デザインでも、構想される環境デザインということでもないかもしれない。そこでは自分と周辺の環境、あるいは自然との関係を模索し、その両者の関係性を問い直すことが重要ではないか。

建築家、安田幸一は環境と対峙《たいじ》する建築をめざし設計活動を行なっている。「対峙」という言葉を使っているところがユニークで、われわれはさまざまな考えをめぐらせてしまう。対峙という言葉自体があまり肯定的でないようなニュアンスを与えるが、それをあえて冠しているところに安田の挑戦的な意思がみてとれる。「それは決して環境と敵対しているわけではなく、環境を尊重しながら環境に対応していくという姿勢である」と安田はいう。いわゆる造形といわれるデザインをこえて、都市環境や自然環境を広い視野でとらえて環境デザインというものに取り組んでいるのであろうが、安田はさらに続ける。「環境におもねったり、建築を環境のせいにしてしまってはいけない」と。環境に対して建築がたちあがるうえで、毅然と、それこそ対峙するというデザインへの意気込みは共感できるところである。

さて、「自然」というキーワードでわれわれの現在の生活を改めてみつめ直してみる。情報に左右され、ネットとテレビによる無尽蔵でポップな日常生活は、まさにグローバル化と都市化のたまものといわざるをえないだろう。そこに自然という概念はどう入りこむのか。あるいは入りこむ余地すらないのか？

しかし二十世紀後半から席捲してきたグローバリゼーションの流れも、現在はさまざまな受け取り方をされている。われわれは、思考や判断は決してみずからの所属するところ（もちろん自然も含んだ）とは無関係ではなく、必ずしも普遍性をもつわけではないということに気づいてきている。

自然をみつめ、自然への全回路を開いて、自然から刺激を受けて何かをつかむ。それは現代のわれわれが失いつつある自然へのふるまいであり、それこそが最も大切なものなのだということは、みんなわかってはいる。本書に紹介しているデザインの実践例にも見られるように、自然に触れ自然と対話をするようわれわれが身を置くことが可能となるような環境デザインというものが必要となってくるのである。

それは単に結果としての作品のデザインというわけではない。デザインのプロセスも含め、今のわれわれには、何をなすべきかを鋭く問いかけるメッセージを包括するデザインが大切なのである。

水谷俊博

1-1

人類は地球に生き残れるか？

アーティスト　新宮　晋

【プロフィール】しんぐう すすむ／一九三七年大阪府生まれ。東京芸術大学絵画科を卒業後イタリアに留学。六年間の滞在のうちに平面から立体へ、さらに動く造形へと移行。以来、風や水といった自然エネルギーで動く作品を世界各地につくり続けている。二〇〇〇年から二〇〇一年にかけて、地球上六か所の自然の風景の中に作品を設置し各地の人々と交流をはかる「ウインドキャラバン」を企画、開催。その活動により第四十三回毎日芸術賞特別賞受賞。二〇〇二年には紫綬褒章受章。『いちご』『くも』文化出版局、『小さな池』福音館書店、などの絵本でも知られる。

奇跡の星、地球に生まれて

本日のテーマは「人類は地球に生き残れるか」と非常に大きく出ましたけれども、本当に生き残れるかどうかの結果が明らかになるのは、われわれの知る由もない未来かもわかりません。ただ、今、地球の向かっているさまざまな問題点を考えてみますと、あながちこれは冗談ではなくて、将来、地球に人類という動物が生きていたことがあったと、何かが語るというようなことが起こり得るかもわからないというブラックユーモア的な心配もしております。

ともかく三十六億年前の生命の起源から、類人猿のようなかたちを経て、約四万年前に現代のわれわれに通じる人類が誕生してから今日まで、地球の歴史の中では、本当にごく短い間に人類がこれほど世界中に繁栄し、しかもその人類の手によって自然が急激に危機に侵されているという現状に至りました。これは、誰かが真剣に考えて、ブレーキをかけなければいけないことだと、強くこの頃思っています。芸術家として単に作品をつくるだけではなく、芸術家でなければできない問題提起や意志表示をすることが可能なのではないか……。私は芸術家として芸術家の力というものをまだ非常に楽観的に強く信じているものですから、本日これからご紹介するような一連の作品を通して活動を続けております。

考えてみれば、この宇宙という広大な空間に何百万個もある星雲の一つである銀河系の中に、太陽を中心として地球という小さな惑星がみずから回転をしながら回り続けている、それも生まれたときの勢いそのままで回り続けている。私のように回転運動ばかりやっている者にとっては、この回転軸もなく軸受けもなく宇宙空間を回っている地球というのは、どういうことなんだろうなと深く考えますけども、ここにおいて、この柔らかい大気に包まれた星、太陽からの適度な光と温かさを享受しながら、人類を含めてこれだけ多くの生物が育ってきた地球という星は、本当に奇跡のような星だと思います。

そこに生まれた私たちが、今夜こうして同じ時間をシェアできていっしょに会えるということだって、本当に奇跡のうちの奇跡だというふうに感じています。

皆さんはどうお感じでしょうか？　そのように感じられないようになると、人間も危機じゃないかなと、そういう意識をもって、私は仕事をしてまいりました。

『空気と水』をテーマに――自然エネルギーで動く造形物

私はメインの仕事として、いわゆる自然エネルギーで動く造形物をつくっております。テーマは、『空気と水』です。空気と水というのは、地球のエレメントの中でも特に重要なエレメントで、他の星にはない独特の物だと思うのですけども、この空気と水によってわれわれ一人ひとりの生命は維持されているわけですし、自分の体の中を水がめぐり、空気が吸いこまれては吐き出され、こうして生きているのです。このことは、生まれたときからずっとそうだから、多分慣れっこになっていて、いま呼吸している、いま水を飲んでいるという意識はないかもしれませんが……ここが非常にひっかかるところで、私はそれを造形というかたちで表現し、この地球の魅力を作品を通して伝えたいという気持ちでつくってまいりました。

私のアトリエは、兵庫県の三田《さんだ》市というところにあります。今や神戸、大阪のベッドタウンと化している部分が多いんですけれども、私のアトリエおよび私の自宅は、いわゆる三田のニュータウンという新しい地域ではなく、まったく自然環境の残っている、昔の三田にあります。田園風景が広がり、農家が点在するところで、贅沢にもこうして季節ごとの田園風景の変化を楽しみながら、交通渋滞にも遭わず約十分間でアトリエへ（「通勤」と冗談でいっていますが）出かけております。

アトリエに向かう道の途中に橋があります。今は路面にアスファルトが敷かれていますけれど、ついこの間までは地道だったところです。この橋から先に入って来る人は、うちのアトリエに来る人だけ、というところです。このあたりから、「ウインドキャラバン」以前にあった「ウインドサーカス」のころの作品が、道に沿って展示されています。作品を制作してどこかに納めてしまうだけではなく、手許において身近に観ることで、またいろんなことを学んでいます。

アトリエの室内や天井には、これまでにつくった作品、テストした作品、あるいは企画が流れた作品、その他の模型が一杯に飾られています。その下で机に向かって仕事をしています。仕事中の映像を見ると、外国人はよく、「足はどこにあるんだ」と驚きます。実は掘りごたつになっております。ご安心ください（笑）。できるだけ家具を省こうと考えたのと、冬の寒さがかなり厳しいのとで、掘りごたつにしたのです。

アトリエの裏には、大きな溜池（農業用の貯水池）がありまして、ここにブイで浮かぶ作品を置いて、十年ばかり季節ごとに楽しんでおります。そこからあまり遠くないところに、人工湖ですが、大きな湖がありまして、そこに三田市の水道局から上水道が敷かれたことの記念に水を表わしたモニュメントができないかという依頼がありまして、水のもつ透明感や、あるいはバイタリティーみたいなものを表現するものはないかということで考えまして提案しました。この提案を、最初、水で動いている状態ではなくて、針金だけで示したときの三田市役所の担当者の何か寂しそうな顔というのは忘れられません。「これが動くんですよ」と説明しても、うかぬ顔で「あぁそうですか」と答えられるのみで、「いつもの新宮先生らしくない」というので心配されたようでした。実際に水で動いたら安心されました。

次の作品は、大阪の関西空港、インターナショナルな出発ロビーの天井に吊られた作品です。十七体ありますが、長さが約十五メートル、これらは空調の風で動き続けています。この作品は、イタリアの建築家、レンゾ・ピアノと、最初に組んだ仕事の一つです。レンゾ・ピアノから、「すごく美しい空気の流れをデザインしたんだけれども、残念ながら見えないから、君、見えるようにしてくれ」ということで、あの作品の依頼がありました。

自然の中に配置した作品では、広島の瀬戸内海の生口島《いくちじま》というところの岩の上に立っている作品があります。この岩は岸から約二十五メートル沖にあり、満潮のときには岩は海の中に隠れ、干潮時には岩のところまで岸か

兵庫県三田市水道局モニュメント ©新宮 晋

関西空港出発ロビー天井の作品 ©新宮 晋

ら歩いて渡ることができます。この岩を見つけたことが、この作品をつくるきっかけになったといえます。あの岩をなんとかして人にいい形で見せたい、というのが、作品の動機でした。そのために配置する人工物は何でも良かったんです。冗談で「マチ針を立ててもいい」といってましたけれども……小さな岩の上に立ったこの作品は、高さが六メートル程で、海の広さの中で人工物として、ただあの岩を注目してもらいたいということで立っている作品です。

都市の中に配置した作品もあります。場所は、大阪、心斎橋で、ほんとに大阪のど真ん中、まさにアーバンスペースにあります。この大阪のど真ん中のアーバンスペースにも、地球上の場所として、引力や、慣性や、風といった、さまざまな地球の要素があることを証明したくて、ゆっくりと動く作品をつくりましたが、残念なことに、大阪の人はみんな忙しいですから、この作品のゆっくりした動きの中をせかせかと走り抜けるように歩いておられまして、鑑賞するのはよほど変わった人ということになっています。

イタリア、ジェノバのポルトアンティーコという港には、モニュメントの作品があります。この町で一九九二年にコロンブスのアメリカ発見五百年を記念した博覧会が開かれました。コロンブスがジェノバの人であったことから、この港がコロンブスのアメリカ発見のための資金を出したわけではないのですが、厚かましく「コロンブスの生まれ故郷だ」と主張しておりまして、アメリカ発見に行った帆船のイメージをもった作品を、と依頼されました。三角のセールを用いた十八メートルほどの高さの作品が九本立っております。これは、博覧会のときにつくったものですけれども、もちろん現在もパーマネントに港のシンボルとして残っています。

次は、イタリア、ミラノの少し南にあるローディというところの銀行の中庭にある水の作品です。この水はコンスタントにポンプで送られているだけですが、それによって回転する行程の中で、いかにイレギュラーに動かすかということを考えまして、それぞれのコップに水が貯まる状態がずれて、決して同じ動きをくり返さないよ

イタリア、ローディの銀行の中庭の作品 ©新宮 晋

うにつくりました。

　また、水上を滑るように旋回する、宇部市の湖にある作品は、九枚の白い帆を配して、水と風の関係により、風が通り過ぎていくのが見えるような作品をつくりたいなと考えてつくったものです。水の中にはコネクトされているアームがあるのですが、それは水中に隠れて見えないようになっているために、風が回転ドアを押し開けながら通り過ぎていくというイメージで考えた作品です。

　イタリアではまた、ミラノの、日本でいえば日本経済新聞にあたる『イル・ソーレ・ヴェンティクヮトロ・オーレ（Il Sole 24 ORE）』という経済紙を出している新聞社の、新しい本社ビルの吹き抜けにつくった作品があります。建物はレンゾ・ピアノの作品です。この作品は、社名が日本語でいえば「太陽二十四時間新聞」であることから、太陽を表わしたようなイメージで、黄金色のセールが複雑に組み合わさって吹き抜けの空間で漂うように回転するという作品です。

　次は、二〇〇五年に完成した南イタリアのバカンス村の中に建っている二つの作品です。これらの作品は、クライアントが先ほど述べたジェノバの作品がとてもお好きで、どうしてもあれを自分のところにもつくってほしいということで依頼されたものです。はじめに勘違いされまして、ジェノバの作品はレンゾ・ピアノのオフィスがつくったと思われてそちらへ電話をされたのですが、そこで、「あれは日本人だ」といわれて諦めかけておられたところ、友人の一人が日本に行くことになり、「それなら三田《さんだ》に行って会ってこい」ということで、イタリア人がいきなり三田にやって来たのです。それから話が急に具体化した作品です。

　ここは、地中海の海際の素晴らしいバカンスビレッジで、二百五十ぐらいのバンガローがあって、八百人も収容できる村ですが、ここから「どうしても二つ目が欲しい。あの作品一つでは寂しいので、もう一つつくってくれ、あくまでジェノバの作品のイメージで」といわれました。私は「同じ作品は絶対つくらない」といって、こ

南イタリアのバカンス村の作品 ©新宮 晋

山口県宇部市、湖水上の作品 ©新宮 晋

のような作品となりました。ニュアンス的には、また材料的には、クライアントも納得されまして、この非常に小さい作品を可愛がってくれています。この作品は、二〇〇五年五月にできたものですが、完成祝賀会の夜、ご飯を食べながら「三つ目頼む、三つ目頼む」とクライアントがいわれるのです。高齢の方（八十四歳）ですから、もういい出したら後に引かないのです……。

次は、ソウルから二時間くらい南に下ったアサンというところに建っている作品です。ここは、個人がつくった有料の公園で、エコロジカルな教育の場として利用できるようになっています。この公園をつくられた家族が、ソウルオリンピックのときにソウルに私がつくった作品を眺めていて、それでどうしてもということで私に依頼してこられて実現した作品です。これも二〇〇五年の七月に完成しました。ここにはもう一つ、水に浮かぶ作品も依頼されてつくりましたが、まだ池を掘っていないために、作品は据えられていません。

次は、二〇〇五年秋に、フランス、ボルドーのワインのシャトーのオーナーからの依頼でつくった作品です。シャトー・ダルザックという、いいぶどう酒がつくられるところなんですが、このシャトーは、一年に一作、現代美術のコレクションをメセナのようなかたちでしておられます。

このように、最近までの仕事、作品をご紹介してみると、今、私の仕事が恵まれているなと思うのは、どうしてもつくってほしいというクライアントの方がいて、その方のお話を聞いていると、この人のためなら、どうしてもいい作品をつくってあげなければいけないと思ってつくっていることです。そうなってくると、クライアントと製作者という関係ではなくて、クライアントは完全にコラボレーターになるんですね。小さいことをいっぱいいう人がいたり、その人の気持ちが妙にわかったりする中でつくられる作品というのは、この場所に、この人だからつくれたという作品が生まれるので、それは私や私のところのスタッフにとって「環境的な作品」だとい

韓国、アサンの公園の作品 ©新宮 晋

えると思うのです。

一方、日本で作品の依頼を受けると、個人の依頼よりはお役所の担当の方が来られて、最初からシラッとしたところがあり、いかにもお役目で来られたといった感じになることがよくあります。本当は誰がいちばん「欲しい」という気持ちで来られたかよくわからないまま話が進んだり、年次予算がどうのこうのといったような話があって、そういう中でつくると、担当の方が代わられたり、その他いろいろなことがあって、作者としては、間に何か挟まったような行き届かない感じがすることもあるんですね。

これまでにご紹介した諸作品のように、「どうしてもお前の作品じゃなければ困る」という方につくっているときの作者というのは、非常に幸せな選ばれた者なのです。私の中にそういうタレントがあって本当にその方の夢をいっしょにかなえることができたらいいのにな、という思いでつくっております。

幸いなことに、最近は国内の役所的な仕事は減り、上に紹介したような私の作品を熱愛してくださって、日本までやって来てくださるクライアントに恵まれて、今のところは仕事をしているというのが現状です。

絵本作品を通して地球の素晴らしさ、自然のすごさを表現

私は、ここまでに紹介した自然の中の環境的な作品と並行して、いくつかの絵本を描いています。絵本では、地球の素晴らしさ、自然のすごさみたいなものを表現して、作品を通して伝えられるといいなと思う一方、私が自然と身近に暮らしながら、自分の子供のころとか、いろんなことを思いますと、地球の素晴らしさを子供の段階でなんとかわかってもらえるといいなと思って、描いております。

最初にご紹介するのは、『いちご』という絵本です。これはイチゴという何でもない……いや、何でもなくはない、

絵本『いちご』©新宮 晋

すごい実なんです。そのイチゴの生長をいわば科学的に、正確に描いています。そのイチゴが本の中で徐々に大きな存在になっていきます。北極があり、南極があり、金の鋲が打ってあるとか、太陽の届かない非常に冷たい世界があるとか、でも、宇宙に属するイチゴ、こんな偉大な自然から生まれたイチゴを人間はそう簡単にパクリと食べてもいいのかというくらいの話を、イチゴに対するラブレターのようなかたちで描きまして、これが最初の絵本です。一九七五年に出版されて、現在までに十九版、版を重ねております。また、韓国語版、中国語版も出版されておりまして、現在、フランス語版の出版が予定されています。（『いちご』一九七五年、文化出版局）

次は、『くも』という絵本です。蜘蛛は、嫌いな方も多いかもしれませんが、私にとっては、地球に生まれた最も偉大な建築家じゃないかと思うんですね。空間に設計図もなしに、あんな見事な円網をつくれるという才能は、とても人間の及ぶところではないと思うのですが、この蜘蛛が私たちの寝ている間に、昔でいえば雨戸を一つ隔てた外で死闘のドラマをくり返すという内容の絵本です。この蜘蛛の営みを、トレーシングペーパーを使うことによって、少し前の時間、少し先の時間も同時に見えるようなかたちにしようという意図をもって描いた本で、時間の経過その他含めて、蜘蛛という生物の偉大さを描きたかったんですね。（『くも』一九七九年、文化出版局）

次の絵本は、『じんべえざめ』という作品です。ジンベエザメという鮫は、今や水族館で飼うことができるようになって、神秘のベールが少し薄くなったかと思いますが、私は、このジンベエザメを見たとき、びっくりしました。ともかく魚類の中で世界で最も大きな魚なんですが、それまでにあまり知られていなかったその生態をなんとか描こうと思って描きました。私はこの絵本の冒頭に、人間が水の表面だと思っているものを、海の魚たちは空気の天井だと思って過ごしているかもしれないという言葉を書いたんですが、見方を変えるということがどんなに大事かということを考えてみました。イチゴの身になってみろというのも然り、水の中の魚たちが人間

絵本『くも』©新宮 晋

をどう考えているかを考えてみたほうがいいんじゃないかというのも然りです。『じんべえざめ』は、そういう感じで、全部水の中の話です。（『じんべえざめ』一九九一年、扶桑社）

この辺は、元絵描きがなんとなく絵から立ち去りがたく、ときどきホビーとして絵を描きたくなって描いている格好なんですが、最近も忙しい中、決して暇じゃないですけれども、絵本を描く時間も見つけて、絵を描いていたら、絵描き時代、八方塞がりみたいになっていたのが、気持ちよく描けるというようになっています。絵を描いたり、物をつくったり、あらゆる点で表現方法は違うんですけども、地球に生まれてきた喜びが造形の中にあふれ出たらいいんじゃないかなと思って仕事をしています。

ウインドキャラバン——世界の六地点の自然環境で展開

「ウインドキャラバン」は、一年半かけて地球上の典型的な六か所の自然環境で展開されたアートプロジェクトです。

私自身、地球に生まれて、もう六十年以上経つんですが、最近になって、あるとき突然気がついたことがあります。世界中いろんな仕事で飛びまわっていても、ニューヨークに行ってもパリに行ってもロンドンに行っても、これは地球上に人類が築いた非常に特殊な環境であって、地球全体のことじゃないんだということに気がついたのです。地球のその他の残りの部分については、ドキュメンタリーの番組とか、自然の何とかシリーズなどで、地球のことをいろいろ見せてもらっているわけですが、それでわかったと錯覚しているようなところがあります。このことに、ちょっと恐怖を覚えました。

せっかくこの星に生まれたんだから地球のことをできるだけ体験して知りたい、と思いました。そこで、本当に

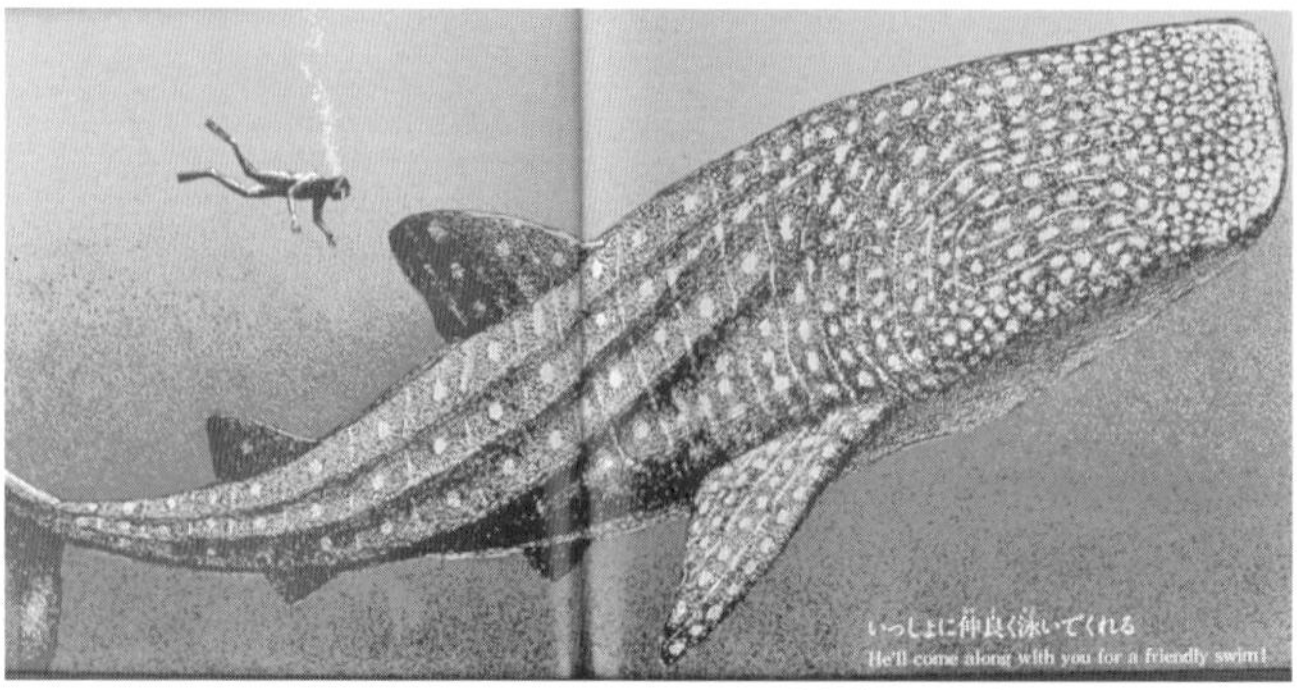

絵本『じんべえざめ』©新宮 晋

突然、誰に頼まれた企画でもなく、お金があるわけでもなく、スポンサーが付いたわけでもないのに、これはどうしてもやらなければならないと、危機感みたいなものを感じて考え出した企画なんです。

私の大好きな作家のカート・ヴォネガット・ジュニアが、何かの折に「芸術家は炭鉱の中の風見屋でなければいけない」と話しておりました。空気が悪くなる前に気絶して見せなければいけない、芸術家というのはそれくらい神経が過敏で、人の世のためになるべきものだというような意味合いでいっているのだと、私は解釈しているんですが。このごろは、現実生活にも力強い芸術家がいて逞しく生きておられたりしますけれども、私は、やはり気絶くらいはして見せなければいけないという思いで、この企画を考えました。これは未来の地球について、生き方について、考えてもらう機会となることを願ってご紹介します。

ウインドキャラバンは、次の六つのプロジェクトです。

① ウインドキャラバン三田（兵庫県三田市藍本の水田、二〇〇〇年六月十二日〜二十五日）

② ウインドキャラバン アオテアロア　ニュージーランド（ニュージーランド オークランド モトゥコレア〈ブラウンズ島〉、二〇〇〇年十一月十一日〜十九日）

③ ウインドキャラバン イナリ フィンランド（フィンランド イナリ ウコンヤルヴィ、二〇〇一年二月十日〜二十五日）

④ ウインドキャラバン モロッコ（モロッコ タムダハト、二〇〇一年四月十四日〜二十二日）

⑤ ウインドキャラバン モンゴル（モンゴル ウランバートル近郊ウンドゥル・ドヴ、二〇〇一年七月十五日〜二十九日）

⑥ ウインドキャラバン セアラ ブラジル（セアラ州フォルタレーザ近郊クンブーコ、二〇〇一年十一月十七日〜十二月二日）

【ウインドキャラバン三田】

ウインドキャラバンが出発したのは私のアトリエのある兵庫県の三田、ちょうど六月の田植えが終わったばかりの季節にスタートしました。

農道にカーペットを敷いただけのところで素晴らしいオープニングセレモニーをしていただくことができました。ここでは、今では誰もやらない伝統的な田植えを、農家の子供たちに手伝ってもらって行ないました。交通も不便なところなんですが、オープニングのときには八百五十人くらいの人が集まってくださって、梅雨の最中なのに雨が奇跡的に止んで、こういう催しをスタートさせることができました。スタートの地点ですから、セールの色は真っ白で、これから各地の色に合わせて色だけは変えていこうということです。

【ウインドキャラバン　アオテアロア　ニュージーランド】

第二番目は、ニュージーランドのモトゥコレア。ニュージーランド、オークランドの沖十二キロにある小さな無人島です。自然保護地区であり、マオリの四部族が聖地と称しているところで、作品の移動はすべてヘリコプター。マオリの小学生の子供たちが描いてくれた素敵なセールで、この島まで渡るヨットパレードがオープンセレモニーとして行なわれました。

この日は普段、立ち入り禁止になっているこの島で、生まれて初めてこの島に渡った子供たちや人々が多かったと思うんですが、約三百五十人がそれぞれのボートでやって来られました。

実をいいますと、この日だけが穏やかで、あとは強風の吹き荒れる孤島という感じで、島で暮らすということはたいへんなことだということがわかりました。ここでのオープニングでは約三百本の巻寿司が用意され、もちろん、初めてお寿司を食べた人も多かったはずですが、このお米というのは、三田で日本の子供たちが植えてく

ウインドキャラバン三田 ©新宮 晋

ウインドキャラバン アオテアロア ニュージーランド ©新宮 晋

れて、そして九月に刈り取り精米して送ってくれたものでつくったものなんです。このように、子供たちがやってくれたことが、このウインドキャラバン六か所を巡っている間、それぞれバトンタッチされて、子供たちの力が大きな輪をつくってくれたんです。これはウインドキャラバンにとって、いい意味で予想を裏切る嬉しい出来事でした。子供たちはわれわれにとって「目に見える未来」ですから。

このプロジェクトを通して人の善意に触れることができ、私たちも人類の未来は真っ暗じゃないということを感じることができました。

【ウインドキャラバン　イナリ　フィンランド】

第三番目は、フィンランドのイナリ。このあたりは、マイナス二十度くらいだと普通より温かいといえるほどで、寒いときはマイナス三十八度にもなる北極圏です。氷が約四十五センチ張っています。ここにいるトナカイを追って暮らしているサーミという人たちがいるんですけれども、そのサーミの学生さんたちがボランティアとして手伝ってくれました。彼らの手助けがなかったら、この寒い中を私たちだけではどうしたらいいかわからない場面に出合ったと思います。

オープニングの当日は、私たちが用意したバルーンをつくりましたが、何しろ朝十時ころ太陽が出て、二時か三時ころには沈んでしまうような日の短い暗い青白い世界なものですから、やはり暖かい色のものが空中に浮かんでいたら綺麗だろうなと思い、カラフルな風船を用意しました。

トナカイたちの世界ですから、クリスマスで世界中の子供たちにプレゼントを運んでいるとき以外、トナカイは割と暇そうにしておりまして、このプロジェクトも手伝ってくれました。

また、フィンランドには非常に有名なヴィンメ・サーンという歌手がいるのですが、私たちはこの人の音楽が

ウインドキャラバン イナリ フィンランド ©新宮 晋

好きで、ヴィンメが来てくれたらいいなと考えてコンタクトをしたところ、ウインドキャラバンの主旨に非常に賛同してくれてやって来てくれました。予算が足りないというと、一人でやって来てくれて結構機嫌よくいっぱい歌ってくれました。マイナス二十五度以下だったら歌わないといっていたけれど、たくさん歌ってくれました。年に二回、この地区にいるトナカイ約六千頭が集められます。年を取ったもの、あるいは非常に若いものを間引かないと食糧難で群が餓死するという、自然の非常に厳しい条件があるからです。そういうトナカイが集まっているところも私たちは見ることができました。

ニュージーランドとは違って、もちろんテントの中で暮らすことは不可能な状況でありました。ただ、テントの中で自然の観測をできるだけしようということで設備を整えてはいました。ここでは二週間の会期中四回見事なオーロラに遭遇することができました。寝ている間に起こっていたのは知らないのですが、少なくとも四回ありました。特にある日のオーロラは、夜の九時ころから始まって夜中の二時くらいまで延々と形を変えながら空を舞い、美しい神秘の世界を見せてくれました。オーロラが続く時間はたいてい二十分くらいだと聞いてきたものですから、この時のオーロラは、あまりに長いので、びっくりしました。撮影していて疲れて、もう消えてくれと思うくらい長い時間、オーロラが空に舞っていました。

このように、どの場所でも作品の展示期間は二週間で、その間に地元の人との交流を図ったり、いろんなことを試みるわけですが、立ち去った後は元の自然に戻すというのが建前です。

【ウインドキャラバン モロッコ】

第四番目はモロッコ。会場となったタムダハトは、土の家に住むベルベルという人たちが暮らしているところです。ここにある要塞の跡の中庭で村祭りのような盛大なオープニングセレモニーが行なわれ、そして壁には

ウインドキャラバン イナリ フィンランド会期中のオーロラ ©新宮 晋

ニュージーランドの子供たちがデザインしてくれたセールが並べられました。

背後にはマウント・アトラスという夏場でも雪の残る高い山があり、片や暑くなるサハラ砂漠が広がっています。その間を、午後十二時を過ぎると毎日のように強風が吹きます。私たちは岩場の風の強い面を選びましたけれども、タムダハトの村の人たちは山の反対の比較的風の来ないところを居住地にしています。その人たちがとても親切で、毎日のように私たちを招待してくれ、水も電気もない不自由な生活の中で非常に豊かなホスピタリティーを見せてくれて、やさしい気持ちにさせてくれました。

ここではフィンランドの子供たちがモロッコの子供たちにとプレゼントを用意してくれたのですが、水もないし電気もないことから、伝統的な松明《たいまつ》を用意してくれたり風見《かざみ》を用意してくれたりしました。

私たちはここのタムダハトの子供たちに日本からもっていったクレヨンと紙とを贈って、彼らの夢を絵にしてくださいとお願いしました。すると、よくいわれるようにイスラムの子供たちだから具象の絵は描かないだろうという予想を裏切って、彼らは本当にカラフルな色彩いっぱいの絵を描いてくれました。

小さな女の子たちは、手にヘナで描いた模様を付けていました。小学校に来るのに最高のおしゃれをしてくるんですね。ベルベルの遊牧民たちは本当に綺麗にしています。洗濯に行くのも、本当に美しい衣装と貴金属をすべて身に付けて出かけます。

このプロジェクトに協力してくれた人たちというのは、本当に素敵な人たちばかりだったのですが、私たちがこの二週間のイベントをやって立ち去ってしまうだけとは信じていないんですね。「来年もやって来い」とか、「今度はいつ来るか」とか、期待している感じなのです。できれば、そのような気持ちで友達としてこれにかかわってくれた人たちを裏切らないように、また訪問できるチャンスをねらってはいます。

ウインドキャラバン　モロッコ ©新宮 晋

【ウインドキャラバン　モンゴル】

第五番目はモンゴル。モンゴルの七月というのは本当にいい季節です。それでいて厳しい冬に対する準備も始めなければならない時期で、忙しいゲルの人たちの生活を垣間見ることができます。しかし、草原は健康なハーブの臭いが立ちこめていて、気持ちがいい季節です。

ここで、私たちが考えたのは、子供たちに絵を描かせて凧《たこ》揚げをしてもらおうということでした。私たちも気がついていなかったのですが、モンゴルの子供たちは凧揚げをしたことがなかったのです。凧揚げどころか、そもそも凧という言葉がなく、記者発表で使うために「凧」を表わす言葉を探したところ、ロシア語の訳で「空の蛇」という皆があまり好きではない言葉ぐらいしかないということでした。そこで、私たちが凧を表わす言葉として考えて名付けたのが「天の手紙」という呼び方です。このネーミングは非常に好評でしたので、今頃はモンゴル語の辞書に載ってるかもしれません。

凧に絵を描かせてみると、子供たちは本当に伸び伸びとした絵を描きました。特に身近な生活に接したゲルの絵だとか馬の絵が上手でした。

生まれて初めて凧揚げをする子供たちの表情は、本当に純粋で素敵なものがありました。凧は中国に生まれて世界中に広まっていった遊びなんですが、モンゴルが長く中国との文化交流を断っていたために、モンゴルでは凧が存在しなかったらしいのです。これだけ三六〇度電線もない、凧揚げにはうってつけの空をもちながら、彼らは生まれて初めて凧を揚げて夢中になりました。

【ウインドキャラバン　セアラ　ブラジル】

最終回となる六番目のブラジル。ブラジルの北東に当たるセアラ州フォルタレーザ近郊クンブーコというとこ

ウインドキャラバン　モンゴル
©Franco Manmana（フランコ・マンマーナ）

ろで行ないました。ブラジルも非常に大きな国ですので、サンパウロから飛行機で三時間くらいかかるところなんですが、そこのフォルタレーザという町から車で一時間くらいのところに、このクンブーコという大砂丘があります。

私たちは、ロケハンティングのために世界中を駆け回って、自分のアトリエの前以外に五か所を選んだのですが、そのために無茶苦茶、旅行をしました。約四十五万キロ飛行機を飛ばしました。それは地球十一周に当たります。このクンブーコも、そのくらい苦労して選んだのですが、二年前に選んだ場所はもう砂丘が変形しており、変わっていました。ただ、むしろ変わった後のほうがよかったような気もして、砂がつくった自然の劇場のようなところを選びました。

ブラジルのグループ、ワクチが演奏をしてくれました。彼らは楽器もつくります。楽器もつくり、環境に合わせて音楽もつくり、われわれの主旨を理解してくれて、いわゆる電気的なアプリファイなんかを使わないで生の音でということで、ボランティアを募集して音のボリュームを出してくれました。

また、イリ・キリアンというオランダのモダンダンスの世界的に有名な振付家がやって来てくれて、ブラジルの子供たちに振り付けをしてくれました。何しろ暑いところで、一年中二十七度という土地柄なものですから、練習やリハーサルを何度も繰り返すわけにはいきません。そこで、かなり大胆に、子供たちに「君たちは人間ではなくて天使なんだ」といって聞かせて、「あの砂の急斜面をゆっくりと降りてくる」という指示だけで演出をしたのです。子供たちは、練習のときはハラハラさせましたが、本番はキリリとやってくれました。そういう子供の潜在力には、感心させられました。

音楽担当のワクチは、水道の配管とかパイプとかを利用して音楽をつくってくれました。ワクチは、この日の午後ニューヨークに発たないと音楽会に間に合わないというハードスケジュールだったんですが、ウインドキャ

ウインドキャラバン セアラ ブラジル
©Franco Manmana（フランコ・マンマーナ）

ラバンに本当に共感して喜んで参加してくれました。

そして、ここではモンゴルの子供たちがつくってくれた凧がまた揚げられました。

ここは、南緯三度という、ほとんど赤道に近いところで、必ず東からの風が吹いておりました。これは地球が自転しているということをはっきりと自覚させてくれるようなものです。暑いのですが、気持ちのいい風が吹き続けているところで、先ほどもいいましたように、気温は一年中二十七度です。たまたま町中の掲示板で二十六度というのを見るとびっくりするくらい、気温は安定しています。ですから、一生Tシャツだけで過ごす人たちがいるようです。正式のときには長袖のシャツを着ますが、ネクタイをしている人はいません。

ここでは、ジャンガーダという平底舟が使われています。それも、沖に出るときにも帰って来るときにも風はいつも右から左に吹いているわけですから、そういう長年の伝統でつくられた非常にシンプルな舟で、漁業をメインとしています。

こうして一年半の間に六か所の都市を回ったウインドキャラバンは日本の三田に戻って来ました。帰ってきた作品たちをまたどこかで展示しないかとか、ウインドキャラバンをそのまま延長しないかという話もあったのですが、私たちは所期の目的がこの六か所を巡回するということだったので、七か所目、八か所目とやっていたら切りがないので止めようということになり、コンテナにしまいこんだ各地の作品を今も引っ張り出すことなく、そのまま納めてあります。子供たちがつくってくれたお土産だけは帰ってきてすぐに取り出したけれど、ウインドキャラバンの作品たちは、それだけの役割を果たしたということで、あれをまた引っ張り出したり延長したりする気はありません。次の企画はまた次の企画で進めたいと思っています。

ウインドキャラバン、その後——世界に広がる共感の輪

ウインドキャラバンの中で、最後のブラジルのときには、オランダの友達で舞踊家のキリアンがわざわざやって来て、ブラジルの子供たちに振り付けをして手伝ってくれました。そういうふうに、このウインドキャラバンのプロジェクトは、私が世界中にもっているネットワークや友達の輪をフルに利用しました。悪くいえば利用したのですが、いっしょに生きていることの証拠をつくろうじゃないかと呼びかけてやったプロジェクトでした。その呼びかけに応えて、キリアンがブラジルまで来てくれたのです。

そしてこのあと、キリアンのほうから私に、自分の舞台を手伝ってくれないかといってきたのです。私のアトリエのスタッフは皆、キリアンの熱烈なファンだったので、キリアンからの依頼は信じられないほどうれしいことでした。

二〇〇五年四月二十七日、オランダのデン・ハーグでプレミエルが行なわれたキリアンの舞台はとても美しいものでした。この舞台は大成功で、その後ヨーロッパを巡演した後、そのまま二〇〇六年五月十二〜十五日の四日間、パリのオペラガルニエで上演することが決まりました。この作品では、オランダのデン・ハーグを本拠にしているネザーランド・ダンス・シアター（ＮＤＴ）というダンスグループの十二人が舞台で踊ってくれました。キリアンが私に依頼してきたときに、「人間の力ではどうすることもできないものを象徴として、あるいは美しいものの表徴として、どうしてもあなたのオブジェが必要である」と頼まれてデザインしました。演出や舞台上での扱い方はすべて向こうの方がやられたことですが、お蔭様で非常に好評でした。

このように友達から依頼が来るのも、長年知り合っている人たちの中で、ある日、熟してくるタイミングとい

うものがあるように思います。お互いに年を取って、考えることがあっていっしょに仕事ができる、そういうコラボレーションの中で、私自身を新たに見いだせる楽しみでもあります。

はたして人類は地球に生き残れるか？

さて、本日のテーマである「地球に人類は生き残れるか？」ということについてですが、個々の人たちが自覚をもって過ごすことにより、人間の英知がなんとか事態を食い止めることを願っております。後の時代に他の生物が、かつて地球上に存在した生物として人類について語るという悲劇にだけは終わらないように、心から願っております。

Q & A

——ウインドキャラバンでは、なぜその国を選んだのですか？何か基準があったのでしょうか。

新宮：何かもっと違う国を選ばれる考えがおありですか。地球というのは本当に変化に富んだ星ですから、六か所じゃ足りない百か所はいるとか、いろんな話があると思うのですが……。しかし、私が探し回って選んだ六か所で、ある意味では地球の特徴的な自然を選べたかなとは思います。

——空気と水がテーマだと最初にお話しされましたが、新宮先生がいわゆる自然環境でつくられる場合と、キリアンの舞台のような室内環境でつくる場合とでは何か発想に違いがあるのでしょうか。僕がちょっと疑問だったのは、キリアンのような舞台の場合は自然の風や空気で動いているわけではないですよね、そういうときは発想の原点みたいなものがちょっと違っているのではないかと思ったのですが……。

新宮：いろんな考え方があると思うのですが、たとえば人間はほとんど四十度近い体温をもっているわけですね。温度差でいえば、人間がどこか冷たい部屋に入って行ったら、その温度差だけで空気の中に対流を起こします。そうすると、部屋の中のものが動く……そういう室内を人工空間と考えるか、一種の自然環境と考えるのか、それにもよるのでしょうが、僕は、こうしている中にも空気が対流しているんだということをなんとか証明したいということで作品をつくろうとしています。

ただ、ドラマティックにある程度動かさないと魅力がないということはあります。たとえば関西空港などでも、冬場と夏場のような温度差の少ない季節には、作品の元気はかなり違っています。しかし私は、そういうことも含めて自然だというふうに考えようとしております。だから、建築家があまりにも人工的な建物を建てられると、拒否反応を起こして、私は作品をつくりたくなくなることもあります。

できれば、昔の日本の家屋のように、障子一枚で外と隔てられ、自然の厳しさも生活の一部に取り入れているというような生活空間の中でなら、もっと純粋に作品がつくれるのかなとも思います。タバコを吸っておられる方を見て、タバコの煙の行方をじっと見ているのは僕ぐらいなのかなと思ったりして……そういうことについても、「もったいない、これだけのエネルギーがあるのに」と考えて、それをなんとか表現できないかと思ったりします。

——キャラバンのことなんですけれど、あの催しがずっとあったときの空間と時間があると思うんですね。それを今日、ほんの少し見せていただいて、私たちからすると、もっとずっと好きなだけ見ていたいと思うのですが、どこかで映像かなにかで見ることができるようになっているのでしょうか。それとも、先生のお考えとしては、それは終わったものとしていいんだと思っていらっしゃるのか、そのへんの区別や考えをお聞かせください。

新宮：一人の人間が考えついて簡単にやれることではないと思いましたし、相談に行ったときに、「できたらいいけどな」とおっしゃった人は皆、怪しいなと思われたようなんですね。こういうことは、疑問に思ったら絶対にできないことだと思いますし、思いついてやりだしたら、意外な展開があるものです。

こういう営利目的ではないプロジェクトというのが、世の中にはあまりにもなさすぎます。たとえば西洋の文化人がやって来たりすると、原住民の方というのは常に利用されるんじゃないかと思ったりして、神経質なところもあったわけなんですが、今回はどうも本当にイノセントらしい、われわれが手伝ってやらないとどうしようもないということで、マオリの方とかベルベルの方だとか、自分のプロジェクトみたいに手伝ってくださいました。それで実現したものです。

ウインドキャラバンに関しては二冊の本が出版されています。ご興味がおありでしたら、それらを見ていただけたらと思います。一つは、『風の旅人』という本です。ウインドキャラバンの舞台裏というか、たいへんな問題を起こしたりしながらも何とかやりぬいていった冒険譚を日記ふうに綴った文章が中心の日本語の本です。扶桑社から出ており、定価は一四二九円プラス消費税です。もう一つは、『ウインドキャラバン』という本で、日本の出版社から出ているんですが、英文の本です。フォトドキュメンタリーという感じで、写真を中心とした記録です。これはブレーンセンターという出版社が出しており、定価三〇〇〇円です。

また、映像の記録としては、モンゴルから中継したＮＨＫの番組があります。これは何らかのかたちで手に入るんじゃないでしょうか。あと一つ残っているのは、ブラジルのもので、かなりいい番組をつくってくださいました。

ウインドキャラバンは、やるだけで精一杯でした。記録としてどう残そうかというよりも、ともかくやるだけで精一杯で、やっているうちに終わってしまったという感じがしています。

——今日は、素敵な映像と、綺麗な作品を見せてもらって、とてもいい気持ちになったように思います。今後ともこのようなワークを、引き続き模索しながらなさっていこうとされている先生にとって、「環境とは何か」、一言でいってください。

新宮：河津先生のほうがご専門かと思いますけれども、私ができることというのは、心地よく生きる環境をつくることだと思っているんですね。作品をつくるにしても、その作品が醸し出すもの、あるいはそれを設置する場所、その他において、気持ちのいい場所をつくりたいというのが目的で作品をつくってまいりました。

ところが今、環境ということでいえば、人間が一生懸命つくる環境というのは、皆すごくまずいんですね。せっかく自然にいいところがあるのに、それを破壊して何でまたつくるのかと思います。というのも、人間がつくると皆まずくなってしまうという気がするからです。そんなことをいうと、ああいう職業もこういう職業も皆消えるんだろうなと思ったりしますけれども……。

　僕が思っている環境というのは心地良いのですが、現代人すべてにとって心地良いかどうか、かなり疑問があるんです。新しく開発されたところがあって、そこへ出かけて行っても、何か勘違いしているんじゃないかな、現代の普通の人にとってこれはぴったりくる環境なのかな、と疑問を感じてしまうんです。

　私はローマに長くいて、その間に「絵画じゃやれないな」と考えて立体の作品をつくるようになり、私自身が変わっていきました。その変わる過程で、考えるスペースとしての広場や、いろんな町の風景がありました。その中で考えていると、周りを見回せば四〇〇〇年も前の時代、あるいはエトルスクからの時代のものがあり、同時に現代の生活の中で生きていく空間があり、その中で非常にたっぷりと時間をもてたものです。

　どうも今の世の中の流れは、ゆっくり個人が考えることを禁じているかのようです。考えさせると、いろんな問題が起こっていることがばれると思っている人が、忙しく分刻み秒刻みの生活を強いているかのようです。

　あるいは、経済的なスペースはつくるけれど、人間の尊厳を尊ぶようなスペースはつくらないほうがいいんじゃないかと思ってつくっているような気がするんですね。

　そういうことを本当に考えた人がいるとすれば、その目論見はかなり成功しており、どんどん日本は危なくなっていると私は感じるのです。日本人の体質から「考える能力」が失われていっているんじゃないかという気がしております。

1-2

風景を誘《いざな》うデザイン

ランドスケープ・アーキテクト　宮城俊作

【プロフィール】みやぎ しゅんさく／京都府宇治市に生まれ、日本庭園に幼少の頃から親しむ。京都大学大学院修士課程（造園学専攻）修了後、ハーバード大学デザイン学部大学院でランドスケープ・デザインを学び、米国内の設計事務所勤務を経て帰国。千葉大学助教授を経て、現在、奈良女子大学教授、設計組 PLACEMEDIA パートナー、数々のランドスケープ・デザインを手がける。

庭と風景の間のどこに自分をポジショニングするのか

私は、いわゆる環境デザインの仕事をしております。この分野の仕事をされている方の多くは建築学科の出身ですが、私の場合は建築のフォーマルな教育は一切受けておりませんで、いわゆる造園の世界からこの仕事をスタートさせました。そういった意味では、建築の仕事をしながらこういった分野のことを扱っておられる方とは、少し違った視点をもてるのではないかと感じております。

私は、「風景は造れるものではない」と常々考えておりまして、むしろ「風景が立ち現われる」プロセスに自分を関与させるということでデザインを成立させることができるのではないかと考えています。「誘《いざな》う」という表現は、そういう意味で使っています。

それからもう一つ、やはりこの課題を扱うときに、庭というものとの関係をいつも意識することになります。「庭と風景」の関係と似たようなもので「環境と風景」が一方にあります。また、「環境と景観」もどこかでつながっているように思われます。しかし、私の中でこれらの意味はきっちりと切り分けておいたほうがいいのではないかと思っています。そういった意味で「庭」と「風景」は、自分のデザインの仕事の中で二つの極をなしていて、その間に自分の仕事のポジショニングがあると私は考えています。そして、そのポジション自体は、扱う個々のプロジェクトによって具体的に変わってくるだろうと考えております。そういった庭と風景の間で、ある仕事を与えられたとき、どういうポジショニングをするかを決めるために三つの視点をもとうとしております。

一つは「風景は造ることはできるものかどうか」ということです。完全に造ることはたぶんできないであろうと私は思っておりまして、すべてを自分の思い通りに風景化するということは、実は非常に困難なことだろうと考えています。仮に少しでも可能であるならば、どこまでを自分の役割として、あるいは自分が成すべきこととして行ない、どこまでを自然のプロセスに任せるか、そういったことを考えたいといつも思います。

二つ目は「建設することは唯一の創造的行為か」ということです。「建設」は英語でいいますとコンストラクションという言葉になります。あるいはビルディングという言葉でもいいかもしれません。建設しなくても創造的になりうる行為というものがあるのではないかといつも考えています。極端なことを申しますと、何もやらない、何も手をつけないということでデザインが成立するということがあれば、僕の仕事がそれで成立するとすれば、これは最高だろうと思っています。つまりそこにあるものをそのままの状態にする。それには一切手をつけない。けれども、それ自体がそこにあるという意味を以て、そこに風景が立ち現われるという状況をつくることができるならば、それが理想だと思います。このあたりが建築やその他の環境のデザインに携わる方々と一番違うところかなというふうに思っております。

三つ目は、「環境の現実」です。現実に存在する環境はデザインに値しないものか、という問いです。私が仕事を依頼されるケースというのは、実は、二番目の、建設しないということや、あるいは一切手をつけない、ということとはまったく対極にあるような状況がほとんどです。たとえば、山林を切り開いてニュータウンをつくる場合など、土木的、建築的に自然を破壊した後、そこをなんらかの形でとりつくろうためにもっと魅力的なものにできないかということで仕事を依頼されるケースが非常に多かったのです。最近はそういった郊外の自然を壊してまで都市を広げようというような動きは徐々に下火になってきて、むしろ「都心回帰」の動きがあります。すると今度は、都市の非常に人工化されている環境の中で、人が住まう、あるいは生活する、働くということからいうと、あまり魅力的でない環境の現実がそこにあるわけですね。それを私は一つの現実としてとらえて、それをどう魅力的にするかを考えます。そこでたとえば虚構、あるいはフィクションといいますか、そういう現実からかけはなれてしまった空間をつくってしまって、そこに逃げこめるようにする、そういうことで解決しようとするのではなく、環境の現実に向き合う、その中からすぐれた状況を引き出すことを考えるべきだと思っています。良くないことを隠す（といういい方はよくないと思いますが）、人間の意識の外に追いやるためのデザインというものがあってもいいのですが、私自身は現実というものを常に直視したいと思います。

こういった三つの観点を忘れることなく、自分のポジショニングを考えていこうとしています。続いて、ここ数年の間に私自身が携わったいくつかのプロジェクトをご紹介しながら、もう少し具体的に考えてみたいと思います。

エクスポ二〇〇五の幻の会場計画、森林体感プログラム

まず、「愛知万博」つまり「愛・地球博」と呼ばれていた二〇〇五年の博覧会です。実はあの博覧会は、誘致が決まってから会場計画が二転三転したことをご存知の方もいらっしゃるかと思います。

一九九六年に誘致が決まりましてから、最初の四年間、実は私はこの会場計画に長々とかかわっておりました。そのときに担当した仕事を少しごらんにいれようと思います。皆さんの中でおそらくかなりの方が博覧会の会場に足を運ばれたのではないかと思います。あの会場は実は二〇〇〇年に会場が変更になった後に設定された場所なのです。それまではさらに奥のほうの「海上《かいしょ》の森」といわれる広大な丘陵地の雑木林を会場として行なわれる予定でした。この写真は一九九六年の誘致が決まる直前あたりに私が会場を見てまわったときに撮ったものです。このようなどこにでもあるような丘陵地帯で、植生もそれほど特異なものではなく、私から見るとかなり貧弱なものです。そういった場所で環境をテーマにした博覧会をやろうとしていたわけです。

会場の航空写真を一九四八年と会場計画が始まった一九九六年とで比べてみました。一九四八年のほうは戦争が終わった直後に米軍が撮った写真です。モノクロの航空写真を比較すると、一九九六年のほうは市街地が広がっていることがわかります。一九四八年のほうは丘の部分がたいへん白っぽく見えています。一九九六年のほうは少しグレーが濃くなっています。モノクロの航空写真を見たときに色が濃いところというのは、だいたい水面かあるいは緑で覆われているところです。白く見えるところは裸地化しています。

この海上の森がある瀬戸地方は、瀬戸物という言葉で知られているように、平安時代の中期から焼き物産業が非常に盛んなところです。焼き物をするのに必要なのは良質な陶土と十分な燃料です。

当初、愛知万博会場予定地であった海上（かいしょ）の森

中世以来、焼き物の燃料は、石炭も石油もないので、とうぜん薪《まき》でした。そうすると山の木を切らなくてはなりませんが、切った後はちゃんと植えて元にもどす――この作業を繰り返すことによって山の環境は非常に良好な状態に維持され、受け継がれてきていました。

しかし、近代に入って燃料革命が起こり、焼き物を焼くための燃料も薪から重油や石炭に変わったわけです。今は電気が多く使われています。その結果、薪にする木を切ったところは切りっぱなしになる。そのために、大雨が降れば土砂が流れて下流で洪水が起こりますが、それはまずいということになって、大正の末期頃からこのあたりの治山・治水事業、植林をきっちりやることになり、それから五十～百年ほど経って航空写真で黒く見えるような状態に回復したわけです。

ですから今でも、博覧会の当初の計画地の中を歩きますと、森の中に砂防堰堤《えんてい》のようなものがたくさんあり、こういったもので土の流れを止めて、そのうえで緑を増やしていくという、とても人工的につくられた森であることがわかります。あるところではスギやヒノキが植林されていたり、いわゆる雑木林になっていたりします。この雑木林には、今でも薪を切り出したり炭をつくっているところがあります。人の手が頻繁に入った結果生まれてきた武蔵野の雑木林と同じように、ここも人の手が入ったとても身近な自然環境だったわけです。

このような場所を会場にして、博覧会の当初の計画は考えられていました。つまりサステイナブル（持続可能）という言葉で表わされる森あるいは自然と人間、身近な自然と都市と人間の共存関係を実験的に見せようと考えられており、この考え方が高く評価されて、愛知県に誘致されるという経緯があったのです。

会場予定地だった丘陵の谷筋には、小さな池ができており、このように人間が砂防ダムをつくると水面ができますが、底にたまった土砂を時々浚渫《しゅんせつ》する――これは、良い意味での生態学的な攪乱になります――というように、繰り返し人間の手を加えることで、さまざまな環境ができて、そのさまざまな環境に適応できる植物や動物

砂防堰堤のある林

などが生息するようになります。だからいろいろな動植物の生息域がモザイク状をなしています。これは放っておくと、ある方向に向かって収斂してしまうのですけれども、常に人間が手を入れることによって維持される可能性があるのです。その手の入れ方と人間の生活と自然の関係の、その微妙なバランスをどうやってつくっていくかということを博覧会で実験的に見せようとしたわけです。

この計画には、建築家の隈研吾《くまけんご》さん、東京大学大学院教授の武内和彦《たけうちかずひこ》さん（緑地創成学、緑地環境の生態学）と共にかかわりました。私は会場計画の中の特に森の中にどうやって人を導き入れて自然を体験させるかという計画を担当しておりました。当初の計画で会場に予定していた大きな森のうち、実際に会場となったのは、日本政府館があったあたりだけですが、そこまで行かれた方はあまりいないのではないかと思います。当初は日本政府館のさらに奥に広がる非常に広いエリアを会場にしようとしていたのです。

一般的に博覧会の会場というと、たとえば広い面積の土地を大々的に造成して、その造成した土地の上にポコポコと特徴的なデザインのパビリオンを建てて、その中で映像などを見せるところだと思われるでしょう。今だとコンピューター・グラフィックスを使った展示や体験プログラムを行なうというイメージが強いと思います。

しかしこの時の計画はそうではなかった。最初、隈さんが一九九七年か一九九八年頃に提案していた案では、丘陵地の谷筋のところに非常に大きなデッキをかけて、地形の造成を最小限に抑えることになっていました。大きなデッキをかけていって谷筋のデッキの下にパビリオンを並べていこうというものです。そして人はデッキの上からアクセスする。サービスやエネルギーは下から、つまり谷から供給する。これをなだらかな谷筋を登りながらつくり上げていこうと考えておりました。

今のように建物がオブジェクトとしては出てこないということを当初は考えていて、地形に合わせてなだらかな斜面をずっとつくろうとしました。部分的に緑が出てきているところ、小高い丘のようなものは、地形と植生をそのまま残しておこうということでした。

一方、森の中にどこから人を導き入れるかということを私たちはまず考えました。当初から水平回路というネーミングで呼んでいたものを提案したのですが、これは丘陵地の等高線に沿って、水平に細長い道を森の中に通していくというものでした。最少の有効幅員が四・五メートルで、谷のようなところでは少し広がっていて広場のようになっています。これらすべてを自然の地形と植生の上に細い柱で建てていくというスタイルをとろうとしていました。

下図は、その通路をコンピューター・グラフィックスで一九九七年頃につくったものです。木の集成材を使ったグレーチングというものがあるのですが、隙間から下が見える状態で、スノコ状になっているものの上を、ずうっと木を切らずに前進しながら建設するわけです。実はこれまでに某ゼネコンと共同で実験的にやっておりました。会期が終われば必要なところだけはずしてまた別のところにもっていける、というものです。とうぜん降った雨はほとんどが通路の下に落ちるようになっています。

半年間の会期中、このような水平の通路の上を等高線に沿ってずっと歩くという計画でした。お年寄りの方も体の不自由な方も、車イスでも、あるいは軽量の電動カートでも移動できます。基本的には入口でスニーカーに履き替えてもらうという考え方でした。

それだけではなく、先端的な情報技術によって電子ゴーグルの開発が同時に進められていました。つまり小さいゴーグルをかけて森の中の通路を歩くと、各所にマイクロGPSで地理情報が送られてきて、ある地点にいると、その人の地点を同定して、その場所の環境に関する情報がゴーグルの前面に表示されるというしかけです。

隈さんと考えていたことですが、たとえば森の中でオペラをやるとどういうことになるかというと、実際に楽団や俳優さんが来てやるのではなくて、画像や映像としてのオペラが眼前に立ち現われてくるわけです。その背

地形の等高線に沿ってつくられる予定であった「水平回路」のイメージ

後には実際の森の環境があります。森があって鳥の声が聞こえて風を肌に感じる――その中でバーチャルなオペラを鑑賞するということになります。つまり、人のさまざまな力で環境を変えてまではやらない、すべては情報でもってやっていく、物理的にはただひたすら森の中を歩くことができるような道だけをつくっていく、そういう計画だったわけです。このあたりは切通しやトンネル状になっていました。そうした地形の条件を活かせるような計画をしようとしていたのです。

二〇〇〇年に会場計画が実際に開催された場所に移ったときに、総合プロデューサーだった宗教学者の中沢新一《なかざわしんいち》さんをはじめ、私たち最初の計画にかかわった人たちは全員、プロジェクトから遠ざかることになり、実際の会場の計画をした人たちとごっそり入れ替わりました。ご存知かもしれませんが、その中には一九七〇年の大阪万博のプロデューサーの人たちが何人かいました。二つの企画にたずさわったグループにはそういった違いがあったということです。

私たちが退場せざるをえなくなった最大の原因は、自然保護団体、あるいは自然保護を最重要課題と考えていた方々との意見調整がどうしてもうまくいかなかったことだと思っています。自然豊かな海上の里山に万博を誘致することに対しては、当初から自然保護団体からの反対が強かったわけですが、この反対運動に対して私自身もシンパシーを感じていました。もしそれまでのようなスタイルの博覧会なら、私もここでやるべきではないと考えていました。ただ、環境をメインテーマとする博覧会である以上、次の時代の人間と自然の関係をどう調整をしていくということは、やはり実験的にやらなくてはならないだろうと思っておりました。

そのときに、先ほどからずっとお話ししてきたように、会場予定地の自然環境は人間が人工的に手を入れることによって維持されてきたものでしたから、世界遺産に登録されているような白神山地や屋久島や知床の自然とは違うわけです。こういったところにどこまで手を入れれば再生や復元ができるのか、やはりどこかで実験をや

海上の森での博覧会に反対する団体の看板

会場に至近の距離にある陶土採取現場

らないといけない、これは非常にいいチャンスだと思ったわけです。

しかし、オオタカなどのある特定の動物、あるいはある特定の植物に対して価値観を見いだす人たちとの間には、相容れない大きな深い溝があることを今回非常に強く感じました。反対運動に関しては、一方では会場のすぐ近くで陶土の採取等によって長期にわたって大々的に自然環境を破壊しているところがあるにもかかわらず、反対運動をしている団体がまったく不問に付している事実も納得できないものでした。

私たちはこういった状態に対して、将来にわたっていかにして自然を再生・回復していくかということも含めて提示しなくてはいけないということを再三提案したのですが、聞き入れられませんでした。そうしたジレンマの中で最初にかかわったスタッフがそっくり入れ替えになったわけです。

その意味では、とても残念な結果に終わりましたが、私自身にとっては、その間の三、四年というのは非常に貴重な体験になったと思っています。そこで知り合った人たちとの新しい仕事の関係というのもできましたし、たいへん有意義なものだったと、今では思えるようになりました。

都心のビルの屋上を緑化する——日本工業倶楽部会館

次は、ガラリとかわって東京・丸の内の日本工業倶楽部会館です。東京駅の近くにある大正時代の建物で、五階建てのルネッサンス様式の非常に美しい建物です。このビルの近隣の丸ビルは建て替えられ、右隣の新丸ビルもすでに解体が終わって新しい超高層の建物になっています。このような状況の中で、建築史的な価値のある建物を残しておきたいと考えたデベロッパーは、この建物をうまく残しながら後ろに見えている超高層のビルを覆い被せるようなかたちで建てるという方法を採用しました。

日本工業倶楽部会館の外観

この建物は大きく三分割できますが、写真の一番左部分のみを残し、右側の三分の二は全部建て替えられました。建て替えは震災に対する備えの意味もありました。建て替え部分は、オリジナルのデザインがそっくりそのままコピーされています。外壁のタイルもまったく同じ物を焼いて使用しています。さらに、室内の装飾や調度品や家具なども、一度建物からはずして、建て替えた後また元にもどすということをやったわけです。

そういう中で、私への依頼内容は「この建物の屋上に庭をつくってくれ」ということでした。この写真はそのときつくった屋上部分の模型です。写真の左側が古い建物を残した部分です。建て替えた部分の上には新しく円形のラウンジを設けています。庭園を造る側は古い建物ですから、もう上に重い物を載せられません。静止荷重（止まった状態の重さ）で一平方メートル当たり八十キログラム以上載せたらダメという条件でした。「防水も、防水の保護コンクリートの荷重を含めて一平方メートル当たり八十キログラム以内でやって下さい」ということでした。

しかも、東京の都心ですので、夏にはすさまじい高温になります。冬は強風にさらされ極端に乾燥します。こうした環境の中で、本物の植物を使った庭園をつくるというのはたいへんなことです。こういった条件で生き残ることができる植物は何か、と考えました。生きた植物を使わないと、庭とはいいにくいからです。もちろん石庭のようなものもありますから、植物がなくてもいいという考え方もありますが、それではなかなか納得してもらえません。

そこで考えたのが、サボテンとセダムという植物です。セダムは最近では屋上の緑化によく使われています。多肉植物の草のようなもので、あまり水をやらなくても、少々高温になっても平気な植物です。このような植物を使って、ラウンジの中からきれいなパターンを見せようと考えました。ごらんのように周辺には高い建物が数多く建っておりまして、上から見下ろされるということもありますので、上からの俯瞰《ふかん》景でもきれいに見せるよ

サボテンとセダムを植栽した屋上庭園

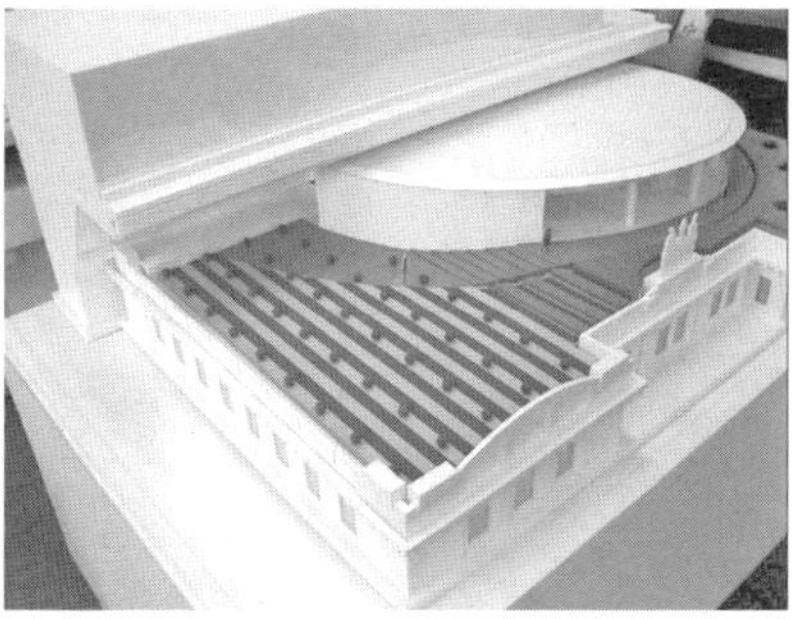
屋上部分の模型

うなしつらえをしてみようと思いました。

しかし、一平方メートル当たり八十キログラム以内という範囲ですから、普通の自然土は入れられないわけです。自然土はかなり比重が大きいんです。そこで鉢に植えたサボテンが石の表面からのぞくようにしました。石の厚みは鉢が見えないだけとってあります。ただし、荷重オーバーにならないように、石はゲタ状にくり抜いています。この石で土を止めて、その部分にセダムを植えています。

さらに、この建物のすぐ脇に、誰もが通れる公開の通路ができまして、この通路脇の壁面の緑化のデザインの依頼もありました。それもただ単に緑化するのではなく、ビルの陰で日の当たらないところなので、なんとかそれをうまくデザインに反映してくれということでした。

考えたのは垂直に緑を使うということでした。このときは施工会社といろいろと研究を重ねて、三十センチ×三十センチで、厚さが九センチの珪藻土《けいそう》、つまり植物の死骸が固まった軽石みたいなものですが、これに九つ穴を開け、その穴に植物の小さいポット苗を差しこみ、それをステンレススチールのフレームで挟んで壁に引っ掛けるという方法をとりました。三段に一本ずつ給水の管を通し、上から水を落とすかたちで珪藻土を湿らせ、水分を補給していきます。植物は何種類も試してみました。最終的には下のほうにアメリカツルマサキ、上部分にヘデラを使いました。これで、軽さと重さ、下と上の関係をうまくつくって緑化をしたわけです。

現在ではもう数年経って、かなりのものになっています。この垂直壁面の緑化につきましては、今はいろいろな方法が開発されていますが、こういったものも考えていくべきだと思っております。これは都心のビルの屋上や日陰の壁面という厳しい環境を緑化するという課題へのデザイン的な回答です。

ここまでは現代的な都市の中の環境のプロジェクトでしたが、今度はガラリと場所が変わり、ぐっと歴史的な環境になります。

垂直面の緑化

平等院のミュージアム——世界遺産の中でのランドスケープ・デザイン

日本の伝統的な寺院あるいは歴史的な環境の中で、新しい建築やランドスケープをその中に無理なく納めて、お互いの相乗効果の中でさらにクリエイティブなものを創るにはどうするか、これがここでのテーマでした。

十円玉でおなじみの宇治の平等院は、一〇五二年に当時の関白の藤原頼道《よりみち》が父親である藤原道長《みちなが》から譲り受けた別荘を仏教寺院に改めたものです。この時期は藤原氏の全盛期ですから、当時の日本の芸術的文化の粋がここに凝縮されたかたちで残されています。建物、庭園、彫刻、絵画、工芸品……おそらく日本で国宝の集積密度が一番高い空間ではないかと思います。ここの鳳凰《ほうおう》堂のすぐ南側の小高い丘のところに新しいミュージアムができております。平面図では（方位は右が北）、鳳凰堂の前に池があり、新しいミュージアムは鳳凰堂のすぐ左後ろに建てるという、ある意味で非常にチャレンジングなプロジェクトでした。千葉大学教授で建築家の栗生《くりお》明《あきら》さんとともに、当時同大学助教授であった私は、この平等院の浄土式庭園の発掘調査の後の復元整備に約七年間かかわっていた関係から、この仕事の依頼を受けました。

ミュージアムは低い建物にする計画でしたが、クライアントの要求には、①二千五百平方メートルの床面積が必要、②扉を立てて展示するので天井高は五メートル以上必要、との項目があり、それを満たすと二階建て以上になり、正面から鳳凰堂の後方にあるミュージアムが見えてしまいます。しかしそれは絶対に避けなければならないので、結論として、大半は地下に入れるしかないということになったわけです。

結局、新しくなった建物の上の部分はミュージアムのショップや学芸員室などとし、下は全部、展示と収蔵のための空間にすることにしました。その結果、建築の外観としては、外から見える屋根の形が最も重要になって

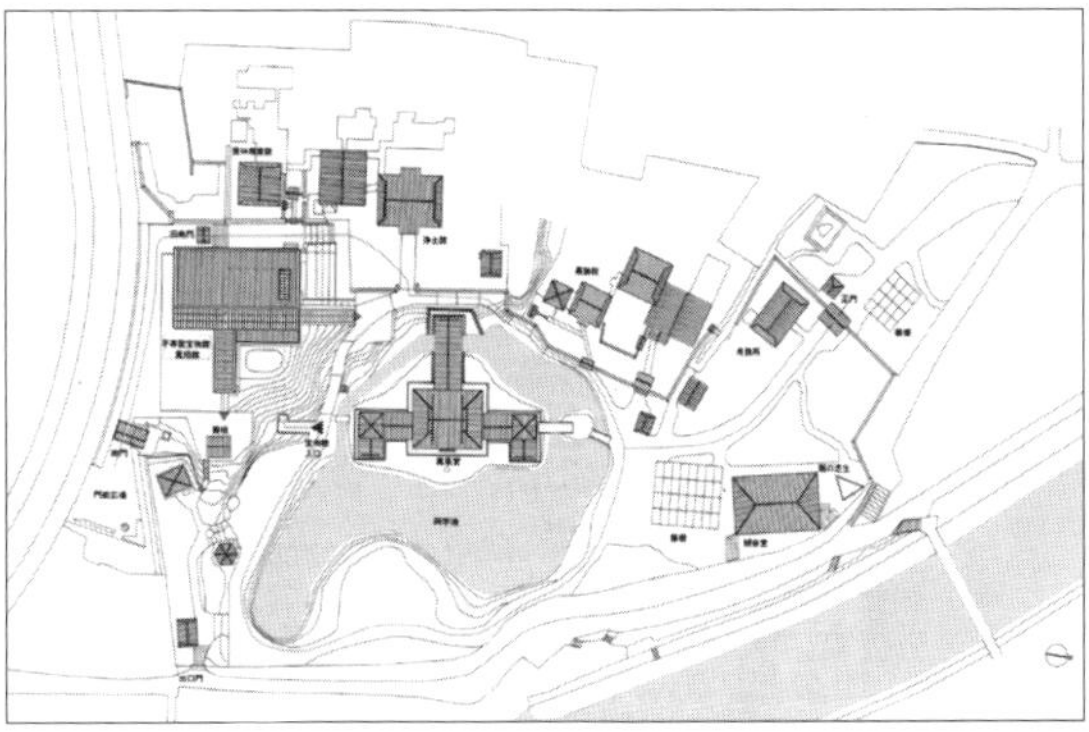

鳳凰堂の左後方にミュージアムを配置

きます。屋根の形を模型、CGを使って二、三十種類スタディーしました。そして、三枚の屋根を重ねて少し変化を出し、鳳凰堂の翼楼の屋根の重なりや軽やかさをミュージアムの屋根にもうまく表現しようということになりました。

大半を地下に入れる計画であることに加えて、当然のことながら工事をやっている期間も境内の静謐《せいひつ》な環境は守らなければいけないなどのさまざまな要求があり、工事もかなり難工事となりました。通常の一・五倍くらいの工期をかけて工事をすすめましたが、二〇〇一年の春に無事に完成しました。

建物の中の動線は、ミュージアムとしては異例の一方通行で、一筆書きのようになっております。つまり入口と出口は違う場所にあります。その理由は、建物の地下から入って地下から出ていくのを避けようとしたからです。お寺の拝観をする方々が、お堂の中に入ると、うまく一筆書きのようにつながって進んでいくのにならった動線です。ミュージアム内部に入ってからの動線は、いくつかの展示空間を見ながら上に上がっていくようになっています。最初からずっと地下空間が続くと辛いので、外の光が入ってくるところを二箇所ほど設けています。

要求されている建物のボリュームをこの環境の中に納めて人の動線をどのように切り回すかは、建築家の仕事であると同時に、実は私たちランドスケープ・デザイナーの仕事としても非常に大事な部分です。いわゆるサイトデザインと呼ばれるものです。ところが、この部分の仕事が日本では決定的に欠落していました。その原因の一つに、私はあまり制度の悪口はいいたくないけれど、建築基準法の制度の問題があるのだと思います。

サイトデザインのサイトというのは英語で敷地のことをいいますが、建物のボリュームをどう配置するか、その中で人をどう動かすかをデザインします。これは、周辺の環境との関係から考えたらとても重要なことです。特に、守らなければならない歴史的環境をかかえている場合は極めて大事になります。その意味で、われわれのような仕事を専門的にする人間がもう少し出てこないと、なかなか日本の環境は良くならないのかなと思っています。

建物の内部では、入口から見える部分にトップライトを設定しています。これはちょうど建物の地下部分と地上部分の一層分の高さを合計した十一メートルありますが、自然光を入れるような環境をつくりました。展示室には、鳳凰堂の中の一部を原寸で再現した部分や雲中供養菩薩《うんちゅうくようぼさつ》像の五十二体のうちの二十六体を展示する空間があります。雲中供養菩薩像は、鳳凰堂の長押《なげし》とその上の壁面を飾っているものですが、オリジナルの半数は下におろしてミュージアム内で展示しています。地下から入り、このような展示空間を通り抜けて地上に出ます。

地上に出ますと、三枚の屋根が重なり合い、床や壁面と共に境内や境内から見える周辺の風景を切り取っています。切り取られた中で、境内の歴史的な風景を額縁で切り取られたような効果の中で見ていくようになっています。

地下から入って中を回ったあと、地上部に出てくるんですけれども、ここに先ほどの三枚の屋根がありまして、その間にはそれぞれ隙間をつくっています。少しずつ高さが違うものですから、間に隙間が開いているわけです。壁面にはガラスが使われていて透過性を高くしていたりしますので、周りの風景がいろいろな形で見えるんですね。特に前面の屋根に対しては、二枚の屋根の向こうに宇治川の対岸の山の稜線がきれいに見えてきます。実は設計の段階で栗生さんといっしょに高所作業車に乗って、地盤からどの高さに行くと何が見えるか、どの位置から見えるかということを全部きちっと確認したうえで設計をしました。その結果として、遠いところからだと山並みが見えるし、近くにいると逆に低くなった屋根の軒に切り取られた境内の様子が見えるようになっています。

これは遠くから見た場合ですけれども、後ろの山並みが全部見えてきます。これが近づいてきますと逆に、一メートル八十五センチしかない縁台から天井までの高さなのですが、向こう側の梵鐘《ぼんしょう》が架けてある鐘楼など境内の様子がチラチラチラチラ見えるわけです。

国宝・雲中供養菩薩像の展示空間

クライアントの考え方自体がとても優れているなと思ったことがあります。たとえばこういう寺院の中に新しい建物を建てるとなると、瓦屋根を載せて、それまでそこにあったような建物の模倣をすることがほとんどです。ところがこのお寺は鳳凰堂などのコピーは一切まかりならぬといわれるのです。鳳凰堂などの建物はおそらく未来永久に残していかなくてはならない。しかしミュージアムは、中にあるさまざまな工芸品や仏像をいい状態で保存しつつ後世に伝えていくため、あるいは展示をするための器であり、入れ物としての建物自体は百年後には他の物に変わっていても構わないという考え方です。ですから現在ある技術で最高のものができればいい。それが古いものに対する敬意の払い方である。古い物をコピーすることだけが古い物に対する敬意の払い方ではないということをはっきりいうわけです。

ですから、新しい建物は金属とガラスとコンクリートが素材の大半です。現在使える最高の素材と技術でつくればよいということなのです。とはいいつつ、スケール感や細かいディテールの部分については『和』というものを少し意識するべきであるということで、たとえば建具の格子なんかは鳳凰堂の中の格子の寸法をそのまま採用しています。あるいは柱の間隔も鳳凰堂をつくり上げている柱間の寸法をモデュールとしています。そういったやり方で、やや抽象的ですけれども、歴史的な建物の意匠を引用したうえで形は新しいものに変えていく。その中で先ほど申しました風景の切り取りということを意識して考えているわけです。

鳳凰堂正面から見ると、その後ろにフラットルーフの三枚屋根が重なったミュージアムがあって、その下が展示空間になっています。そして後ろのほうにとんでもない高層の建築物が建っております。これは、平等院をとりまく地域の景観問題の象徴的なものです。景観法というものが二〇〇四年に施行されました。それによって、平等院のある宇治市も景観行政団体になりまして、これからいろいろな規制をかけていくことになります。実際に高層のマンションが建っている場所に新たな規制がかかり、この先三十〜五十年は変わらないにしても、次の

建築造形に呼応する刈込の水平ライン

屋根、床、壁によって切り取られる境内の風景

建て替え時には、あの高さのものは建てられなくなります。

このような状況の中で周辺のランドスケープを考えていくときに、新しい建物をどのように既存の周辺環境となじませていくかということも考えなければなりません。たとえば、新しくつくった門前の広場では、藤の花で有名なこのお寺にちなんで、藤棚を垂直に仕立てるということを試みました。ここは広場を挟んで反対側に拝観者用の駐車場があって、多くの方々はこの駐車場に車をとめます。バスで来られた方もここで降ります。つまり、降りたとき正面にこの垂直の藤棚がバーンと見えるという状況をつくってあるわけですね。

竹垣を四つ目で組んでありまして、ここに藤の花が、最初の年から咲いていました。その年の秋にはかなり成長した葉がきれいに黄葉《こうよう》しました。竹垣の後ろに紅葉《もみじ》の木があり、さらにその後ろには、緑の濃い白樫《しらかし》の並木があります。植物の葉の緑と赤と黄色が重なって透けて見える効果をねらったものです。これが冬になりますと葉が落ちて彫刻的な形の枝だけになるんです。

実は五〜六年に一度、この竹垣は新しいものにつけかえになります。そのときに、前面の藤の花、藤の木は一切傷つけずにきれいに青竹になっているはずです。これが日本の造園技術、なかんずく京都の庭師の伝統技能の素晴らしいところです。五年から六年後に竹だけは変わっていきますが、前面の藤は毎年同じように繰り返す自然のサイクルの中で咲き続けます。こうして自然の力を借りながら五〜六年に一回青竹に変わっていく。だんだん竹は傷んでいって、また新しい青竹に置き換わって、物質の循環のようなものと風景の成り立ちのようなものがうまくかみあっているわけです。

このように、全部自分でコントロールすることや、完全に造り切るところからどこまで離れることができるかということが私自身のテーマになっております。

長崎原爆死没者追悼平和祈念館――爆心地の方向への意識をデザイン化

次は、長崎原爆死没者追悼平和祈念館です。同様のものが広島にも建っております。広島のほうは平和公園の中に建っていますが、そちらは、当然のことながら、亡くなられた丹下《たんげ》健三《けんぞう》先生の事務所で設計されました。長崎のほうはデザインコンペになったわけです。これも栗生明さんがコンペに応募されるということで、私もチームのメンバーとして参加し、最優秀にしていただきました。名前からイメージすると、すごい建物が建っているんだろうと思われそうですが、このときもいろいろと事情がありまして建物は地下に入れざるをえませんでした。

そうはいっても、やはりある意味で非常に象徴的な建物であるべきだという考えがあったわけです。この施設は、被爆者援護法という法律にもとづいてつくることが決まっていた施設です。背後に見えている原爆資料館などに行きますと、ちょっと息苦しくなるような展示がずっと続いているわけですね。それに対して、こちらはむしろ被爆者とその家族の方々に対してさまざまな情報を提供することを目的とし、また世界平和への祈りの空間であり、平和のための国際交流の施設として位置づけられてきたものであったわけです。ですから当然、静謐さ、荘厳さというものが空間に求められています。しかし、与えられた敷地が、そうした目的とかけはなれたとんでもない場所で、駐車場の真ん中なのです。そういうこともあって地下に入れざるをえない状況になりました。

なにしろ、観光バスの駐車場のそばに敷地が設定されていたために、施設の外側の空間と内側の空間をどう切り分けるかということがとても大きなテーマになりました。中央に直径四十メートル近い水盤、水が張ってある池があります。その外側に常緑樹の白樫で高い生け垣をつくり、囲いました。その中にメモリアルウォールといいますが、地下二階までドーンと二枚のガラスの壁が下りています。この二枚の壁の間のスリットの下に追悼の

国立·長崎原爆死没者追悼平和祈念館

ための空間があります。

レイアウトを考える際には、爆心地に向かうラインを意識しました。この敷地に観光バスが一方通行で入ってきます。修学旅行がとても多いところですので、バスの動線と駐車の処理がとても大事です。バスを下りた人たちは、生け垣で囲まれた領域の中に入り、グルッと水盤をまわった後、地下に降りていくようになっており、身体の不自由な方やご高齢の方はエレベーターで下に降りられるようになっています。地下に降りると、地下二階の空間に瞑想空間というものがあります。爆心地の方向にむかって、地下二階から地上階まで吹き抜けた空間です。そこに屹立《きつりつ》する二枚のメモリアルウォールのガラスの壁は、水盤や生け垣がある地上の部分に突き出ており、その間の空間から爆心地の空が見えるという仕組みになっています。このガラスの壁は地下二階から地上に吹き抜けています。照明計画は面出《めんで》薫《かおる》さんの仕事ですが、建築家の栗生明さんの構想によってこういう空間がつくられました。中には縦長の何層にも重なる棚があって、亡くなった死没者の名簿がずっと積み上げられている。その真上に爆心地の空が見える。この空間は基本的に遺族の方々が故人におもいをはせる空間になります。この上のガラスは電動でスライドするようになっていて、天気のいいときは全部開くようになっております。

地上部分で見ると、二枚のメモリアルウォールの隙間の先の方向に爆心地があり、外部のランドスケープのパターンも、ある一定の方向を来訪者に意識させるというかたちになっています。ランドスケープの要素のすべてが爆心地に向かっているラインに平行になるようにしたわけです。

写真は竣工直後のものです。生け垣は茨城県の樹木生産地で樹高十二メートルのものを全部で六十八本、下枝まであるものが必要だったものですから、三日かけて一本ずつ選びました。それを八メートルの高さに剪定《せんてい》して高さをそろえています。地下に建物があるので、人工的な植栽基盤をきっちりと確保しながら植栽しました。

生け垣の内側にある水盤の直径は約四十メートルあります。水盤の縁の高さは五十センチで、水は緩やかに外側に向かってオーバーフローしています。実はこの池の底には九十センチ×九十センチの石の板が敷き詰められていて、一枚の石の板には七×七、四十九個の光ファイバーの照明が仕込まれています。その数が全部で約七万個。これは、長崎の原爆で亡くなった方が約七万人ですので、その数が引用されています。夜になると、メモリアルウォールがライトアップされて、その周辺の水底に光ファイバーによる光の点が敷き詰められている様子が見えてきます。こういう情景が夜間に行っていただけるとごらんになれるということです。

写真にあるように、外側には観光バスが並んで駐車していますが、そのバスも一つの風景と考えて、そのありようをコントロールできる駐車場のバスの配置の仕方というものも考えました。細かいところでは、タマリュウという植物を舗装の中にはめこんで舗装のラインが少し細く黒く見えるようにしてあります。こうしたのはすべて、爆心地にむかう方向性というものをここを訪れる方々に少しでも感じてもらいたかったからです。祈念館に入る前には、なぜすべてのラインが一つの方向にむかっているのかわからないのですが、祈念館の空間を体験して外に出てくると、このラインがすべて爆心地に向いているということが初めてわかるようになっています。

浜名湖花博のインスタレーション

次は、二〇〇四年四月から十月まで静岡県浜松市の浜名湖の湖畔で行なわれた浜名湖花博でのプロジェクトです。「しずおか国際園芸博覧会」というのが正式名称です。会期中に約五百五十万人の来場者がありました。会場はいくつかのゾーンに分かれており、その中央のエリアの建物群とランドスケープのデザインを、私を含むチームが担当しました。このチームには、リーダー的な存在の栗生明さんに加えて、隈研吾さん、古谷誠章《ふるやのぶあき》さん、飯田善彦《いいだよしひこ》さん、武田光司《たけだこうじ》さんという、四十代から五十歳前後の建築家五人がいて、そこに私が加わってコンペに参加し、獲得した仕事です。

浜名湖畔の埋立地に設けられた敷地の中央付近のエリアが「水の園」と呼ばれていた中心ゾーンです。この博覧会のテーマは『花・緑・水』でした。普通はこういう博覧会というと、花と緑だけなんですけれども、浜名湖ということで、『水』をテーマに含めた博覧会になったわけです。会場の中心となった水の園には、あらかじめ土木的な計画で先行してつくられた運河があります。この水面を挟んだ領域にどうやって賑わいのある空間をつくり上げるかということがテーマでした。この浜名湖花博の会場は、先ほど申し上げたように、湖岸を埋め立ててつくった土地です。だから、もともと何もないところです。そこで会場の造成が始まった直後からドンドン先行して木が植えはじめられ、その結果として博覧会が開催されたときにはかなりの緑のボリュームができていました。会場の中を歩いても、そこそこの木陰があって、とても気持ちのいい空間になっていたと思います。

このような会場の中で、あまりに平坦すぎるのもおもしろくなかろうと考え、部分的に盛り土をして、なめらかなランドフォームを造っていくことにしました。その中に花壇を、ただ単なる装飾的な花壇ではなくて、少し大胆な構図のものをランドスケープのパターンとして見せていこうとしていました。花壇の設計もやったんですけれども、これは非常にたいへんな仕事です。半年間の会期の間にいろいろな花がいろいろな時期に咲くわけですね。それをどう組み合わせてどう入れ替えるかという、もうなにかパズルのような作業で、私の事務所で担当した若い所員はかなり悩んでいました。

このような作業を繰り返しながらも、一方では水というものがテーマのひとつになっていましたので、どうやって水に触れる場をつくるかということもデザインの中で考えていきました。あまり装飾的に使うのではなく、直接水に触れられるようにしようと思いました。特に二〇〇四年の夏はすごく暑かったものですから、結果的に水に触れることができたのは、とても貴重でした。写真にある三角形の広場の空間を「アクアプレート」と私た

浜名湖花博・水の園「アクアプレート」 ©Landscape Design

ちは呼んでいました。広場全体に五パーセントの勾配がついていまして、上のほうから水がその表面をくまなく流れていくというしかけをつくったわけです。そうすると子供たちがとても喜んで遊んでくれました。流れている水がすごく薄いものですから、ほとんど危険性がないということもあります。

また、運河沿いのところには、水が流れ落ちる「すだれ」のようなものをつくりました。コンクリートスラブの薄い屋根をかけて、その上面に薄い水の膜をつくり、両側に水を落としていくというものです。来場者は、いい天気のときにも水のすだれの下を傘をさして歩いていました。暑い会場の中でも涼しさを感じることができる場所だったわけですね。

さて、この博覧会の会場には、「庭文化創造館」という博覧会のテーマを表現するようなところがございました。とても小さなパビリオンでしたが、ここには六か月の期間中、月変わりデザインのディレクターが入りまして、それぞれ一か月ずつ、庭というものをさまざまな角度から解釈してインスタレーションをやったわけです。その中で私は最後の月の十月に、「月見の庭」という、月見を題材とした庭のインスタレーションを担当しました。藤崎健吉《ふじさきけんきち》さんのプロデュースのもと、詩人の高橋睦郎《たかはしむつお》さんと共に時間をかけてさまざまな構想を練りました。言葉、詩と庭をどう組み合わせるかということがメインテーマです。そのテーマにもとづき、月見というものを通じて自然に触れるという伝統的な日本の生活文化と、そのための場を表現することになりました。ただ単にじっとして月を見るということではなく、私は「月を渉《わた》る」という言い方をしたんですけれども、月にまつわる日本人のイメージのようなものを、パビリオンの中を順次渉り歩きながら感じることができるようにしようと提案しました。たまたま建物内部の一方の側にあった階段状の部分を、「待月《まちづき》の桟敷」と名付け、桟敷席を竹で組んで設けました。後ろにはドライフラワー化したすすきを並べています。前方には、大きなスクリーンをかかげ、ここにお月様の映像を映して、これをゆっくり動かすということをしました。ここに高橋睦郎さん本人の朗読に

浜名湖花博「月見の庭」——水に映る月

よる詩や、万葉集の中で月を詠《よ》んだ歌が流れてきます。また、庭の一部に、京都の慈照寺《じしょうじ》（銀閣寺）の庭園にある向月台《こうげつだい》を引用しました。銀閣寺のお庭で実際に向月台や銀沙灘《ぎんしゃだん》のメンテナンスをしている庭師さんに京都から来ていただき、まったく同じ素材を用いて、ここで向月台を製作するプロセスを展示として見ていただくということを、最初の三日間には行ないました。

ところで、「月」というと「かぐや姫」を連想し、竹林が思い起こされるわけですが、ここで単なる竹林ではイメージが貧困だと思ったので、一度伐採した竹をさらして乾燥させ、それに塗装を施してグリット状に植えるという抽象的な竹の使い方をしました。そこにさまざまな方向から光を当てることによって竹やぶのイメージを抽象的に示すということをやったわけです。また、黒いミラーガラスの大きな平面をつくり、その中に一部分だけ薄い円形の水盤を入れたところに真上から黄色い光を当てて、約三分間で月の満ち欠けの動きがわかる映像を入れて、「月」、特に「水に映る月」を演出しました。このように、月見と日本人の感性の間にあるさまざまなイメージを空間化するということをやってみたわけです。

おわりに——私の仕事の原点

最後に一枚だけ写真をお見せします。私が今の仕事をするようになってからというもの、常にここにもどろうと考えている場所の写真です。京都の左京区、修学院離宮のすぐ近くに詩仙堂《しせんどう》という小さいお寺があります。詩仙とは中国の漢詩の大家たちのことで、その肖像を狩野探幽《たんゆう》が描いて襖絵にしていることから詩仙堂という名前がついているわけです。徳川家康の家来だった石川丈山《じょうざん》という人がいましたが、文化人で漢詩の大家でもあった彼が、自分の別荘を仏教寺院にしたものです。

このお寺の中に西向きの小さいお庭があります。写真の左手前に人が座っているシルエットが見えますが、このようにしてお庭と向き合うようになっています。このシルエットを手がかりに、庭の大きさや広がりをイメージしていただけると思います。右側に大きくかぶさってきているのが山茶花《さざんか》の木です。手前に白い砂の平面がありまして、その奥に五月躑躅《さつきつつじ》の刈込《かりこみ》があり、さらに、その背後に竹林と雑木がある西向きの庭です。空間のつくりとしては非常にシンプルです。ただここの庭は、ある意味ではものすごく饒舌《じょうぜつ》でもあります。たとえば一日ここに座っているだけでさまざまな自然の様相を感じることができます。ごらんのようにオープンですので、当然、風も寒さも暑さもすべて感じます。雨が降れば土の香りがする。風が吹けば竹林や雑木林のほうで葉擦《ず》れの音がする。小鳥のさえずりも聞こえる。夕方になると西側の雑木林を通して西陽が入ってきます。お月様が東山に昇ると、前面の白い砂がふわりと浮かんだように明るくなっていくわけです。

　このようなさまざまな自然の営みのようなものをどうやって人に伝えるか、人に感じていただける状況をどのようにつくるか、あるいはそのための受け皿、つまり、一度そこで自然というものを受け止めて、それを人に感じてもらえる場をどうやってつくっていくか……一般の人たちがもっている庭に対するイメージと、風景というとらえどころのないものとの間に、自分のものをつくるポジションを見定めていくうえで、おそらくこういうものが一つの理想像だろうと常に思っております。

　この写真は私がアメリカに留学する直前に撮ったもので、偶然今から五、六年前に写真を整理しているときに見つけたものです。その頃から、今日私がお話ししたような風景と庭というものの関係ということを考えておりました。つまり、与えられた仕事やデザインの課題に対して自分がどのくらい受け身になっていられるか、空間の状況をどう読み取って、それをどのようにランドスケープに展開していくかということに、自分のものをつくるスタンスのようなものを置こうと考えているわけです。

京都・詩仙堂

Q & A

――ものをつくるという立場でありながら、ものをつくることと距離をとろうとする。その矛盾こそが「風景を誘《いざな》う」というコンセプトとかかわりがあるのではないかとお話を聞いていました。何かをコンストラクションすることから距離をとる、その一つの方法として彫刻みたいな形はつくらずに、どちらかというとテクスチャーといいますか、サーフェスのパターンというものに着目する、あるいは水平に広がるグリーンのパターンをデザインするという例をいくつか見せていただいたと思います。それは宮城先生のデザインの手法だと思うんですけれども、そのあたりをもう少し詳しくお話しいただけないでしょうか。

宮城：的確にお答えすることはとても難しいことですね。具体的な場所や空間を与えられると、「ここはこうしますよ」と答えやすいのですが……。私は常々、白紙の状態を与えられると手がフリーズしてしまって、何もできなくなると思っています。しかし、実際には必ずといっていいほど、どこかに何らかの手がかりがあるはずなので、その手がかりを探すことからまず始めることにしています。

一見すると何も手がかりがないところでも、たとえば、その場所の昔の地図を繙《ひもと》いてみるとか、周辺をくまなく歩いてみるとか、あるいは高いところに登ってみるとか、いろんなことをしているうちに、その土地がもっているコンテクスト、日本語にすると文脈とか地脈とかという言葉になりますが、そういったものが意外と見つかってくるものです。

ですからたとえば「設計期間が三か月ですよ」といわれたときには、ひょっとすると最初の二か月くらいそういうことばかりをやっているかもしれない。場合によっては、最後の十日でダダーッとイメージを形にすることになるかもしれない。これはクライアントさんにとっては非常に辛いことなのですけれども……。そういう経験もあります。しかし、意外にコンテクストのない状況というのはごくごく稀なことで、その点は大丈夫だと私は思っております。コンテクストとは関係なく、自分がこういう形が好きだから、というのでデザインをすることは、ほとんどないでしょうね、私の場合。

――先生をご紹介する際に「ランドスケープ・アーキテクト」という言葉が使われましたが、本日の講演の中で、先生ご自身は「ランドスケープ」という言葉をあまりお使いにならなかったのは、何か意味があるのでしょうか？

宮城：僕の名刺には「ランドスケープ・アーキテクト」と刷ってあります。これもまた回答がなかなか難しい問いなのですが、日本では、こういうプロフェッションはまだ明確に定義されていないし、社会的に認知されていないと思うんです。先ほどいいましたサイトデザインといいますか、与えられた敷地の中で、敷地外の環境との関係から建物のボリュームをどのように配置するかとか、動線をどのように処理するか、さらにいえば、先ほどから繰り返し何度か申し上げていますが、何もしないとか、何かを取り除いてしまうとか、そういったことも含めてトータルに環境や景観について考えて提案をしていく職業というのは未成熟だろうと思います。それを日本語の言葉としてもっていたいという気持ちが、私には以前からあるのですが……。

私はアメリカで教育を受けていますが、アメリカでは「ランドスケープ・アーキテクトというのは、こういう仕事だ」と、かなりはっきりしています。それに近い言葉が日本で生まれるのであれば、そうあってほしいと思います。ただ私自身の意識の中では、自分が話すときには「ランドスケープ」はなるべく使わないようにしているというのは事実です。ただし、「じゃあ、あなたの仕事は何ですか？」と聞かれたら

「ランドスケープ・アーキテクトです」「ランドスケープ・デザイナーです」という言い方はしています。

それは、このことがやはり私一人の問題ではなくて、私の仲間や同じ仕事をしている若いデザイナーやプランナーたちの社会的な地位の確立ということにつながっていかなければならないと考えるからです。あとに続く若い世代にとっても、明確な社会的認知がほしい、というような気持ちがあるだろうと思いますので、そういう言い方をします。

ただ自分の考えを伝えるときには、あまり使わないようにしているほうだと思っています。

——「風景」と「庭」、その中間にある立脚点、ランドスケープ・アーキテクトの概念、それらのキーワードを示された先生にとって「環境」とはなんでしょう。

宮城：さらに、さらに答えに窮するような難しい問いかけですね。環境というのは基本的・客観的に定義しようとすると、そこに自分自身を含むか含まないかということがひとつの手がかりになりますね。西洋的なものの考えだと、自分を含まない自分を取り巻くすべてということになりますが、日本的、といってよいかどうかわかりませんが、もしそれが許されるならば、自分を取り巻く、自分を含むすべてのことが環境である、というふうになるんだろうと考えます。

それともうひとつは「環境」と「景観」という言葉、英語ではエンヴァイアランメントとランドスケープになりますが、それらの違いを考えてみるというアプローチもありますね。ランドスケープという語を言語学的にきちんと調べたわけではないのですが、私が知っているかぎりでは、ランドスケープの訳語を辞書で調べると、まず「風景」「景観」、三つ目から四つ目に「風景画」というものが出てくるんですよ。

イギリスの風景式庭園のお話をちょっとしましたが、風景画が描かれるようになったのは、人間が自然を大きく変えてしまう力をもったときに、保護し、残していくべき風景のようなもの、理想の風景像みたいなものを具体的に示す必要性が出てきた段階で、ランドスケープという言葉が出たのではないかと推測しています。

ですから、ランドスケープというのは基本的には美学的な概念で、一方、環境というのは科学的な概念だと思います。科学と美学、サイエンスとアートがそれぞれ対象とするものの中で、環境を相対的に定義する考え方はあるのではないかと感じています。

1-3

環境と対峙《たいじ》する建築

建築家　安田幸一

【プロフィール】やすだ　こういち／一九五八年神奈川県生まれ。一九八三年東京工業大学大学院修士課程修了。一九八三年―二〇〇二年日建設計。一九八八年―一九九〇年バーナード・チュミ・アーキテクツ・ニューヨーク勤務、一九八九年イェール大学大学院修士課程修了。二〇〇二年―現在、東京工業大学大学院准教授。安田アトリエ主宰。主な著書に『ニューヨーク・モダンリビング』丸善出版、『篠原一男経由東京発東京論』共著・鹿島出版、『策あり！　都市再生』（建築戦略研究会著）共著・日経BP、など。主な受賞歴に二〇〇四年日本建築学会賞、二〇〇三年村野藤吾賞など。

お互いに不可侵で、お互いを尊重する関係

今日は、私が建築を設計するにあたって、どのように環境をとらえてきたか、そのデザイン手法をお話ししたいと思います。

「環境」という言葉をよく耳にします。たとえば、「二十一世紀は環境の時代」というのも、その一例です。一九八〇年頃以降、いろいろなコンペ案への応募説明書には、必ず謳《うた》い文句のように「環境にやさしい」「環境と

調和した」といった美しい言葉、あるいは聞き心地の良い言葉がつけられていました。そのような言葉を耳にするたびに私は、「一体全体、実態はどうなっているんだろう」と、疑問をいつももっていたわけです。

もっと難解な例をあげれば、「環境に溶けこむ」という表現をする人もいるんです。建築が環境に「溶けちゃう」というのはどんな状態なんだろう……私はなかなかそこまでは到達できなくて、いつも悩んでいました。

では、自分は環境に対してどうすればいいのか、環境と建築を結ぶその溝をどうやって具体的に埋めることができるのか、あるいは自分が納得するギャップの埋め方は存在するのだろうか、というふうに常に考えて悩みながら設計をしてきました。

建築というのは一期《いちご》一会《いちえ》なのです。人と人とが出会って、建築と出会う。建築との出会いというのは「ご縁」だと思います。非常にウェットな言葉なんですが、縁がないとなんにもできない。その時、建築は常に一品生産です。同じ状況が二度起こりえないわけです。簡単にいえば、同じ土地に、同じクライアントが、同じ時期に建築を依頼することはありえない。ということは、毎回毎回建築は特殊解であって、一般解ではないのです。いつも特殊なことをやっている。一回限りしか使えないようなアイディアをどんどん出して、そこで勝負していく。ただ、一回限りとはいっても、設計しているうちに、「どうもこのアイディアは他のプロジェクトにも使えるんじゃないか」、つまり特殊解をやっているのですが、一般解につながらないかなという期待を込めて設計している人が建築家の中に多いのではないでしょうか。要は、将来の建築界に対して、あるいは環境に対してでも、少しでも一般解として貢献できないかという夢を抱いて設計をやっている方が多いのではないか……少なくとも私はそうなのですが。ここのところが設計のおもしろいところだと思います。

こういうふうに考えて、いくつかのプロジェクトを体験してきましたが、その過程で、環境と建築を結びつける言葉がぼんやりと浮かんでまいりました。それが「対峙《たいじ》」という言葉です。対峙という言葉を辞書で調べてみると、「山と山が繋《つな》がる、そびえること」とあります。それから「二つの勢力が向き合ったまま動かないでいること」などと書いてあります。つまり建築と環境はお互いを尊重しながら相容れない、きっぱりと一線を引くということです。環境は環境として自立しています。その環境の中にあって建築は建築として自立する。このように、お互いに不可侵であって、お互いを尊重し合うような関係、この関係が本来の健康的な姿ではないかというふうに私は思います。

では、建築が環境を無視して成立しているのかというとそんなことはまったくない。先ほど申しましたように尊重したいと思ってます。ただし、環境におもねったり、建築を環境のせいにしてしまってはいけない。そういうような毅然とした態度というのが、たぶん私の環境に対する建築のつくり方なのだろうと思うのです。

実は、この話を中国の建築家の方にお話ししたことがあります。そのとき、「中国では『対峙』という言葉の解釈はもう少し敵対するような場合に使用する」とおっしゃいました。ただ、私の使っている「対峙」というのはもう少しやわらかい、相手を思いやるような意味を含んだ「対峙」として使っています。

城郭と対峙する建築——一九九三、桜田門の交番

さて、具体的なプロジェクトに即して、環境と建築の関係について説明していこうと思います。最初のプロジェクトは桜田門の交番です。桜田門の城郭の堀端に建つ、非常に小さな交番です。

敷地を警視庁の一番上から見ると、交番は桜田門の城郭に隣接しています。このような敷地に、どういうものを建てるべきか、たいへん悩みました。

敷地にもともと建っていた交番は、城郭と同じようなスタイルで白壁の上に瓦屋根が乗ったいわゆる和風建築

と呼ばれるものでした。昭和七年に建てられた交番です。これを建て直すという依頼をいただいて設計者として打ち合わせに行きました。警視庁からは「当然、今まで建っていたものと同じもの、つまり白壁に瓦屋根を乗せたものをつくってくれ」といわれました。そうすると今まで建っていたものとほとんど同じものをつくるしかない。しかし、内部に必要な諸室をつくっていくと、壁面が敷地いっぱいになって、庇《ひさし》の出がほとんどないような状態になります。瓦が屋根の上に乗っているけれど、和風建築には見えないようなものになり、つまりホンモノの和風建築はできないじゃないかという議論をしました。

ホンモノの建築をつくろうと考えたのです。この桜田門前の景観に対しては、以前と同じ白壁に軒の出の小さな瓦屋根の建築はホンモノとはいえない、と考えました。そこで、「この景観に対して、透明で非常に小さなものを、建ってないように建てたい」と提案しました。ここが「対峙」ということにつながってくるんです。本格的な日本城郭に対してガラス張りでホンモノの小さな交番を建てたいという希望を出しました。

この提案は、警視庁ではほとんど総スカンを食いましたが、当時皇居周辺の景観委員会の委員でもいらっしゃった篠原修《しのはらおさむ》東大教授が、「透明なガラスボックス案が良い」といってくださって、この案で着工することになります。最初のスケッチでおわかりのように、幅二メートル余りの小さな敷地で、お堀のすぐ脇です。手前は、歩道が一メートルくらい残っている程度で、すぐ横に緑地帯があり、大きなイチョウの木が立っています。内堀通りは交通量も非常に多いところで、なるべく人に対して圧迫感のないように最低限の大きさとボリュームの交番を設計しました。内部で使える寸法をとっていき、最終的に下図のような姿で着工しました。地上階に交番の執務室、階段を下りると、地下に和室があり、ガラスブロックのトップライトから光が落ちていくような案でした。

この案で着工したのですが、直後に現場から突然電話がかかってきました。「穴を一メートルくらい掘ったら、葵《あおい》のご紋がついた金箔の瓦が出てきた」と。「工事ストップだ」といわれました。「埋め戻せ」と。埋めるといっ

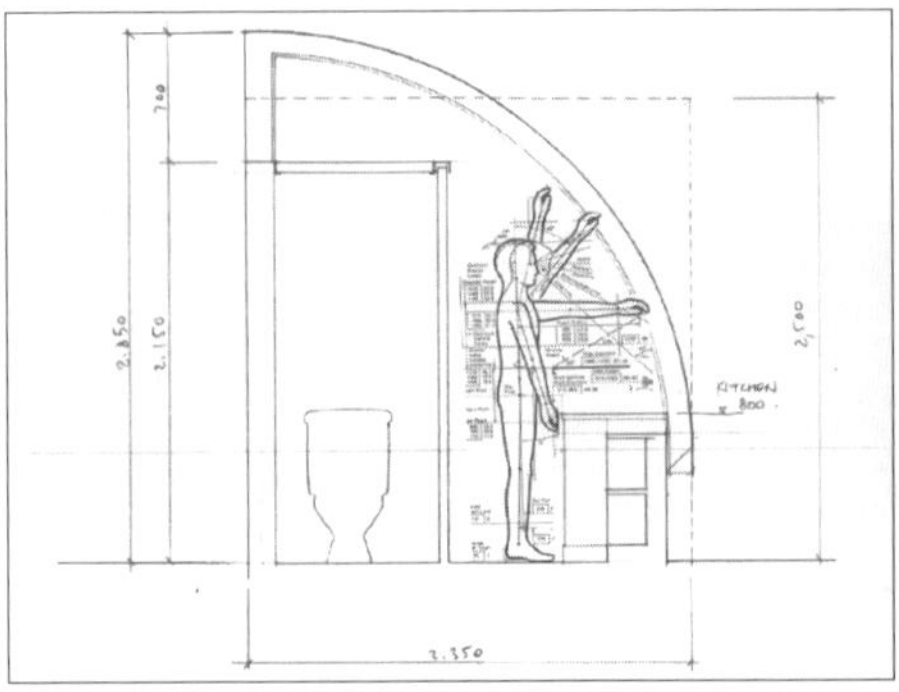

交番のスケッチ　図の左側はすぐお堀、右側は歩道、緑地帯、国道がある

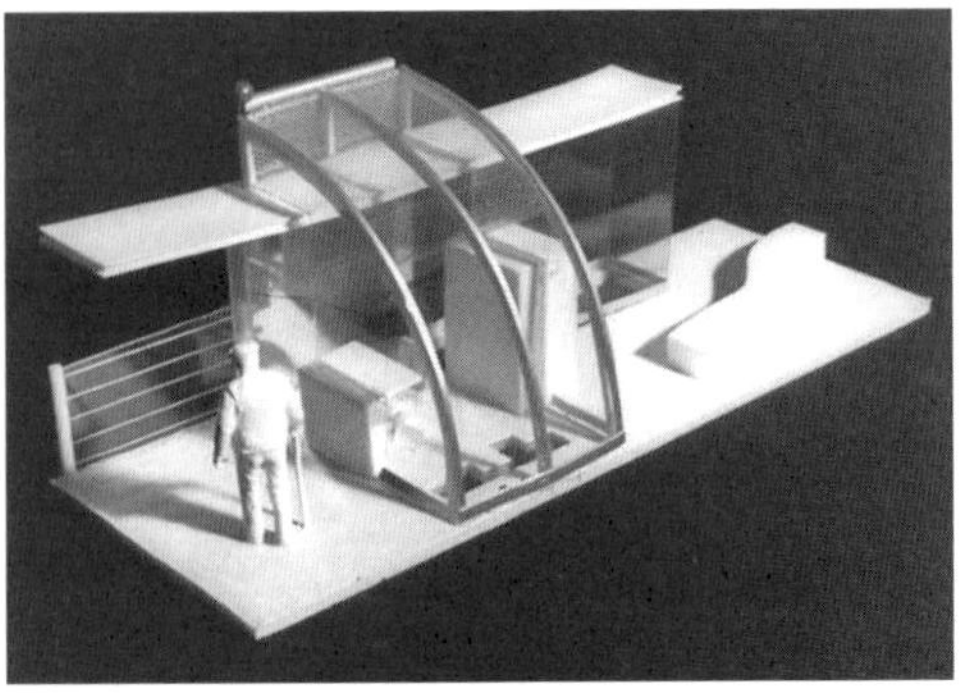
提案した交番の最初の模型

ても、和室がないと交番として機能しないわけです。それで今度は警視庁のほうが怒って「お前が地下案をつくるからストップしたじゃないか。とにかく二週間のうちに新しい案をつくれ」と。これには困りました。仕方なく即座に新しい図面をつくりました。その城郭の前で一つの固まりとして見えるような建築、そういうものがないかと思ってガラスとルーバーの組み合わせというディテールでスケッチを描きました。

それができ上がった全体では、前のほうが事務室、真ん中にトイレや水まわりの空間があって、一番奥側に休憩室、これらが一つの外皮のシステムで統一されているようなものをめざしました。

この案は地下がなかったものですから、工事は順調に進みました。現場が非常に狭く、工場でつくってきたものを現場でパタパタと組み立てる方法を採用しました。屋根の大きさは二・七メートル×十メートルですが、十噸《トン》トラックの荷台にぴったりと収まるような大きさです。これを工場で一体化して製作して搬入し、それをクレーンでもち上げて、コンクリート・コア上にセットするというつくり方を考えました。

でき上がりの内部は、手前が執務室になっていて、このルーバーのパンチングの穴が段々小さくなってきており、奥の休憩室では穴がなくなっていくようになっています。穴のないルーバーの内部には断熱材が充填《じゅうてん》されている可動式のルーバーを設計したのです。

でき上がった姿は、偶然だったのですが、ルーバーの色がちょっとグリーンがかった色に見えます。ガラスのグリーンと中の金属のルーバーの色を足すモスグリーンになったわけです。これが実は背景の城郭建築の破風のところの緑青、つまり銅のサビた色とまったく同じになったんですね。皆「すごいね。よく考えたね」と褒《ほ》めてくれるのは良いのですが、実は、まったくの偶然だったわけです。

また腰壁《こしかべ》は、そのディテールを、お堀の水を延長するようなイメージと、かつ、石を積み上げたようなイメージをガラスで表現しようとしてガラス板の積層としました。

完成した桜田門の交番

ルーバーを採用したことによって、内で勤務するお巡りさんから外は割と開けて見える、しかし外部からはお巡りさんの影は見えにくいという建築になりました。

ガラスというのは風景が映りこんで見える効果があります。国会議事堂や夕日が映りこんだりしています。隠《いん》遁《とん》の術みたいに風景の中に溶けこみながら、かつ主張もする。いま振り返れば、無意識のうちに「環境との対峙」という言葉を実践していたのかなと思います。「対峙」という言葉はポーラ美術館をやっていたときに思いつきました。態度としては、この当時から同じ方向で環境のことを考えていたのかな、と今だから思います。

交番の交叉点の風景を朝六時くらいに見ると、車がまったく通らない時間があります。その風景の中に、外壁が透明な交番が建っています。「建っていないように建てたい」と願って設計したのですが、誰に聞いても、「あんな場所に交番が建ってたかな？」というんですね。結果としてそれくらい皆が見落としてくれる風景になりました。

箱根の自然環境と対峙「森の番人」——二〇〇二、ポーラ美術館

二〇〇二年、ポーラ美術館が竣工しました。設計を始めたのが先ほどの交番の竣工と同じ一九九三年ですから、スタートから九年かかったプロジェクトです。タイトルは「箱根の自然環境と対峙『森の番人』」という名前を付けております。

こういった森の中に建てる建築というのは、たしかに環境破壊であります。つまり木を切るということは「悪いこと」と一般的には認識されます。そこで、木を切ることによって、あるいは建築がここに建つことによって、何か環境が逆に良くなるという裏技がないかというふうにずっと考えていました。そのような意味を込めて表現

交番のガラスの外壁に風景が映りこんでいる

したタイトルです。

この美術館の中に収蔵されているのは、後期印象派の絵画、陶器、ガラス器などで、約九千五百点ほどあります。こういった美術作品を豊かな自然環境の中で一般の人々に公開する――今までは個人蔵でしたから、これらは全部まさに「お蔵」に入っていたわけです。それを一般の人々、われわれが見ることができるようになるということが美術館を建てる大きなメリットになると思います。

最初に美術館建設予定地を見に行ったときの風景は圧巻でした。この線で囲ったエリアが合計五・七ヘクタールあります。敷地をつらぬくように、この真中に強羅《ごうら》と仙石原《せんごくはら》を結ぶ県道が走っていて、「この敷地の中に美術館を建ててください」といわれました。この敷地内を最初ウロウロ歩き回ってどこに建てようかと非常に迷いました。迷うだけではなくて、かなり強い思いで、会社辞めようかなと思うくらい、建築物を建てたくないと思ったわけです。ただ、オーナーは、さらに熱い思いで美術館を建てたいと思っておられる。しかし、この森の最高の自然を見てしまうと、どうしても建てたくないという気持ちが強まっていくのでした。

プロジェクトはまず、環境調査から始まりました。この五・七ヘクタールの中を、樹径二十センチメートル以上の木一本一本の樹種、樹径、樹高、位置を全部調査しました。さらに、地下水脈、獣類（例：イノシシなど）、鳥類、昆虫類など、どんなものがどこにいるのかを調べました。昆虫類でいえば、たとえば一平方メートルの土中に何匹いるかとか、そういったことまで二年間近く調査しました。

総合的な自然度の調査の結果、写真の四つの枠囲みのうち、最も右に位置する枠の中あたりが自然度が一番低いことがわかりました。戦後、木が不足した当時にこのあたりを伐採して薪《まき》にしているんですね。そういった跡を見て、もしかしたら、この少し自然が荒らされたところであれば、美術館を建ててもいいかなと思い直しました。

それともうひとつ良い知らせがありました。写真の最も右の枠囲みの辺《へん》を延長するように写真の右斜め下に向

ポーラ美術館予定地

けて点線が引いてありますが、この敷地のもっと下流付近がブナなどの貴重な木が繁植しているところです。原生林とでもいうべき状態の林が残されていました。敷地の最も下流のほうには、樹齢三百年のブナもありました。こういったところの約三十五ヘクタールをポーラさんが購入するというのです。そして、その三十五ヘクタールをまったく手つかずで県に寄付をするということをいいだしたのです。それならば、建築を建てる意味があると確信しました。要するに、建築が自然の一部を壊すことにはなりますが、森の一部だけを壊すことによって他の最も自然度の高い広大な範囲の森が手つかずに保全されるということであれば、そこに建てられる美術館は森を見守っていく「森の番人」の役割を果たすという考えに至ったのです。

最初に描いたスケッチが下の図です。国立公園内なので地上八メートルという高さ制限がかけられました。八メートルというと木造の二階建てくらいです。約三千坪の美術館を建てる場合、八メートルというのは非常に厳しい高さ制限でして、この規制をクリアするためには、ほとんどの建物を地中に埋めないといけない。埋める方向で検討をするのは良いのですが、やはり全部地下室というわけにはいかないので、何か自然環境を享受できるような建築にできないかと、ずっと案を模索しておりました。

もうひとつ、環境と対峙するための一線をどこに引くかという問題がありました。クルっと丸い形が頭の中に浮かび上がりました。この丸い形を建築との境界線にしようというふうに考えました。建築は地下になるわけですから、まず土圧に対して強くなくてはいけない。「丸」というのは、土管や水道管もそうですが、外部からの圧力に対してたいへん効率のいい形です。

実は、同じ面積や規模で真四角の建物の場合で同じように土を掘った場合、地下コンクリート擁壁《ようへき》の厚さが五メートルも必要になるのです。ところが丸い形ですと二〜三メートル、ほぼ半分くらいの壁厚ですむということがわかりました。それくらい円形は有効な形状なのです。

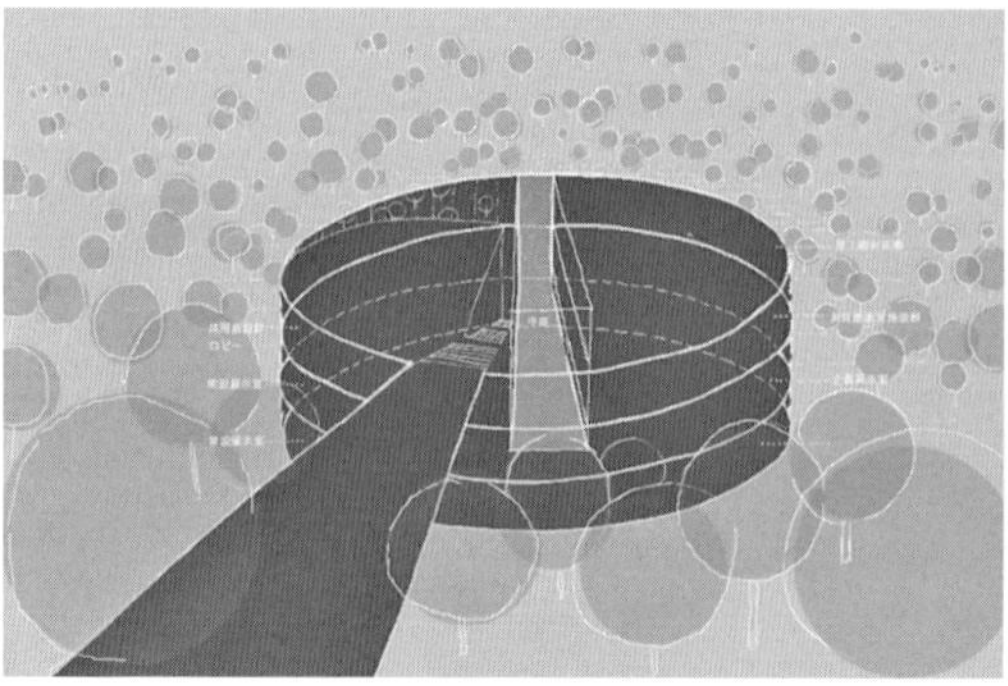

ポーラ美術館 最初のスケッチ

ポーラ美術館予定地下部の雑木林 撮影：石黒 守

それと、建築と環境の間のどこに境界線を引くかということですが、最も建築が環境を壊さない形状、それは「丸」かなと思いました。敷地の上空のさらに上空、宇宙から見れば本当に小さな点に見えるようなプロジェクトです。もちろん近接すれば大きな「丸」なんですが……。そういった意味も丸い形状に込めて、最初のスケッチが生まれました。

美術館にはブリッジを渡って屋根面レベルに到り、さらに階段などで降りていくと中庭があります。これはこの土地にもともと小さな谷があったのですが、その谷の名残《なごり》としてその土地の地形を少しでも残しておこうというようなアイディアでした。

設計当時に阪神・淡路大震災が起こりましたので、人と美術品の安全性を考えて美術館全体を免震構造にしようということになりました。丸いお椀の中に丸い建築が免震ゴムを介して浮かんでいるというような構想を立てました。「できた、できた」と設計チームはすごく喜んでいました。ブリッジを渡ってロビーに入って降りていき、中央部分が中庭になっていて、右側に広がる円形が美術館、そして左側のくぼみのあたりがレストランになっているというような案をつくって環境庁（現・環境省）に見せに行きました。「いかがでしょうか?」と。そしたらダメだといわれました。「国立公園内に丸い建築を建ててはいけない」というわけです。それは昭和二十年代にできた法律です。その法律に従って、「和風建築で、四角い平面の上に勾配屋根をのせる形で再検討してください」といわれました。さて、困りました。

しかし、お椀をつくっているまわりの擁壁《ようへき》は丸い形でも構わないというのです。これは土木だからいいというんですね。「中は建築だからは丸ではだめ」というんです。これはもう押し問答になりまして、結局ここでも一年くらい交渉しました。なぜ、竣工までに九年もかかったかというと、このような交渉事が多かったわけです。

では、もう仕方がないと、丸以外で形がないかとスタディーしました。丸から、多角形、正方形、長方形を試してみて、最後に行き着いたのが十字形だったのです。十字形の建築が丸いラーメンどんぶりみたいなお椀の中に浮かんでいる、というような構想でまとまっていきました。

最終的な断面ですが、県道のレベルからブリッジで渡って二階レベルのエントランスホールに入り、エスカレーターで降りて一階レベルでチケットを買います。チケットを購入後またエスカレーターに乗って地下一階レベルの企画展示室、さらにもう一回エスカレーターに乗って地下二階の常設展示室へ向かいます。収蔵庫、機械室があります。建物の下部に免震ゴムが設置されている。こういったような断面構成です。

二〇〇〇年に着工し、土を掘りはじめました。実に設計が始まってから七年後のことです。

土を掘り終えたときには、直径七十六メートルのお椀状の、さながら大きなラーメンどんぶりができたのです。本日のテーマである環境の話についていえば、この七十六メートルの真ん中にタワークレーンを一本建てて、このタワークレーンの腕を半径として回る範囲内だけが工事できる限界と定め、それより外側にはまったく手を付けないという工事ルールまでも設計当初から定めたのです。

このように、「環境と建築とが対峙《たいじ》する」ということを常に考えながら、工事も進めていきました。現場は冬期早朝にはマイナス十六度まで気温が下がるようなところでして、掘削工事といって、時々雪かきをしているというような風変わりな現場でした。

掘削のとき、たぶん日本で初めて、世界でもあまり例がないんでしょうが、特殊な仕組みをつくりました。掘削のときに出る泥水の処理です。掘削時には土と水が混ざった泥水が大量にできます。そのまま川に流すと川が汚染されてしまいます。そこで考案したのが、濁水プラントというものです。ここで土の粒子をすべて沈澱させて、その上澄みだけを何回も濾過して貯水槽に貯めます。貯めた水をまたさらに沈澱させ、水が透明になってから、最終的には支流に流さないで、二キロ先の本流までパイプでもっていって、そこで初めて排水をしました。です

ポーラ美術館 断面図

から、まわりの川にはいっさい排水を捨てずに、川に棲《す》む生物には影響がないようにしようということまで環境に配慮しました。

また、森の中に針葉樹が時々あったのですが、これは自然林ではなく人間があとから植えたものですから、敷地内の針葉樹を伐採して、それを広葉樹に変えていこうということをもくろみました。広葉樹に変える手法も、敷地内で全部種を拾って苗床に植えて、おおよそ一メートルくらいまで育ったポット苗を再び空いた土地に植えていくという手間のかかる方法で箱根の森の回復をはかったのです。

次ページができ上がった美術館の写真です。エントランスへのブリッジを渡って内部へ入っていきます。冬は雪景色になります。トップライトも、非常にたくさんの方が参加し、いろんなディテールを組み合わせて、結露しないようなダブルスキンのものをつくりました。

設計当時のCGと比較しても、ほぼ同じ形で竣工しました。エントランスホールでは、左側に小塚山を見て、エスカレーターで下階のロビーに降りていくようになっています。

あとから考えてみると、このロビーは、最初のスケッチの際に描いた中庭で、もともとここにあった谷を表現したものでしたが、この中庭を内部化したものだと思っています。

ロビー空間では、壁一面、夕方以後光るようになっています。この土地にもともと立っていた竹林がこの縦方向の光の筒にすり変わったという思いで、光の木、光の竹というような印象で光壁をつくっています。

展示室も光学的にさまざまな工夫をしております。光ファイバーだけで絵を照射するという、美術館としては世界でも例がない美術館です。天井はギザギザになっており、可動壁上部から出た光が反射して絵のほうにもどってくるというように光学的な設計をしております。

展示室は地下になりますが、たいへん明るい展示室です。地下であっても、昼間のような明るい建築にしたい

ポーラ美術館 土木工事の着工 撮影:石黒 守

ポーラ美術館 外観　撮影：石黒 守

と思いました。床から空調されています。光の色も三千五百ケルビンという、蛍光灯の青白い光とハロゲン球の赤い光のちょうど中間あたり、太陽光に近いような光をつくることに成功しました。実は展示室にも窓がありまして、今までまだ使っていただいていないのですが、自然の風景と印象派の絵が同時に鑑賞できるようになっております。

展示ケースも光ファイバーでつくっています。展示品の上と下から光を当てています。美術作品に対して極力ダメージの少ない展示ケースをつくりました。内部環境の工夫をしています。展示ケース上方の天井のスリットから光が全部出ています。一見しただけでは光がどこから出ているのかほとんどわからないような展示ケースをつくりました。

丸いお椀型に掘りこんだ中に建てた美術館ですが、今はコンクリートで人工的に見えるお椀の段々状の面に苔が生えて、たぶん大地にもどっていくのではないかと思っています。大地にもどって、この建築が百年くらい経つとだんだん壊れていく……そのとき大地だけが残っていて、できれば僕らの後輩が二十二世紀、二十三世紀にまたここに新しい建築を建ててくれればいいな、などと夢を描いています。

外部環境と内部環境のぶつかり合い――二〇〇〇、鴨川シーワールド、トロピカル・アイランド

環境と関係が深いプロジェクトでは、私は水族館をいくつか設計しています。最初に設計したのは、鴨川《かもがわ》シーワールドのトロピカル・アイランドというプロジェクトです。ここでは「外部環境と内部環境のぶつかり合い」というのがテーマになっています。

外部環境は、太平洋に面していて、台風時には五十メートルの風が吹くような場所です。それから、通常時に

水族館トロピカル・アイランドの外観　撮影：石黒 守

トロピカル・アイランドの外部環境　撮影：石黒 守

海岸の砂が飛んできて砂嵐も来たりします。ステンレスサッシュが錆《さ》びてしまうというような、建築としては非常に厳しい環境です。一方、内部環境は、熱帯の海を表現した水族館ですから、熱くて湿気があります。このように建築の外側と内側双方から攻められる建築というものはどういうものかというのを考えました。

エントランスから入ると、そこはトロピカルの海になっています。ガラスのトップライトを通して強い光を採り入れました。たとえばモルディブのような熱帯の孤島の水中を散歩しようというコンセプトです。浜辺から出発してエメラルド色の水の中を泳いで海底まで潜っていくというストーリーです。断面でスケッチを描くと、ヤシの木の生えた島からしばらく珊瑚礁《さんごしょう》の浅瀬（礁湖）が続き、そこから水深が急に深くなるところ（礁縁・ドロップ）があり、洞窟に寄って深い海にたどり着く形を考えました。海に潜られる方はよく知ってらっしゃるでしょう、もしかしたら深海のほうで何か変な生物に出会うかもしれない、そういうような期待がもてるような建築をつくりたいと思いました。

断面スケッチ（下図）です。ストーリーに合わせて、建築計画でも浜辺のヤシの木が生えた島から徐々にスロープで降りていって下階の水底に到着するという構成です。

断面スケッチの次に模型をつくりました。ヤシの木の横を砂浜と海を切り取って水中に通路をつくったようなイメージです。トップライトはパリ在住の構造設計者ヒュー・ダトン（Hugh Dutton）氏にお願いして波の中にガラスがフワフワ浮かんでいるような構造を考えていただきました。最終的にほとんど模型通りのイメージで完成しました。

最初、このプロジェクトでこのトップライトをつくっていたんですが、何も説明しないうちから施主が「これいいね、いいね」というわけです。「何でいいんですか？」と聞くと、「形がフジツボみたいでいい」というわけですね。それで、「フジツボ・トップライト」と命名されました。

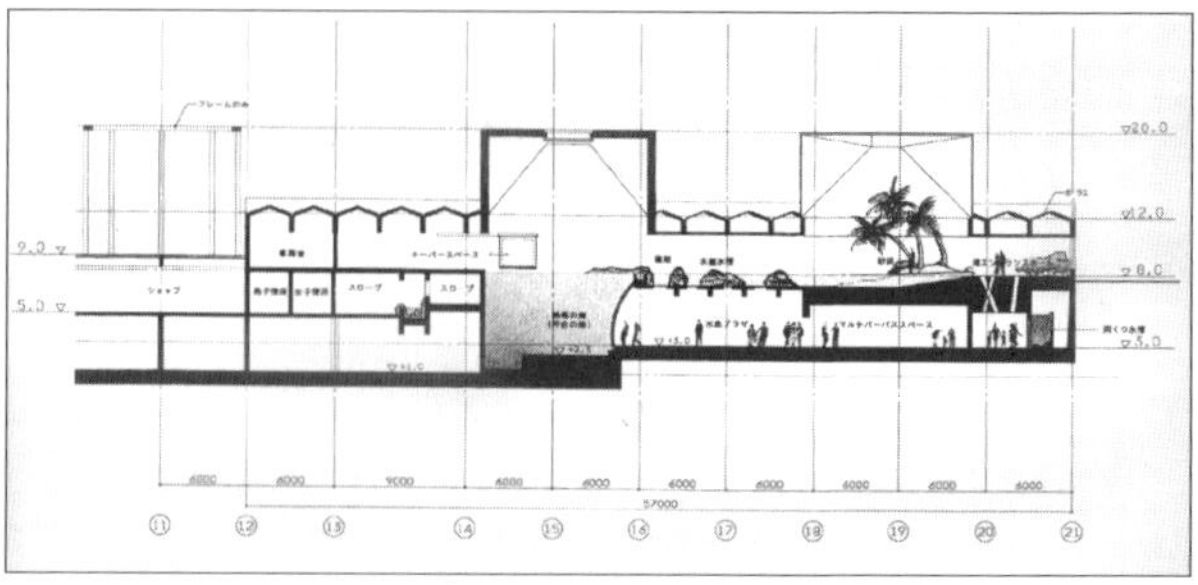

トロピカル・アイランド 断面スケッチ

トロピカル・アイランド トップライト(内)　撮影：石黒 守

このように、要するに建築の外は自然環境、中は自然を完全に模した人工環境なのです。水中に置かれる岩なども、すべてが偽物《にせもの》の岩です。珊瑚も自然保護のためほとんどが偽《ぎ》珊瑚、つくり物なのです。この砂浜の白い砂とか魚はもちろん本物です。普通、建築家は偽物を使うことに非常に抵抗があります。極端な表現をすれば、見世物小屋的な「ホンモノ」じゃない物を見せるということに対して後ろめたさがあったのです。

しかし、やっていくうちに水族館の人から学びましたけれども、この偽岩はだんだんと風化していくとコケが付いてきて、ほとんど「ホンモノ」になってくる。水族館がなぜ必要なのかというと、健康な大人であれば、自分たちで潜って本当にこの水景を見ることができるんですが、幼い子供、あるいはおじいちゃん、おばあちゃん、体の弱い方はどうしても自分の力で潜れないですよね。そういう人も含めて皆がこの空間を楽しめる。つまり「良い嘘」ならついてもいいんじゃないか、ホンモノじゃないんだけれど、ホンモノのように見せてあげるということは悪いことではないのではないか、とだんだん思うようになってまいりました。子供のためには、多少嘘をついても、その情景を見せてあげたいというふうに考えが変わってまいりました。

もうひとつ、ここで非常にこだわったのは車イスの方への配慮です。普通、こういう水族館では、あるいは一般の公共空間では、「車イスの方はこちらに行ってエレベーターに乗りなさい」というサインがいたるところに出てきます。しかし、ここはスロープだけがあり、健常者の方も車イスの方も老人も子供も、みんな同じところを通って観覧できるんです。これが一番理想的なのかなと思っています。

だからこの建築はめずらしくエレベーターが一機もない建築です。珊瑚礁が見え、しだいに潜っていくと、水の中に洞穴があり、そこから魚が見えます。そして水底に降りていくと水底プラザになっております。そこから上を見上げると水が見えるんですが、水面を通して光のゆらゆらした影が床に映《うつ》り、水の底にいるような情景を、空気を吸いながら楽しめる空間づくりをこちらも楽しんだのです。

トロピカル・アイランド トップライト(外)　撮影：石黒 守

別府湾の自然環境と対峙する建築——二〇〇四、大分マリーンパレス水族館「うみたまご」

まことにうれしいことですが、建築というのは、一つ設計すると、もう一回同じような仕事が来るわけです。鴨川シーワールドの次に設計する機会を得たのは、大分マリーンパレスという水族館です。

このプロジェクトは、お猿で有名な高崎山のふもとを埋め立てたところにもともと古い水族館が建っていたものを、さらに大きく埋め立てて新しく建て替えるというプロジェクトでした。水族館は別府湾に面しており、すぐ後ろに高崎山がそびえています。非常に風光明媚なところで、この場所にどのような建築をつくるかをよく考えました。

少し船のような長い建築があって、別府湾に面して海を抱きこんだようなプラザがほしいと思いました。後ろに山があって手前が海ですが、海がプラザの中に入りこんできて、また同時に山がプラザの中に入りこんでくるといった、山と海がぶつかりあうような建築、環境を直接的に取りこむような建築はできないだろうかという考え方で設計を進めました。プラザには「海獣」のセイウチ、トド、アザラシなどのゾーンと、イルカのゾーン、さらにジャングルタンクという熱帯のジャングルを表現したガラス張りの温室があります。このようなさまざまな自然を表現したプラザをメインテーマとしたプロジェクトです。

それから内部には大回遊水槽というものがあります。今はもうさまざまな水族館に回遊水槽と呼ばれる水槽がありますが、実は昭和三十八年にこの水族館がオリジナルの回遊水槽を発明したわけです。「それをバージョンアップしたものをつくってくれ」といわれて、それが目玉の一つとなります。さらに、プラザの獣類のところとイルカのところと、そのイルカのまわりの大きなタッチプール、それからこの回遊水槽という、こういった目玉

空から見た大分マリーンパレス「うみたまご」　撮影：石黒 守

水族館大分マリーンパレス「うみたまご」大回遊水槽　撮影：石黒 守

のあるプロジェクトです。
建物の正面にある像は、流政之《ながれまさゆき》先生に彫刻をお願いしましたが、コンクリートの卵から侍《さむらい》が生まれてくる楽しい色彩の像です。エントランスには二匹の鯨が展示されています。実はこの鯨のホンモノが、竣工式の一か月前に目の前の別府湾の海に数十年ぶりに現われて、この建物の竣工を祝ってくれました。エントランスの奥のウェルカムホールの壁にある彫刻は、流先生が紙ナプキンに書いたスケッチを「それ頂戴。頂戴」といっていただいたものを拡大してコンクリートに打ち込みました。「海卵」の文字をデザインしたレリーフです。現場で海卵の卵という字の「丶」の部分に金箔を貼ってくれと流先生がおっしゃいました。

次のコーナーでは、大分の川の景色を再現しています。続く大回遊水槽のメインのアクリルは、床までアクリルにして、あたかも海の中に立っているような姿を表現しております。大分の地元の魚を展示しています。大回遊水槽に面する窓は、十一個もあります。大回遊水槽の真ん中には洞窟がつくられました。これが「うみたまホール」です。もともとの水族館名は「マリーンパレス」で、「竜宮城」ですね。これは、まさに大回遊水槽の中の潜水艦みたいなところに丸い卵の空間をつくって、丸い窓をたくさん設けて、大人もゆっくりできるような落ち着いた空間にしました。

キッズコーナーや熱帯魚水槽などもあります。今は、映画「ファインディング・ニモ」の影響でみんなが喜ぶ魚のクマノミやイソギンチャク、アマゾンの風景を再現したジャングル水槽もあります。

下の写真は何気ないところのように思われるかもしれませんが、実は苦労したところです。階段の勾配というのはゆるければゆるいほどいいわけです。ハートビル法という建築法規があるのですが、その法に則った勾配の階段をつくると、だいたいエスカレーターの勾配と合わないんですね。地下鉄の駅などを見ると、階段の手すりとエスカレーターの手すりが角度が合わずちぐはぐになっているのですが、ここでは、エスカレーターの角度を

大分マリーンパレス「うみたまご」勾配のゆるい階段　撮影：石黒 守

海卵のレリーフ　撮影：石黒 守

少し変えています。通常のエスカレーターは三十度なのですが、二十八度とかそういう中途半端な角度に制作してもらいまして脇の階段の勾配とぴったりと合わせたのです。これは、たいへんといえばたいへんなんですけれど、ほんのちょっと工夫をすることでできることです。

この別府湾を抱きこんだプラザの中で建築的におもしろいところはタッチプールです。このタッチプールは別府湾と視覚的に一体化するようにつくりました。下の写真の右側が別府湾の海、左側が建築となっており、海と建築の境目では水が海側にオーバーフローしていまして、ちょうどこの別府湾と色がほとんど同じ色になるように工夫しました。このように、建物のエッジが別府湾と溶けこんで「建築と環境が一体化した」ように見えています。

この水族館の最大の特長は、「ふれあい」というテーマです。今後の水族館の動向というのは、いかに動物と人間が触れ合うかなのです。水族館の中央部分のすべてがタッチプールになっております。エイとかサメの子供などさまざまな魚に触れることができます。またイルカにも触れることができます。イルカにはヒーリング効果があるといわれています。このイルカプールの底は、プラスチックメッシュの床になっており、そのメッシュ床がエレベーターのように上下するので、その中に車椅子の方が乗ったまま水に入って、イルカに触れることができるような工夫もしております。

また、このプラザにはセイウチが出てきます。このセイウチは二歳半くらいですけれども、今はまだ三百キログラムくらいしかないんです。でも将来は一トンくらいになります。このセイウチにみんなが触れることができます。ペタペタ叩いてみんなで触れることができるんです。セイウチはプラザの床に仰向けになって腹筋運動をやってみせるなど芸も非常に達者です。

このように通常の水族館と比較して、魚や動物と人との距離が非常に近いと感じる水族館になっているのです。

大分マリーンパレス「うみたまご」別府湾と一体化したタッチプール　撮影：石黒 守

イルカに触れられるタッチプール。底に工夫がある　撮影：石黒 守

さらに、この水族館には、昭和三十八年に旧館がもっていたコレクションが展示されています。それは、大分生態水族館という名前でスタートした水族館がつくった、目の見えない人のための「触《さわ》る水族館」です。かなり多くの魚を完全にコーティングしてトゲまですべて表現してあります。魚の種類を目の見えない人のために教える教材が昭和三十八年というような昔からつくられていました。

こういった水族館の活動に私は建築設計者の立場からライフワークとして取り組んでいます。このあと新江ノ島水族館にもプロジェクト・アーキテクトとしてかかわりました。

東京という都市環境と対峙する小建築——二〇〇五、西麻布の住宅

最近の仕事では、二〇〇五年の春、小さな住宅が竣工しました。西麻布の密集した住宅地に建つ小さな住宅です。敷地は前面と後側両方が道路に面していて、ここはもう十秒に一回くらい車が通るような非常に騒々しいところです。打ち合わせをしていた既存の木造住宅は、大きな車が通るたびにブルブルと振動するのでした。こういった厳しい都市環境の中で住むための建築はどうあるべきか……。

建築について「開く」あるいは「閉じる」という言葉をよく使います。今回の建築ではずいぶんと悩みましたが、「外に閉じていても太陽には開こう」と思ったんですね。非常に都市の喧騒が厳しいので、外に対しては、そのために真ん中にトップライトをもった吹き抜け空間をつくり、すべての部屋がここに面するというふうに設計しました。外部環境に対して新しい内部環境をつくることにしたわけです。

そのためにこのトップライトで何か新しいアイディアはないかと考えました。トップライトは明るいのですが、夏にはとても暑くなるというマイナス面をもっています。そこで、冬はすべての光が下に落ちる明るい空間にす

階段見上げ　撮影：石黒 守

西麻布の住宅　リビング　撮影：石黒 守

トップライトと吹き抜けのある西麻布の住宅

る。春と秋は半分くらい光を入れる。夏は暑いですから光をすべて反射するような不思議なトップライトをつくりました。

トップライトには、純光学的ルーバーを用いています。可動式ではなく、光の角度に対応して光を自動的にコントロールすることで、先ほどの効果が得られるような省エネ・ルーバーです。このルーバーから入ってくる光は、やわらかく建物内部全体を包みます。

環境の中で建築はどうあるべきかと先ほどから話をしてきておりますが、プログラムの問題、これも大きな問題です。表参道の交番を建て替えたらどうなるか……これは別に頼まれたわけでもなくて勝手に考えたことですが、縦割り行政の中で交番は都の持ち物です。今、地下鉄は変わって民間になりました。それから、公衆便所というのはだいたい区の持ち物です。でもこれをどうしてバラバラに建てる必要があるんだろうと考えました。たとえば最近犯罪が多くなっているトイレなんかは、交番の裏にあれば非常に安全性が高い。それにこういった建物を一棟でつくれば経済的にもお得です。大きな庇《ひさし》を一個つくってあげれば、地下鉄への入口の庇も兼ねられるし、人の待ち合わせ空間にもなるわけです。

このようにプログラムを少しだけ変更することによって、都市の風景が変わり、環境もまた変化する。つまり、案外単純なアイディアでずいぶん街は良くなるんじゃないかと思っています。

Q & A

――「対峙《たいじ》する」というテーマ設定をしたことで、それを聞いたとき結構挑発的なタイトルだなと感じた方もいらっしゃったかもしれませんが、その意味すること、それが今日の先生のお話で、具体的なプロジェクトと、あとは先生のやさしそうなイメージを通してなんとなく伝わってきたんではないかなと感じています。質問は、西麻布の住宅のプロジェクトのトップライトについてです。少しゆがんだような形をしていたと思うのですが、あの形はどうやって決まったのですか？たとえば、太陽の動きに応じて決まった形ですか？

安田：平面的な形は、説明するとみんな笑うんですが……施主の名前の頭文字、Kの字を少しゆがめた形になっています。ルーバーの断面的な角度は太陽の動きの角度に合わせて決定されているのですが、開口の形というのは決め手がないんです。要するに四角でも丸でも、何でもいいのです。とにかく上から下に光が落ちればよいわけですから、象徴的な形である必要はないのです。ボンヤリと何か雲みたいな形でいいかなと思っていたんです。雲みたいなんだけど、何か理由がないといけないので、イニシャルをもじって少しデフォルメしてつくったということですね。

——西麻布の家のトップライト、真冬はちゃんと入って真夏は反射する。過酷な住宅環境の中であいうのは素晴らしいアイディアだと思いました。普通のトップライトを付けると熱くてしょうがないでしょう。それで興味を引かれました。あのルーバーは先生の特許ですか？

安田：特許ではありません。ただ、たぶん世界にあんまりないでしょうね。私は設計のクライテリアを考案し、実質のルーバーの設計は、私がいつも光環境デザインをお願いしている豊久《とよひさ》将三《しょうぞう》さん——ポーラ美術館の光ファイバーをつくった人——に光学的な設計をお願いしました。みごとにつくってくれました。ただ、その断面形状を世間に公開しますと、特許ではないんですが、みんなが真似しますのでちょっと控えているだけです。

　たしかに、トップライトというのは立面の同面積の窓面の五倍くらい明るいのです。それくらい上方からの光って強いんですよね。強いということは熱も入ってくるということです。よく「暑い」というクレームが出やすいところですね。

——ヨーロッパの建築などを見ますと屋根の色がきれいにそろっていますね、茶色とか。日本の建築ではみな勝手にいろんな色を使っています。先生は街の建築の色というものについて、どうあるべきとお考えですか。

安田：建築外部の色についての私の考えは、基本的に特殊な色をつくるということはあんまり好ましくないなと思っています。ヨーロッパの街並みと東京の街並みを比較されて、ヨーロッパの街並みはそろってきれいなのに東京はどうして汚いの？といわれることがよくあります。

　物の色に関しては、物の材質がもともともっているオリジナルの固有な色がありますよね。「素材」の色というんでしょうか。石だったら石の色。木だったら木の色。鉄だったら鉄の色。ステンレスだったらステンレスの色。そういったまず基本的な「素材感」は踏襲したい。

　ペンキという習慣は庶民的な文化ではあんまり日本にはなかったわけです。これは欧米、特にアメリカの建築では、割とカラフルな色をペタペタ塗っています。もともとレンガ造りの建物でもそのレンガの上に平気でペンキを塗っていますね。たぶん日本人は少しそういうペンキに対して抵抗感があると思います。もちろん、漆喰とか左官の仕事はありましたので、それには多少色が入っておりましたが……。素材の良さをそのまま活かす文化が日本にはありましたし、また現在もあると思います。

私もできれば素材そのものの色を大切にしたい。そうすると、素材がもっている色というのはそんなにばらつきがないですから、自然と周囲から飛び出したりはしないのかなと。基本的には街並みで飛び出したような建築というのは、私はあまり興味がないかもしれません。なるべく消え去りたいというふうに思っております。

ただ、建築というのは、ある程度気品をもってその街に貢献したいと思っていますから、飛び出してはいないけれど、やはり少し新しい何か前向きな提案はしたいという気持ちはあるわけですね。

だからそこでいつも葛藤するわけです。どうしようかな、ここまでやっていいのかな、それともここでやめようかな、もう少しやろうかなとか……。そういうふうに常に自分の中で葛藤して、あるいは自分のまわりでいっしょに設計している仲間とディスカッションして、模型をつくったり、パースを描いたり、その検証をしたりしています。あるいは現場に入ると、色を使った見本をつくって、現場にその色見本を置いてみて、少し離れたところから町並みといっしょに見たりとか……そうやって決めていきます。他の建築の方もそうだと思いますけれども、特に私だけではないかもしれませんが。色は非常に難しいと思います。

——桜田門前の交番がまわりの環境に溶けこんでいることについてですが、交番というのはみなが困ったときの駆込寺《かけこみでら》みたいなところですから、逆に目立つ存在でなくてはいけないのかなとちょっと思ったんですが……どうなんでしょう。

安田：その通りです。「普通」の交番は目立つことも必要です。桜田門の交番の機能は、実は一般の人にはまったく関係ない話なのですが、警備のための交番です。交番にはさまざまな種類があります。「普通」交番というのが街にある交番です。つまり、市民のための交番。それから警備交番というのがあります。警備交番というのは何か目的物を警備するための交番。桜田門の交番は桜田門の橋を警備している交番なのです。昔、江戸時代末から交番の制度に近いものができたのですが、橋詰め交番といいまして江戸の各所の橋を守っている要所に交番があったのです。飯田橋とか四谷橋とか。橋と名前が地名に付いているところに交番が建っていることが多いのです。これらが交番の発祥なんです。この交番は目立ってはいけないという逆なことになっていまして、要するに警備している姿というのは市民にはさらしたくない。ですからなるべく建っていないように建っているという目的があったものです。勤務状態はそういうことで、表向きには出ていませんけど、一般交番とは一線を画した交番なのです。

ご質問の「普通」の交番は目立ったほうがよいのです。多少目立たないと市民がどこにあるかわからないので。

ただあの交番は警備用の交番ですからひっそりと守っている。その昔バズーカ砲をもった車が桜田門に停車して皇居に大砲を撃った事件もあったのですね。ですからそういったものを予防する、要するに皇居を守っている交番なのですね。

——先生の「環境と対峙する建築」は「環境に配慮する建築」とほぼ同義であるという印象を受けました。ポーラ美術館の設計や工事の過程で、環境調査や濁水プラントなど、積極的に環境に配慮するようなものをされていましたが、建築物の床面や壁面の材料で環境と対峙した部分はありますか?

安田:「国立公園の中での建築は屋根勾配をもった瓦屋根か赤茶色の金属屋根」「壁は濃茶系、あるいは、黒系のものを設ける」という法律があります。結局、役所の方がこういう建築を規制するのは、本音としてはこういう環境に対してどういう建築があればいいかということを念頭に置きながらも、どうしても立場上いわざるをえない時もあったりします。最後に本当に建築を理解してくださる方がいて実現したのです。別に目立つものや気負ったものをつくってやろうという意図ではなくて、この純粋な形をなるべくシンプルにつくって、自然と対峙するものは何かと考え、なるべく高さを抑えて低く低くしようとしました。八メートル制限ですが、平均すると六メートル程度までボリュームを低く抑えてあります。トップライトだけは少し飛び出していますが、全体として圧迫感のないものにしたかったのです。今、新しい美術館を設計しているんですけれども、今度は街並みに合わせてつくっていこうと私は思っていますので、いつもポーラ美術館のような設計の仕方を行なっているわけではないのです。ただ環境に最も純粋に設計したいと思っています。

——今おっしゃっていた新しい美術館をつくられるというお話ですがいつ頃完成する予定ですか。ぜひ拝見したいと思います。

安田:すみません。僕の場合、プロジェクトはいつも長いんですね。ポーラは九年ですけど、先ほどの鴨川シーワールドは七年、大分マリーンパレスは八年、交番は三年と早かったです。ですので十年以内には建てたいと思っています。

建物というのは、いったん建ってしまうと、「失敗した」というわけにはいかないんですね。だからいつもいうんですけれども、日本の建築は構想から建ってしまうまでの期間がとても短いと感じています。自分のスケッチをお酒飲みながら「最高だ、最高だ」といって勢いでまとめているようなところがあります。スケッチができた次の日「最高だ」と思った気分で図面が現場へ流れてしまう。そうするとそれが本当に建ってしまう。

私はそれではいけないと思っています。たとえばイタリアなどではゆっくりした時間が流れていて、デザインに永遠性が保たれていると感じます。酒飲んで次の日の朝、しらふでもう一回そのスケッチを見ると愕然とするわけです。「なんだ、こりゃ、ひどいスケッチだ」と。そして一日またさらに一日、一生懸命スケッチして、また酒を飲んでまた「俺は天才だ」というところまでいって、また次の日の朝、しらふでそれを見ると「駄目じゃないか」というふうに反復して、自問自答して、建築を強くするための時間というのが必要ではないかと……。もちろん経済事情の中での建築ですから締め切りがあるわけです。何でもそううまくいかない場合もあります。しかし、一回建てたら五十年、百年建って残ってしまうわけですよ。そうするとおいそれと決断したくはないというか、ゆっくりつくっていきたいと理想的には思っています。

——こういう活躍をなさってきて、これからも活動なさる先生にとって、環境とはなんだとお考えですか？

安田：難しい質問ですね……。ビートルズ世代である世代の信念として、中学生のときに聞いた「レット・イット・ビー」の歌詞を読んだときに、「これで生きよう」と思ったことがあります。日本語で訳すと「なるがままに」という意味です。「なるがままに」とは、「どうでもいい」という意味ではありません。「あるべきものはそのようにあれ」という意味です。「もの」の方向は、もののあり方をとらえて自然と決まってくるのではないか。その自然と決まってくる方向を、見定めていくことが重要だと思います。

環境に対しても、たぶん解答はいくつかあり、一つではないと思いますが、「あるべき姿」というのは存在するのだろうと思います。それを自分が第三者になるまで引いて、自分をみつめ直しながら、建築の行く先をどこまで見つめられるか、そこが勝負だという気がします。

[Part 2]

文化

社会的なあり方として

2-0 文化

［テーマ解説］

「文化」を語るということは、実際われわれが思っている以上に難しいことだろう。それは、文化という概念が目に見えるハードなものではないためであろうし、現在、われわれの生活のあり方が多様化してきて何が何だかわからなくなってきているということもあるだろう。このパートでは、そのいわば難解な「文化」ということをベースに環境デザインを考えてみたいと思う。「文化」の奥深さや多様性に対応するために、建築家、インテリアデザイナー、写真家、アート・ディレクターの四人のまったく異なる分野の活動、作品等を紹介している。一見バラバラな分野の集積のように思えるが、共通しているポイントは、どのデザイン活動やプロデュース活動にも、人の生活や行為、あるいは参加といったものが密接に絡んでおり、不可欠だということである。文化は人間の営為の歴史的堆積によりつくられてきたものだという前提に立てば、文化というくくりから環境デザインを考えるうえで、人のデザインへのかかわり方をどうとらえるかということを考えるのは非常に重要なことであろう。

まずは、建築家の原広司。原が展開する「ディスクリート」の理論は力強い。ディスクリートとは、個人それぞれが自立していて、別々に生活していることが前提となる。そして、その自立した個人と社会グループをつなぎ、相互にコミュニケーションができる全体のシステムであり、コンディションのことである。それらを建築で実現するということに原は取り組んでいる。たとえば、住宅に適用すると、家族の構成員はそれぞれの家をもつことになる。そしてそれらが自立しながらもつながるという構成をつくりあげるのである。ここで重要なのは、その家は建設においてセルフ・ビルドで建てることが可能であるということである。実験的な理論の実践の中で人の直接的な参加が可能になり、社会とのかかわりを探っているのは特筆すべきところである。

続いて、インテリアデザイナーの杉本貴志。彼はまず「二十世紀的価値はもう終わった」といい放つ。「デパートなんかもう欲しいものはない」「もちろん行ったっていいんですが、ファミレスなんかに行きたいんですか?」という問いかけはとても刺激的だ。二十一世紀のデザインはそのような流れを汲んで新たな価値の模索をするべきだと杉本は続ける。その代表例がシンガポールのグランドハイアットの高級レストラン。注目すべきところは、その高級レストランのインテリアに、まちで回収した廃材を使っている点である。廃材をいわば「時の化石」ととらえ、贅沢というイメージの商空間に新たな価値の模索を行なっている。そこでは、デザインの形態は伝統美のコピーやインターナショナルな様式とはまったく切り離されている。そこにあるのは廃材であり、そこには捨てた人の行為と拾ってきた人の行為が社会的背景として封じこめられている。

写真家の長倉洋海は、内戦が絶えないコソボで出会った一家が四年間かけて自分たちの家を創り上げるプロセスを見つめている。コソボという社会的環境の中で、家を建てるという人間の行為がターゲットになっているため、ダイレクトに人の生活感というものを長倉の作品から感じることができる。写真に写った家族の家は当然簡素でみすぼらしい。しかし、家族の絆という視点からみるとどうだろうか。比較論はよくないかもしれないが、実際東京の生活実態を考えてみれば、経済的には恵まれているものの家族間のつながりはますます希薄になっており、家族の概念が致命的になってきているのは自明である。長倉の作品からは、生活文化には家族とリアルな生活があるということが大切なのだという強いメッセージを受け取ることができる。

最後にアート・ディレクターの北川フラム。人口三万人以上いる地域としては世界一雪が降るといわれている越後妻有《つまり》の地で三年に一度開催される現代アート・フェステルバル「大地の芸術祭」をプロデュース。アートというものを介して、まちづくりにまでつなげようという取り組みは非常に壮大で魅力的だ。芸術祭の運営は地域の住民と全国から集まったボランティアによって行なわれており、アートにより外部からも人々の協働を呼び起こし地域をはぐくんでいる活動は、見事に成功し、継続している。地域の形成を考えたとき、行政が主体となって推し進めていくことは、経済効果をはじめ事業推進のしやすさという意味では効果的かもしれない。しかし、実際の生活者である内部のコミュニティーからまちをつくっていこうというエネルギーをじわじわと形成していく取り組みは、都市部も含めて人が生活するコミュニティーを熟成させていくうえで最も重要なことであるように思える。

さて、前述したとおり、文化というくくりから、人のデザインへのかかわり方をそれぞれみた。建築、インテリア、家づくり、まちづくりとさまざまなスケールでの展開がみてとれたが、その中でデザインのプロセスそのものをデザインへの参加者といかに共有していくかという仕組みづくりを考えることが共通しており、重要なのだということがみえてくる。それには、具体的なデザイン作業のエッセンスを、いかに創造的に、さまざまな場面において提示できるかということが重要なのではないだろうか。文化を形成するのが人間の行為であるとすれば、そこにはある意味、人間としてのリアル感を感じられる環境デザインというものが必要である。そこには、みんなで共感し、希望をもち、つくりあげていくエネルギーをうみだしていくことが大切なのである。

水谷俊博

2-1 Casa Experimental Latin America ——実験住宅ラテンアメリカ

建築家　原　広司

【プロフィール】はら ひろし／一九三六年神奈川県生まれ。東京大学工学部建築学科卒業、同大学大学院修了。一九七〇年よりアトリエ・ファイ建築研究所と共同で設計活動開始。一九八二年東京大学生産技術研究所教授、現在、東京大学名誉教授。主な著作に『空間〈機能から様相へ〉』『集落への旅』ともに岩波書店、『集落の教え一〇〇』彰国社、など。主な建築作品に「ヤマトインターナショナル」「梅田スカイビル」「JR京都駅ビル」「宮城県図書館」「札幌ドーム」など。

「ディスクリート」の理念

これまで、数々の大きく豊かな建物の設計をしてきましたが、一方で、私は集落調査をしてきており、その影響もあるかと思うのですが、建築家がもう一度人間的な立場に立って、商業主義の中で競争するというのではなく、ヒューマンなものを示しておかないといけないんじゃないかということを考えてきました。そのような考え方を具体化する実験住宅の活動を、大学を退官して時間ができたので、数年かけていろんな人々を組織してやり始めたわけです。そういう話を今日はしたいと思います。

それが、実験住宅ラテンアメリカ（Casa Experimental Latin America）という試みです。そこには、「ディスクリート」という概念、理念があって、そのディスクリートな社会をめざして実験住宅をつくるというプロジェクトなのです。ディスクリートというのは説明するのが難しい概念です。この実験住宅を、私は最初に地球の裏側、ちょうど私の足の真下にあたる南米、ウルグアイの首都モンテビデオの街中で展示しました。二〇〇三年のことです。また、二〇〇五年にはコルドバで展示を行ないました。それらについてお話しします。実験住宅の活動はさらに続き、二〇〇五年の十月には、ブラジルで行ないました。

このプロジェクトでは、実験住宅を実際につくります。それは一軒の家ですが、三つの棟からできています。家族の構成員それぞれが自分の夢をもって住まう住宅なんですね。それをいろんな場所に建ててみようという試みです。それに非常に共鳴して、若い人たち（学生が中心）が集まって、建てる作業に喜んで参加してくれています。

なぜそんなにみんなやってくれるのかというと、一つには南米という社会のあり方に理由があると思います。南米の社会は大きく二分されています。一つは街の中に住んでいる普通の人の社会です。もう一つの社会に属する人たちは、街の中に住んでいるけれども、住む家がなくて、不法に、たとえば大学のキャンパスのまわりにちょっと小屋をつくって住んでいるという暮らし方をしています。

しかし、そのことは南米だけの現象かというと、そうではなくて世界中で起きている現象です。われわれのように西欧文化の下で恵まれて生活している人間というのは、地球上約六十億人のうち、せいぜい多く見積もっても二十パーセントくらいにすぎません。それ以外は普通の生活ではなく、非常に苦しい生活で、都市の中を放浪して住む場所がない……文字通りの放浪ではないにしても、それに近い生活をしている人たちが世界に溢《あふ》れていると思って間違いありません。大学に所属していた頃、集落の研究を通して世界各地を歩いてきましたが、集落もさることながら、目に付いたのは、放浪している家のない人たちでした。そういう人たちが非常に多い。そして南米は特にはっきり二つに社会が分かれているということです。

集落研究からディスクリートの概念を探る

ディスクリートという概念にもどりますが、ディスクリートというのは、要するに、個々人がそれぞれ自立して——「自立して」というのが非常に重要です——家族の成員それぞれが棟をもっているということです。それぞれが自立しているところに真の民主主義があり、どんな人たちも平等に、いろんな社会のグループをつくり、それで生きていくことができる、そういう理念を表わしている言葉です。

私は大学に所属していた当時、集落の研究をしていました。メキシコのグアテマラに近いところにある集落に調査に行ったのは、一九七三年のことで、もう三十年も経っているんですが、このときに、この集落はディスクリートビレッジと呼ぶべきではないかと考えました。理由は、先ほどと同じ考え方です。家はばらばらに建っているけれども、相互にコミュニケーションができるようになっているのです。必ず、各家のまわり五十メートル以内くらいの中にもう一軒が入っているという村の構造をもっておりまして、声をかけると隣に聞こえるんです。身振りでも意思は伝わります。したがって私たちが調査に入っていきますと、その集落全体に一瞬にして私たちが来たことが伝わってしまいます。そういうコミュニケーションの手段をもった集落なんです。ばらばらでいて、いつでも協働することができる、そういう集落なんですね。

次にあげる例は、イラクの集落です。戦争でこのような集落がなくならなければいいなと思っているのですが

メキシコの集落
ディスクリートビレッジと呼べる例
資料提供『集落の教え100』より

……。この集落は沼地にある人工の島の上に立っています。一つひとつの島は、近くあるように見えるけれど、実は遠くて、船で行き来はできるけれども、百メートルくらい離れていて、コミュニケーションをあまり考慮していないかのようです。この沼はティグリス川とユーフラテス川が合流して、ペルシャ湾に向かうところにあります。常に洪水状態になっている地帯です。そこに人工の島をつくっているわけです。島の大きさは直径二十メートルくらいです。本日の会場である講堂の半分くらいの島に人が住んでいることになります。これらの島は、ばらばらですが、そのためにコミュニケーションが緊密でなくなるということは意識されていません。したがって、こちらの例は、連帯する、協働するというようなことをあまり考えていないために、「ディスクリート」とはいいがたい例です。

南米にも、形はちょっと違いますが、ディスクリートの概念を実現している集落があります。コロンビアのインディオの人たちがつくった一つの集落形態です。つまり、もう一度民主主義を確認するというような動きで住宅をつくりはじめるとすれば、中米か南米から始まるんじゃないかと思っていました。コロンビアには水上の集落でも同様のものがあります。

集落で家が点在していても、ディスクリートとはいえない例もあります。たとえば、イエメンの山城のような集落です。ここに行ったのは六、七年前ですが、皆マシンガンで追い返されてしまいました。戦争状態でアルカイダなどの人たちがここにいるかのような感じで、集落調査などとてもできる状態ではありませんでした。おそらく世界中、こういうところの住居に関しては調査はできていませんね。この例も、集落内に住居が散っているけれども、ディスクリートとはいえないだろうと考えています。

次は有名なスペインの住居の例ですが、点在する地上部分は、よく見ると換気塔が出ているだけで、この下に住居があるんです。これらの集落での暮らし方は、独立、協働、連携、民主的といったディスクリートの概念と

コロンビアのインディオの集落「ディスクリート」の例　資料提供『集落の教え100』より

イラクの集落「ディスクリート」とはいいがたい例　資料提供『集落の教え100』より

は若干異なるあり方で、これらの集落はディスクリートとはいえないと思います。

次の例は、アフリカの住宅です。集落の中には、ディスクリートな感じがあります。つまりディスクリートというのは、それぞれの人が自立して自由に離合集散できるという概念ですから、そういう意味では、家は一軒一軒が非常に大きなコンプレックス（複合体）なのです。

また、テントという住居は、インドから西アフリカまで私が調べたところしか言及できないですけれども、非常に多く分布しています。このテントの住人たちはおそらく、あるときには非常にディスクリートな感じで、いろんな集団を形成しつつ基本的にはばらばらであるといった感じが強いという気がしています。

日本の集落を見てみましょう。出雲と砺波《となみ》は、互いによく似た特徴的な集落があることで有名です。日本海側のこれらの集落は、非常に構造がしっかりしていまして、見かけは山村の典型的な、世界にも珍しいくらいきれいな分布をしています。しかし、その内実は、皆さんもご存知だと思いますが、防風林で囲まれていて、それぞれの家の自立性は高いかもしれないけれど、相互のコミュニケーションが自由かというと、そうではない。単位が非常に強調されているという意味で、これも山村であるけれどディスクリートとはなかなかいえないのでないかと思います。

「ディスクリート」の概念を住宅に適用する

さて、集落からひるがえって私自身の家を考えてみましょう。三十年以上前に建てたものです。一つ屋根の下にそれぞれの部屋があります。たとえば、奥の左側はかつて私の部屋でしたが、今は娘に取られました。奥の右側はかつても今も女房の部屋です。このように、子供の部屋とか和室とか、いろいろあるわけです。一つ屋根の

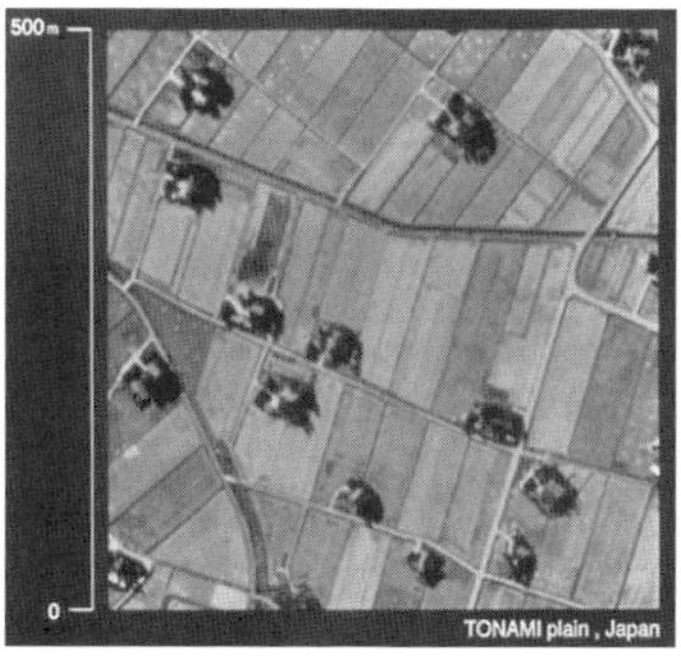

日本 砺波の集落 「ディスクリート」とはいえない例
資料提供『集落の教え100』より

スペインの丘の家 地上部分は換気塔 「ディスクリート」とはいいがたい例
資料提供『集落の教え100』より

下にそれぞれが自立している。中央に広場のような空間があり、みんながそれぞれの生活をしていて、広場的空間で出会うというように考えてつくった家です。一軒の家の中の都市みたいな、小さな住居の中の都市みたいな考えでつくったもので、私自身の家もディスクリートといえそうです。

当時、自宅と同じ時期に、塔状の住居をつくりました。これは住居の形式としてなかなかいいんじゃないかと思っていたわけです。このような塔状の住居で、しだいに増築を繰り返し、こちらが両親の棟、こちらは子供の棟、さらにもう一棟という具合に塔状の住宅を増やしていった例があり、それぞれ自立した生活をしながら、食事のときにはみんな集まってくるような形に完成できれば、ディスクリートな住居のあり方です。

住宅に関しても、このような試みを積み重ね、「ディスクリート」という概念は住居としてかなりうまくいきそうだと考えておりました。それで、この住居の形式を使って、いつかディスクリートという概念でつくることはできないかと考えました。たとえば、京都駅の階段は、皆さんが非常に気に入ってくれて、座ったりされています。ばらばらに小さなアトラクターと呼ばれるものをつくりまして、都市がお互いに呼応し合い、関係を生じている様子ができあがっています。階段のところの都市、その上に展開される小さな都市というようなものを考えていて、住居だけでなく、都市というものも、基本的にディスクリートという概念に支えられているはずだということを確認した例です。

また、ディスクリートという概念の未来都市のあり方は、模型や漫画・イラストなどにもして、次第にイメージを具体化する作業を積み重ねてきました。実用として考えた例では、横須賀の市営の住宅の建て直しのコンペティションで出した案があります。残念ながら二等になってしまいました。この案は、一人が一棟ずつもつのではなく、一家族が一棟ずつもつというもので、本当の意味ではディスクリートではないのですが、一軒の家の部屋が別の建物に分散しているなど、今様な財産とか土地所有制ではなかなか考えられないようなイメージをもっ

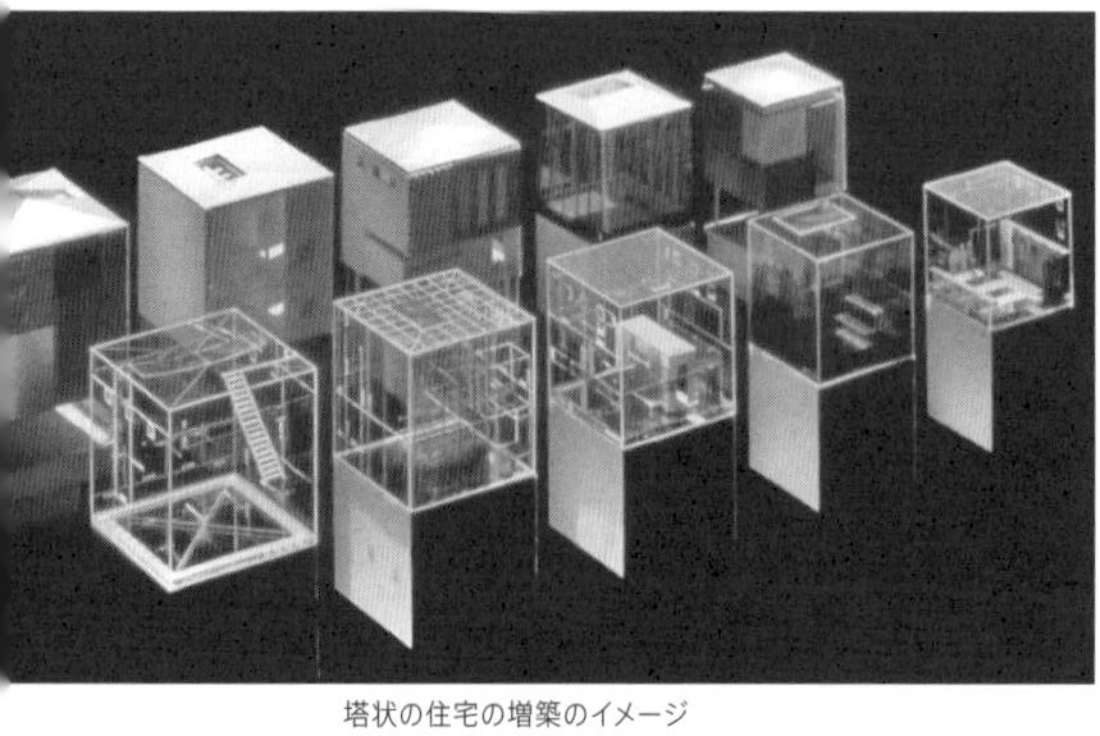
塔状の住宅の増築のイメージ

「ディスクリート」の概念を住宅に適用した筆者の自宅　撮影：山田脩二

ています。コンペティションで破れた理由は、管理ができないだろうからということでした。このような形式の都市は日本ではなじまない感じもします。

南米で「ディスクリート」住宅の実験をする意義

南米では、人口一人当たりの土地面積が日本の十六倍、アルゼンチンは特別広くて三十倍くらいですかね。カナダやオーストラリアになりますと、日本の百二十倍くらい。場所によりけりというか、国のことをいってはいけないのかもしれないけれど、現実的な問題からすると、こういうばらばらの都市というのは、どちらかといえば土地があったほうが実現しやすいというようなこともあると思うんですね。

リオ・デ・ジャネイロには、ファヴェーラという集落があります。ファヴェーラというのは、住居、住む場所がない人たちが不法占拠して自分たちで街をつくって住んでいるところです。たとえばモンテビデオではモンテグリと呼ばれています。場所によって呼ばれ方は違うけれども、共通するスタイルなのです。

ファヴェーラは、アメリカや西欧の概念でいうスラムと同じようなものですが、ちょっと形態が違います。スラムというのは、基本的に既存の建物に住んでいるけれど、その住まい方によって非常に貧しい人たちの居場所になるということなんです。一方、ファヴェーラは自分たちでつくった建物なんです。写真に写っているものはまだいいほうなんですよ。実際には、ちょっと日本でいうとホームレスの人たちがつくったような住居に近い。しかも、こういう場所で人口密度が高く住んでいます。

ファヴェーラに救済の手を伸ばさないのか、といわれますが、ご存知のように、南米はそこらじゅう国が破綻していまして、人のことをいっていられるような状態ではなく、生きるのにたいへんです。どうやって生活して

ファヴェーラの建物　資料提供『集落の教え100』より

リオ・デ・ジャネイロのファヴェーラ　資料提供『集落の教え100』より

いるのかわからないのです。私の活動に参加している現地の若い人たちも、どうやって生きているのかよくわからないところがあります。

ファヴェーラに住む人たちの典型的な仕事は何かというと、ウルグアイなどでは、ゴミが彼らの生産物なんです。市役所はゴミ収集車をもっているんです。しかし、ゴミ収集車が夜、街に出て行ったときには、すべてのゴミはなくなっている。なぜかというと、ファヴェーラに住む人たちが馬車で来てもっていってしまうからです。「だいたい十二時にゴミを集めに行くぞ」といっているのですが。ゴミ収集車は一度も使ったことがない。つまり、収集車が行く前にゴミがみんなもって行かれてしまうわけです。それを彼らは、川のところに行って広げて分別する。ところが、環境問題からいうと、ビニールなどがあたりに散らかって、川がビニールであふれたひどい状態になっている。彼らはそうやってゴミの中から金属を拾い出しているのです。それが彼らの主業になっています。非常に運がよければ、彼らの中から何人かはサッカーの選手になって世界でヒーローになるかもしれない。ブラジルとかアルゼンチンとかのものすごい連中は、おそらくかなりの部分はファヴェーラの出身です。だからハングリーで強いのです。それ以外の人たちの生活は、このようにして営まれています。

また、大学の例をいいますと、南米では授業料を取る大学は一つもありません。授業料は全部タダです。先生たちも大勢いるんですが、給料をろくにもらえない。だから何とかして生きているんでしょうけれど、何しろタダなんです。なぜタダなのか。それに入学試験もない。大学は教育の場だから、すべての人に対して自由、平等であるということで、「ファヴェーラに住んでいる人たち、不法占拠の人たちもぜひ来てください」ということで門戸を開いている。その意味では開かれた大学であるわけです。実際にどうなのか、みんなそこへ来て勉強するのかというと、そうでもないようです。コルドバの大学は、チェ・ゲバラが医学部を出た大学ですが、南米一の充実した大学です。そこで先生の話を聞いたんですが、「こうして門戸を開いていて、どのくらい来るんだ」

と聞きますと、「だいたい一万人に対して二、三人かな」という話なんですね。つまり、広く門戸は開いているけれども人が来ない。なぜ来ないのかというと、日本だって今から七、八十年前には、差別が歴然としてあったわけです。差別というのは別段いろんなことをするわけではなく、手を差し伸べてもそれに向かって手を伸ばしてこないという状態で、それが差別の構造といえるわけですね。難しいところです。

だから、実験住宅について、たとえば私がテレビや新聞のインタビューを受けます。「この家は、そういう貧しい人たちのためにつくっているというふうに聞くけれども、どうなんだ」と聞かれますね。ファヴェーラに対して何か意見があるかとか聞かれるんですけど、「いやいや僕らはそういうものから非常に遠いところで建築的にやっているにすぎない」と答えるんです。つまり、われわれが一つの住居とか都市の像を示したからといって、それがストレートにそういう人たちのところに届くというものではないのです。あるいはファヴェーラの中に実験住宅を建てたらどうなんだろうか、と考えてみても、それは夢のような話であって、それをやったらおそらく一夜にして壊されてしまうと思うんですね。そういうのが、現実の社会の差別の仕組みだと思うんです。

だからといって何もしないのかというと、それではいけないと思って私たちはいろいろやるわけですが……。そう考えてわれわれは、NPOの活動としてやったりします。しかし、そのことがただちにその人たちの救済になるというふうに考えないほうがいいんじゃないか。本当の救済につなげるには、もっと本格的なものが必要です。ただわれわれは、経済的な援助をするわけではないし、技術的な援助をするわけでもない。そういうものにかかわりなく行なっているので、非常に理念的だといわれれば、そのとおりですし、そのような理念的なものでは現実を動かす力はないよといわれれば、そのとおりです。

しかし、やってみること、そういう態度を表明することが重要なのではないでしょうか。南米の人たちに対しても、いっしょにやってくれる若い人たちに対しても、私はそういう姿勢でいるのです。「とにかくそういうことなんだ。だから直接に社会に対してインパクトがあるとか、そういうことをいっちゃいけない。基本的にそういう力はないけれども、悪いことではないんじゃないか」といっているのです。その程度です。

南米でやっているということにはいろんな意味があります。一つの理由として地球の反対側ということがあります。つまり、ディスクリートな社会というのはどういう社会かというと、隣の人のことを考えるのと同じく地球の反対側にいる人のことも考えなさい、そういう社会のことをいっているんです。インターネットなどが何を実現しようとしているのか、モバイルテレフォンをなぜ若者が好きなのか、それは要するに、身近な人が近いだけでなく、遠いところの人も身近な人もまったく同じという指向があるからです。それがディスクリートという考え方の根底にある理念です。地球の反対側で行なうことに実験としての意味があるといえます。

日本人は隣の人とものすごく仲が悪い。だいたい一軒向こうと仲が良い。どうしてかというと、日本は狭いから土地の境界をうるさくいって争い合う伝統があるからです。これは、農耕民族としての伝統です。どこへ行っても同じです。例外なし。隣の人とは仲が悪い。

けれども、遠いところの人もまったく同じで、どのくらいのことができるのかなと考えてみる。遠いと便利なこともあるんですね。もちろん、不便なことのほうが圧倒的に多いのですが、遠ければ、たとえばディスクリート——何かお前は政治的な意図をもっているのではないかとみられるときに、「いや、これは日本の原という建築家がやっているんだよ」といえるわけです。そのとき、抗議が僕のところまで来るはずがないんですね。南米から攻めてくるなんていうことはありえないわけで、そういう意味からすると非常に都合がいい。だから、ある気軽さがあります。「何か問題があったら僕のせいにすればいいよ」といえるのです。

南米では、僕らの世代の大学教授というのはみんな、投獄されたか亡命したかの経歴をもっています。大学は軍事政権のときに全部占拠され、彼らは逮捕され追放されたので、みんなわかっている。こういうことをすることによってやがて軍が出てくることを非常に恐れるから、今いろんな問題があって具合が悪いとしても、軍が出てこないことを第一に配慮する。みんな賢くなっているんですね。

手紙で実験への参加を呼びかけました。手紙には、ディスクリートというのはいかに民主主義を体現するものかということを示しています。最初に自立という概念にふれ、人間はすべて自立していなくてはならないという考えを述べています。

ディスクリートというと、よく誤解されます。僕は特にコミュニティーをこえてディスクリートな社会へ行かなくちゃいけないというんですが、そのときにコミュニティーを信じている人から反発があります。ディスクリートな社会では、たとえば、今日の武蔵野の市民大学のようなコミュニティー活動もすべて否定するのかといわれるのです。しかし、人間の離合集散がいちばんありえるのがディスクリートな社会で、コミュニティーはディスクリートな社会の中に含まれているのです。ところが、自立せよといっても、子供たちが、赤ん坊が自立するというのはどういう意味をもっているんだというようなことになるわけです。それは違う、母親がいなかったら絶対にダメなんです。家庭なら家庭、コミュニティーならコミュニティーが必要なときもある。でもコミュニティーをこえて遠くの人も隣の人も同じという物の考え方が必要なことがありますが、コミュニティーの思想からはそういうものが出にくいのです。コミュニティー同士が仲良くするというのはありうるけれど、コミュニティーをこえて向こうの人もいっしょに等価に見るという見方がなかなか難しい。それをいおうとするのがディスクリートという概念だということを現地の学生諸君にも話しているんです。

これが私たちのディスクリートというものの説明で、今度学会の発表でもこのようにいおうと考えています。非常に簡単にいうと、こういうことなんです。家があって、それぞれの家に一人ひとりが住んでいます。この家が私たちの理念を表わすものとします。その家にドアがあり、ドアがコントロールできるとします。そうすると、あのドアを全部一斉に開けるか、閉じるか、どっちかしかできない、という社会があるとしますね。この家にドアが付いていて、一人ひとりが住んでいるが、ドアが付いていて、出ることができるときもあるし、出られないときもあるかもしれないけれども、それが中央でコントロールされていて、出るときはみんな一度に出る。これはどういうことかというと、監獄ですね。

表に出るときには、全員監視のもとで出てくる。それで、みんな入っていらっしゃい、というふうにしてコントロールする。それ以外にはドアの開閉がないとします。出るときには、みんないっしょか誰も出ないか、こういう社会はファシズム社会であり、監獄の社会です。ディスクリートな社会というのは、それとは正反対の社会です。ファシズムや監獄の対極にある社会で、いつでもみんな自由に扉を開けて出ていってくださいという社会です。

こういうと、今の社会がそうなっているように思えますが、たとえばあなたの家はそうなっていますか、なっていないんじゃないでしょうか。若者は親が止めても勝手に出ていきますが、それは無理して出ていくわけで、自由に出ていくことができるようにはなっていないんですね。全員がそうなるにはどうしたらいいのかというのが、ディスクリートな都市の命題であるわけです。

実験住宅三棟の建設

私たちが建てるのは、さしあたりこの実験用の三棟だけです。当面お金がありませんから展覧会用として建つにすぎないんですが、もともとの考え方では写真のようにもっと多くの棟が建っていて、いろんな人がそれぞれ、「私はこの家とこの家をつくります」「いずれこれをつくりましょう」「とにかく隣の家に先に建てられてしまって、しようがない、ここらに建てるか」なんていうのも自由にできるというものなんです。

モンテビデオの最初の案では、三棟のうち、一番右端は子供の棟、その左がお母さんの棟、さらに左隣がお父さんの棟です。子供の棟の下のほうには、居間があったりトイレがあったりお風呂があったりします。お母さんの棟の下の部分にはキッチンがあり、お父さんの棟の下の部分には正式の居間があります。このような住居になっています。

これは、組立キットにしてあり、部品を組み合わせて玩具みたいに住宅をつくるようになっています。だれもが簡単に自分でつくることができるという点では弱点が二つあります。一つは屋根、もう一つは開口部(ドアや窓)です。私たちが自慢できることがあるとすれば、屋根をテントでつくっていることです。これは建築が専門でない方にはむしろ面白くないかもしれませんが、フラットルーフといって平《ひら》の屋根になっており、それをテントでカバーして、自分たちでテントをふわっと置いてまわりを留めてつくるんです。ドアも大きなドアになっています。この入口のドアは、学生たちでつくれないことはないけれども、つくるのにちょっと時間がかかったりします。ところが窓は小さくて、非常に簡単につくれる方法を考案しました。キットにしたのです。

施工は、基本的には足場なしでつくれるように設計してあります。その点は、プレハブの住宅よりも少し高級かなと思っています。というのは、プレハブの住宅はプロじゃないとつくれないと思うのです。素人ではできない。住む人がこの材料、あの材料と買ってきて、パッとつくるというわけにはいきません。ところがこの実験住宅は、プロでなくても簡単にできるように考えてあります。もっとも、実際に建てたものでは、お金がかかっていますけれど……。

建てていく順序は、まずブロックで一階部分をつくり、その上に木製パネルで二階部分を載せていきます。これが一つの棟をつくる順序です。屋根にはトップライトがあります。

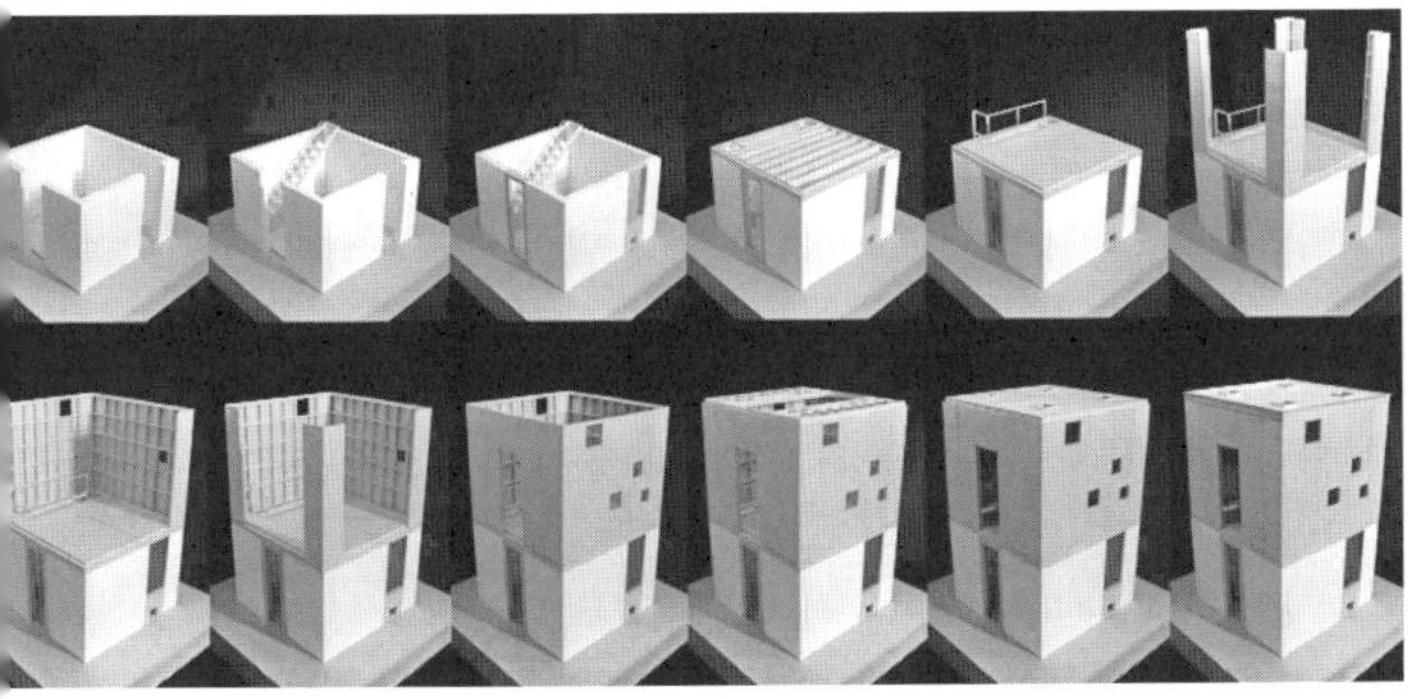

建てる手順

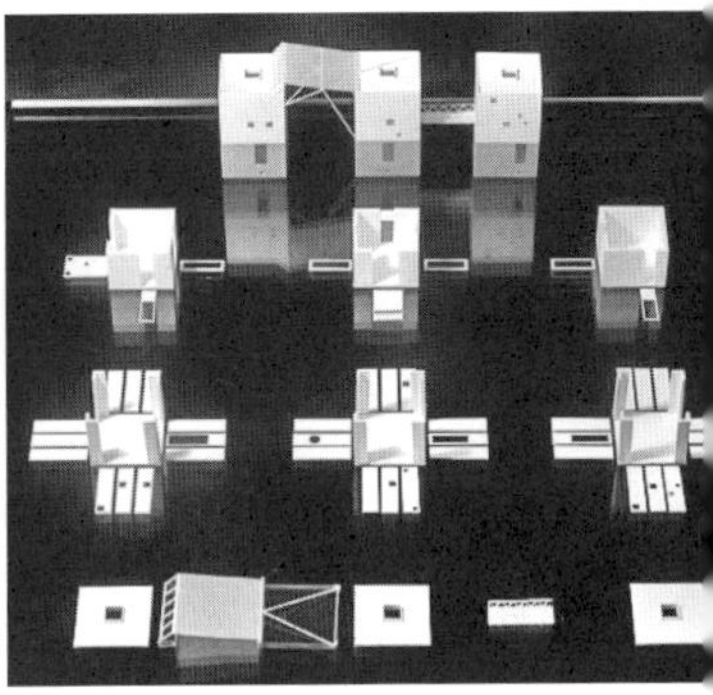

実験住宅　組立部品

私は全部木でつくろうと思ったんですが、南米の人たちは、ブロックじゃないといけない、そんな軽いものは住居だと思えないというのです。重いものでつくらないとダメだというので、一階部分はブロックでつくりました。実際にやってみると、ブロックが意外にたいへんだということが学生諸君もみんなわかったらしいのですが、かといってほかに何かいい材料があるかというと、そういうものはないんですね。

このようにして、モンテビデオ・バージョンと、コルドバ・バージョンをつくりました。そして、さらにブラジル・バージョンが続きました。

モンテビデオ・バージョンは、人口百七十万人の街の中で、県庁舎の前に建てました。なぜそんなことができたのか。もう撤去したんですが、場所を選ぶときに、このような場所ではなく、ファヴェーラのど真ん中に建てるか、それともこういう街中に建てるか、どちらかだと思っていました。結局、街の真ん中に建てたわけです。その結果、ファヴェーラの人は見にこられないかもしれない、いや、見にこないだろう。だけど、市民が少しでもこういうものを見てくれることが大切だ、と考えました。

僕は、現代建築としてあんまりみっともない物はつくれない、やはり新しい物でなくてはならない、彼らに新たなヒューマニズムのメッセージをいうとき、未来の都市でなくてはいけない、この実験住宅は経済的な援助、技術的な援助としてつくるのではない、そういうものではない、未来を語る人間としてつくるんだ——そういう態度ですから、みんなに見てもらえればいいじゃないかという考えです。理屈はなしで、なんでもいいから面白がって見てもらえればそれでいいと、僕は思っているんです。

コルドバのときは、街の一般的な公園に建てようとして、いったんそれでよいということになっていたにもかかわらず、だれかうるさい人がいて、突然不許可となり、結局、美術館の敷地内に建てることになりました。その結果、棟全体が美術館の建物に隠れて見えにくくなってしまいました。

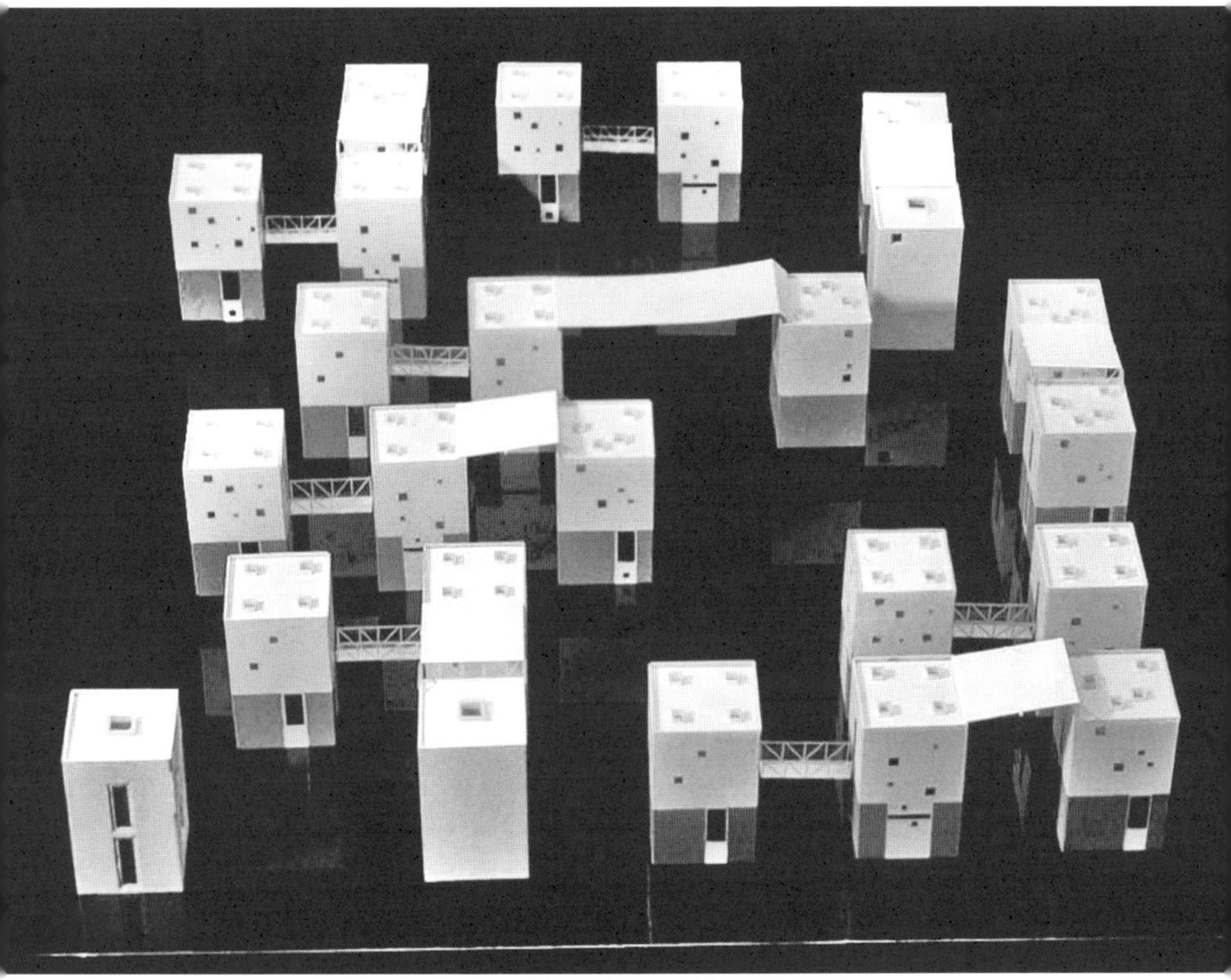

実験住宅　右手前の3棟を作る

自分で建てられる工夫

モンテビデオ・バージョンでもコルドバ・バージョンでも、三つの棟を、黄色が主人の棟、赤が奥さんの棟、青が子供の棟と、色分けしています。大きさは、ちょうど間口、奥行きともに二間（三・六メートル）四方の正方形です。コルドバでは、敷地の都合で建物に行くまでの経路に階段が入っています。子供のところに階段なんかつくるともったいないので、梯子《はしご》で上がっていって、自由に出入りできるようにしています。

建設中には、本来は不要ですが、足場を入れてつくりました。足場がなくても、みんな自分たちでつくれるんですけれども、こういうものは事故を起こすと一発で終わりなんですね。僕が長い間、集落調査をやっていてずっと続いてきたというのは、一度も事故を起こしたことがなかったからです。そういうことを知っているので、外の上の工事も自分たちでできるとしても、専門家につくってもらい、その分費用もかかってしまいました。

テントは、骨組みをつくってかけました。この骨組みも、ディテールを詰めきれなかったんですが、とにかく本来は普通の人たちが自分でできる、ということを考えています。このときには、テントもテント屋さんがかけていますけれども、本当は自分のところでテントをかけてストラクチャーを組み上げるというディテールになっていたんですが、ちょっと危ないのではないかということで、プロがやりました。

下の写真はできあがった状態ですが、モンテビデオ・バージョンもコルドバ・バージョンも、あるいはアルゼンチンでつくっても、さらに日本でつくっても、同じようなものができます。学生がつくるという点でも同様です。いずれにしてもコストが非常にかかっています。なぜこのようなことができたかというと、僕が退官したときに僕の教え子たちが資金を集めて集落の本を出版してくれたのですが、そのお金が残っていたので、それをも

完成した3棟

とに行なうことができたのです。だから、非常に安いものをめざしたのですが、結構お金はかかるものですね。

建てる場所の地形によってテラスなどに差が出ますが、キットは一様ですから、どのバージョンもあまり大きな違いはなくできあがりました。だいたい二か月から三か月くらいで完成します。なぜ時間がかかるかというと、一階部分のブロックをつくるのにものすごく手間がかかるんですね。素人にとって、精度のそろったブロックを緻密に積み上げるのは、意外に難しいものなんです。それに対してパネルというのは、一方は学生たちが自分たちでつくり、もう一方はプロがパネルまで部品としてつくったという差がありますが、いずれにしてもパネルをつくってきて組み合わせるという点に関しては、簡単にすぐできてしまいます。これは、ウエイトを計算して、すべて部品に分けて設計してあるのですが、二人でもてるように設計してあるんです。彼らは、コストのこともあるし、簡単につくりたいということから、彼らがつくってきて留めてしまうんです。

こういうすべてのディテールに関して一応われわれが図面をつくります。ボランタリーな活動ですから、事務所の人たちに図面を描かせるわけにはいかないと思って、私が自分で全部やりました。この図面は『ディスクリート・シティ』(TOTO出版、二〇〇四年十二月)という本にまとめられています。また、僕の非常に仲のいい友だちで、小説の中に僕をしばしば「荒先生」という呼び名(フランス語風にHARAの「H」は発音しない)で登場させてくれるノーベル賞作家の大江健三郎さんの本『さようなら、私の本よ!』(講談社、二〇〇五年九月)の表紙にもこの図面が使われています。

材質も、組立が簡単になるように工夫しています。ポリカーボネイトというものを組み合わせてあり、これはものすごく簡単で、一瞬にしてできあがります。テントはやっかい、パネルはまあまあということですかね。屋根のほうに天窓があります。屋根というのは防水が必要で、それが面倒臭いんですね。窓が出ている部分の材料は、日本からもっていったものです。この材料をつくっている会社が潰れてしまい、生産が止まってしまったのが誤算でした。他の部品は、ほとんど現地調達で大丈夫でした。オープニングの日も盛況でした。日本でもいろんな大学で展覧会をやっています。

この実験住宅を街中でつくって展示する試みは、最初の頃は実現するかどうか自信がなかったので、比較的少人数でやりました。私は設計で原寸図、実際につくるためのすべての図面を描きましたけれども、つくったのはほとんど若い人たちや学生です。私が行ったのは二週間くらい。日本からも学生が参加してくれて、いっしょにやっていた人たちが参加してくれて、それから最後のところでは、これをつくった中心人物やメンバーが来て、いっしょにつくりました。次はブラジルでやることになっていたので、ブラジルからも二十五人くらいの参加メンバーが二千キロ以上をバスに乗って合流しました。モンテビデオとコルドバ、次のブラジルの展示予定地は、南米にしては非常に近いのです。また、人口規模が百五十〜百七十万人というところも似ています。三つの都市は古くから交流があり、そこにある大学同士も交流があるなど、ちょうどよい感じの三都市でした。

この実験住宅は、残さないわけにはいかないので、展示後このまま残すのですが、あらたに棟を追加してテントを軸にしてつくったほうがいいのではないか、というようなことを提案して手紙に書いているところです。でも、実際にはコスト的にそんなにお金が準備できないので、提案しても実現の可能性は低いのですが……。

このプロジェクトも、日本の展覧会で南米での展開を予告し、お金もサポートをしてもらって実現しましたが、今後の活動の継続については、さしあたりお金の見通しがつかないので、これで一区切りだと思っています。

実験住宅の今後の展開

もし、資金の準備ができれば、次に建てようとするところは、ポルト・アレグレの旧市街の一部で、いま学生たちが、すでに候補地をあげて、準備を進めているようです。高速道路の前の敷地が具体的に候補となっています。日本でも、学生諸君と、ボランタリーでやっていらっしゃる構造の金箱さん、太陽テントの斎藤さんが参加してくれています。プロの意見が必要ですから。

日本でいま計画している実験住宅は、これから日本の建築のＧＡの展覧会に出そうとしているのですが。パネルを使って組み立て、骨組みを建てて、その上からテントをパッとかぶせるようになっています。これは何が何でも実現させますが、これに類似したものを、また別の場所に実際につくっていくとなると、お金がなくてできないんじゃないかな、やっぱり三棟しかできないのかな、というふうに思っているような次第なんですが……。

以上のような活動をしています。ディスクリートという概念、具体的にいうと実験住宅の建設ですが、この活動に参加している学生たちは、自分たちで建てる住居として具体化しています。その住居は、それぞれの人が自立しているということをもとに成立する社会を遠望しています。このような活動が今後どのような展開になっていくのか、私にもよくわかりませんが、一つの態度表明くらいに気軽に考えております。

日本での参加者

Q & A

——ディスクリートという考え方と先生のこれまでのご活動をあわせて考えてみると、大きなものと小さなものを同時につくったり思考すること、集落について考えると同時に、それとはまったく違う数学を同時に思考するというところがポイントになっているように思います。そういう思考の方法自体がディスクリート的であるという印象をもってお聞きしました。では、ディスクリートの概念をどのように具体的な建築として実現するのかについて、もう少し説明してください。

原：ディスクリートというのは、基本的には散っていないといけないんですね。分散してることと、一つひとつが独立しているのが基本条件です。それはなぜかというと、今までのものというのは、たとえばマンションなどでも居間の隣にはお勝手があって、さらに寝室がついて、といったように、さまざまな要素がぐしゃぐしゃとくっついているのが当たり前だと思っているところがありますが、これは実は一つの錯覚ともいえます。財産や家というものが、実は固定観念のうえにできており、ここからここまでが家、というようにみられているのですが、そうではなく、少し離れて隣の家の居間があり、そこも生活の中で関連が生じているということがあってもいいのではないか。

つまり、コネクトすること（結ばれること）、セパレートすること（離すこと）を非常に巧妙にやって、連結することと離れることが非常に自由な社会のことをディスクリートというわけですね。それが最大限に自由になったときにディスクリートの概念が実現するわけです。それは、いってみればドアのようなあり方です。さきほど私がお話ししたのはそれなんですが、ドアというのはそういうもののシンボルなんです。コネクトする、開ければつながる、閉めれば切られる。これがシンボルなんですね。

これは近代建築が非常に悪かったんですが、だいたいコネクトは善という発想がありました。たとえば学校でいうと、クラスはみんないっしょにやらなくちゃいけない、クラブ活動はいっしょにやらなくちゃならない、みんな仲良くいっしょにやらなくちゃいけない、そのようにコネクトが善だと思っているんですね。長い間、われわれはあらゆるものの思考の中でそうでした。だから、家なんかをつくるときもぐっとみんな小さくしちゃうわけですね。土地の大きさがいちばん影響していると思うけれど、みんな近づいてぐちゃぐちゃに生きる、住むというようなことになっています。

だけど、そうではなくて、本当はあるときは自由に生きればいいのではないかと思います。子供たちは表に出たい、学校なんかもその典型で、そんなにいつもクラス単位でみんなまとまるなんてできないよ、というふうに思っている生徒だっていっぱいいるわけですね。私は図書館に行って勉強したいんだといったら、いいじゃないの、勉強してらっしゃいよ、といえるようなことが学校の教育にも学校のつくり方にも用意されていないわけですね。今度僕はつくりますからね。会津で今つくっている中学校、高等学校はそのディスクリートの概念でつくります。それは、学校が二つ重なっているような学校で、下のほうでは学校らしくやっているのだけれど、上のほうはみんな勝手に生きているというような、みんなの逃げ場がある学校なんですね。だから、いじめ問題とか何かとか、そういうような問題も、実は教育のコネクト、みんないっしょにするのがいい、そこから外れるのは悪いというような観念が基本的にあるから、非常に具合が悪いかたちで起こってくる。

家庭でもいろんなことがあるわけですよ。みんな仲がいい、狭いところに住んでいてうまくいっている家庭もいっぱいあるでしょうが、そうでない家庭だっていっぱいある。私は逃げ出したいと思うこともあります。もう離婚したいという場合もあります。たとえば、ディスクリートの概念で、離婚しないですむような家はこういうふうにつくったらいいんだということもあります。

要するに家が、建築が離れているというのもディスクリートで、だから今こうぐしゃぐしゃとあるものを一度離してみるということは非常に重要です。けれども、それが相互に連結していくというのは、どういう仕組みで連結されていくのかということを真剣に考えなくちゃいけない。

私たちは二階は全部プライベート、一階は全部パブリック（トイレなども含めて）というような構造をもって整理されていることを考えています。それがすべていいかどうか、満足しているかどうかはわからないけれど、少なくともプライベートの領域というものがパブリックなところで邪魔しちゃいけないと思うんです。だから、セパレートするのはいい。まずセパレートしよう、それからいかにコネクトしていくかというのが意外に建築的には難しいんですね。その仕組みというのは、相当考えないといけない。私たちも今度、新しいコネクトする方法をいろいろ話してみようと思っているんです。上にこういうものがあるとか、屋根は変わってるとか、ブリッジがあるとか、テラスがあるとか、でもボキャブラリーの数は知れているわけです。そのような中で、どういうものを発見していくのかということです。

私はよくワンマンシティという概念を使うんですね。アメリカなんかでいってるのはそれなんです。「私はお金があるし、街で働かなくてもいいから、離れて農場でもつくって、馬でも飼って住むよ」というものです。それでコンピューターで全部連絡すればいいよといっていられるような社会は、ディスクリートじゃないですよ。それはもう、基本的には人と人とのつながりから離れて、むしろ自分が楽しむ、一人で都市をつくる、というものですね。だから自立せよというこことワンマンシティというものとの差は、本当はものすごくある。

やっぱりいつも社会とか何かとの共同性みたいなものを確保し、その中で、しかもコミュニティーではなく、隣の人たちだけでなしに遠くの人とつながるというのは、これはコミュニケーションやITの世界ではできるけれども、建築の世界では非常に難しい問題です。距離というものをもっているわけですから。長い間、僕らは距離に束縛されて生きてきているから、方法がなかなか見つからないんですね。

だけど、いいんじゃないですかね、そういう難題を抱えて、まずは切り離してみたけど、これはディスクリートになっているのかなと考えてみるというのも……。

ディスクリートには二つ概念があって、数学でいうと、皆さんにご迷惑かもしれないけど、離散集合という概念があるんですよ。僕がいっているのは、こういう集団が最も豊かに発生するという意味でのディスクリート、ディスクリート・トポロジーだから位相という概念が入っているんですね。そこで誤解が発生するんですが、もともと誤解が発生するような性質をもっているのです。建築の学生は、まずはディスクリート、離してつくっちゃう。それでいいのをつくるようにしているうちにディスクリートの概念を探しあてるかもしれないですね。

——先生にとって環境とはなんでしょうか。あるいは、いま展開なさったディスクリートという概念からみた環境というとなんでしょうか。

原：環境というのは、狭義、広義いろいろあると思うけれど、やはり社会という概念と別に組み立てられますかね。ありえないんじゃないかと私は思っているんですね。要するに社会のあり方というか、集団のあり方というものと環境というのは密接に結びついているんじゃないかと思うんです。だから、やはり環境が先にあるのではなくて、環境というのは社会的な存在によってあるのだと考えています。

集落などを調べてみると強く感じるんですけど、そこにある自然というものはすでに社会化されているんですね。つまり、自然というものが人間の社会の外にあるのではなくて、常にいっしょにある。自然というものと人間の社会というものが……。

集落というのは、良いか悪いかは別にして、その社会がどうやって生きていくかという環境が、その表明になっていると思うんです。それが表現されている。特に長く続く集落というのは、侵略されないところにあるわけですね。侵略されないというのはどういうことかというと、自然の生産力が非常に乏しく、恵まれていないということなんです。恵まれていないとどうなるか。たとえば最初にご紹介したイラクの水上の島に住む人たち、環境論的に見ると非常に自然だと思うんですけど、彼らが生産できるものには、水辺ですから、まず葦がある。そこに来る鳥がいる。鳥を捕って食べる。それから魚がいる。川ですから淡水魚。これぐらいしかないんです。彼らには、バクダッドなどで葦で編んだ茣蓙《ござ》や籠《かご》を売ること、あるいは魚を捕って売れるのかどうか知らないけれど、それくらいしか生活の手段がない。農地なんか全然ないわけです。そうすると、あの人工の島をつくる、島をつくって一人ひとりが生きるというのは智恵で、もう五千年も続いているんですね。そこは、いまイスラム化されていますが、それよりはるか昔から形態が決まっていて、それで社会をなしているんだけれど、まさにそれが環境だと思うんです。

　彼らが生きるために、ある一つの形態をつくって、その住み方、生きるということが表現されて変わらない。それをちょっとでも変えたら存続しない。そういうあるひとつの並行状態というか、そういうものをつくり出して生きている。

　それが今日いいかどうかわかりませんよ、皆に普及するかたちかどうかという意味でね。だけど、そうした自然の中で、やはり環境というのは社会化されており、みんなこうやって生きるのがいちばんいいというかたちとして、逆にいうと、ぎりぎりに生きることのできるものとしてあるわけです。

　ディスクリートビレッジと私が呼んだ、はじめにお見せした中南米の集落も、実は豊かな土地ではないんです。休耕地なんですね。休耕地というのは、一年耕作すると一年休まなくてはならないとか、二年耕作したら三年休まなくちゃいけない。ひどいところ、たとえばユカタン半島だと、一回耕作すると十数年休まなくちゃならないというくらい痩《や》せているんです。日本ではとても考えられない。そういうところに離散型集落ができているんですね。彼らは、時には農業で助け合わなければいけない。しかし、助け合えば生きられるというものじゃないと、各自が独立してどこかへ放浪に出る。獲物か何かを求める狩猟民族にならないと生きられない、というようなところから出てきた集落形態なんですよ、あれは。

　農業が十分で、それで生きられたら、やはり日本のようにどこかで統治されていたかもしれない。出雲とか砺波《となみ》の平野というのは、やはり非常に豊かな日本というアジアの風土の中でできてくる形態であって、ディスクリートビレッジというのは、南米などのひどく生産力の悪い不毛な場所のかたちなんですね。

私は、今のご質問が、今日の環境の概念なのか、過去の環境の概念なのかによると思いますけれど、やはり今日も過去も同じで、社会がどういうふうにあるのか、あるべきだろうかと考えて、そのもとで環境ということをいわないと、きっと外化されるのではないかという気がするんです。地球環境どうのこうのといっても、やはり人間なら人間の住む場所をもう少し限定しておかなくちゃいけないんじゃないでしょうか。人間の都市の範囲というものをこんなに自由に拡張しておきながら、一方で環境、環境といっても、社会のあり方や現代都市のあり方とちょっと矛盾するのではないかと思うのです。

たとえば日照問題とかいろいろ問題はありますが、やはり基本的には人間の領域というか、住む領域を限定して、もう少し自然状態などを回復する必要があるのではないでしょうか。そうしておかないと、ファヴェーラの人たちなどがいずれ主張してきます。どんどん人口が増えてますから。今は比率が五対一なのか、正確な数値はわかりませんが、人間らしく生きたいと主張する人々の比率が高くなれば、社会は必ず変化する。人口は今の六十億から百億まではどうしても止められない。

そうなったときに、そうした人たちがいろいろと主張してきます。人間の平等を主軸に主張してくる。それと環境問題とどう関係するのか。そうした人たちが、いま都市に潜在している人たちがすべて、東京のような都市みたいものが必要だということになり、彼らが当然そういうところに住む権利があると主張したら、地球全体はいったいどうなるのか……そういう視野、つまり社会的な視野が入っていない環境論というのは、無駄というか、非常にまずいんじゃないかと私は思っています。

2-2

商空間の役割

インテリアデザイナー　杉本貴志

【プロフィール】すぎもと　たかし／一九四五年東京都生まれ。一九六八年東京芸術大学卒業。一九七八年株式会社スーパーポテト設立、代表取締役。武蔵野美術大学教授。代表的な仕事に「無印良品」「春秋」「響」、新宿駅「SHUN KAN」、六本木「グランドハイアット東京」（和食レストラン、スパ、教会、神式場）などがある。近年は、世界各都市のホテルやレストランのデザインを数多く手がけ、近作の「パークハイアットソウル」ではホテル全館のデザインを担当するなど、海外へ活動の場を広げている。一九八四年、一九八五年毎日デザイン賞受賞、他多数。

デザインが伝えるもの

デザインというものは言葉でうまく喋るのがたいへん難しいものです。だからデザインをやり出したともいえます。子供のときに非常にうまく喋れる子供と、あまり喋るのが上手じゃなくて、しようがなしに紙に絵を描いたり、乱暴にスケッチをしたりという子供と、二つのタイプがあるように思います。僕は、子供時代、典型的に喋るのが下手なタイプでした。それで高校のときに、どういう職業を選べばいいかなということで悩んだんです。

そうして考えていたときに、どうも法律や経済は僕には向かないなと自分で思いました。何となしに絵が好きだったんですかね。そんなに上手じゃなかったですが、絵を描いたりすることから何か自分の将来を考えたいと思いました。

それで、美術大学に入りました。美術大学に入るには試験がありますから、自分でデッサンをしたりして、まあ何とか人並みに描けるようになって大学に入りました。そして授業に出ると、突然今まで知らなかったような、たとえばアメリカの現代美術や現代的なデザインを目にするようになりました。

ちょうどそのときに、今でもたいへん強く記憶していますが、京橋にあった近代美術館でピカソ展をやっていました。ピカソの作品が、はじめてかなりまとまって日本に来たんです。それまで、いくつかの小品は、デパートなどで展示されたことがあったんですが、ピカソを大々的に日本にもってきたのは、そのときが最初でした。今からもう四十年以上前の話です。このピカソ展は、私が大学に入った年の五月か六月くらいだったというふうに覚えてます。

もちろん私も、美術大学に入ったときに、ピカソという作家については写真などで見て知っていました。しかし、その美術館に行って、愕然としました。全然わからなかったんです。ピカソの絵を見て、初期のころの絵はわかるんですが、ピカソがピカソらしくなっていき、簡略化され、デフォルメされて、キュービズムという範疇の絵を描きだしたころからまったくわからない。最後が確か「ゲルニカ」というピカソを代表する大きい絵でした。昔のスペインの戦争、市民戦争をモチーフにした、たいへん悲惨な、そして大きい絵です。母親が子供を抱いて涙を流している有様をデフォルメして描いた、キュービズムの特徴を示す代表作の一つです。これを新聞では、「そこに来て絵の前で呆然として涙を流した」と書いてあるんですが、僕はわからなかった。だから涙の流しようがない。この絵は何を描いているのかというのが見当もつかなかったんですね。後年になって、少しそれとなくわかるようになったんですが……。

冒頭にこういうお話をするのは、こういうことをいいたいからなんです。多分、われわれの社会には伝達をする方法というのがいっぱいあって、たとえば音楽が好きな人は音楽でいろんなものを伝えることができる。あるいは音楽で自分が伝わっていくわけです。それは楽しかったり、悲しかったり、あるいは非常に気持ちよかったりします。だけど、伝わり方はみんな同じではなくて人によってさまざまだろうと思うんです。言葉もそうです。言葉がいちばん伝達の方法としては、人間にとっては昔から身近で伝えやすい道具であるわけですが、それが同じように伝わっているかどうかということは、わからないです。僕はこう思うのだけど、他の人には違うように伝わるかもしれません。あるいは、まったく逆のようなとらえ方をする人がいるかもしれない。

たとえば、月という言葉があります。お月様、英語でいうとムーンですね。自分では月というのはわかっていますから、多分みんなも同じように感じてくれるというふうに思うわけですが、実は相当違っている。たとえば私にとって月というと、海で見る月なんです。私は小さいときに高知にいました。高知の桂浜という有名な海岸がありますが、中秋の名月になると、海岸に出て月を見る習慣があります。海で月を見ると非常に大きく見えるんですね。だから小さいときに海に連れて行かれて大人たちが簡単な宴会などをやっているときに、その横でその海に出た月を見た記憶は非常に鮮明に残っています。三歳か四歳ぐらいだったと思います。ものすごく大きな月のイメージが残っているんです。それだけではなくて、月にまつわるいろんな物語や伝説、「竹取物語」や「千夜一夜物語」、それから萩原朔太郎の「月に吼える」など、いろんなところに月が描かれていて、いろんな月のイメージを形成していきます。これが私の月のイメージに重なり合っていくわけですね。あるいは、人によって山で見た月かもしれないし、湖で見た月かもしれないし、あるいは工場の間に見えた月かもしれないし、あるいは家の洗濯場から見た月かもしれないし、さまざまだと思うんです。最近私は、海外にときどき出かけますから、飛行機の中から非常に美しい月を見ることがあります。地上の景色は一切見えなくて、雲のようなものが下に見えていて、月が見える光景は非常に美しいです。そういうことが無数にあってイメージというものがつくられていて、イメージをまず自分がもつ、そのイメージをどう伝達していくかということが、われわれが生きている中で非常に大切な意味だと思います。

デザインというのはインテリアデザインに限らず、ほとんどのデザインがそうなのだろうと思うのですが、どうやって自分が思ったイメージ、受け取ったイメージを他人に伝えるかということが大きな仕事になっていくのです。これを端的に置き換えると、デザインというのは、自分が受けた感動、あるいは感銘でもいいんですが、たとえば美しいとか楽しいとか、感じたことを相手に伝える作業だと思っています。

変革の時期、二十世紀的価値観の終焉

日本の今の状況というのは、たいへん変わってきていて、ちょうど変革をしている時期だと思うんです。政治もそうでしょうし、われわれを取り巻くあらゆる現象も変わってきています。

たとえばデパートです。今のデパートは売れていないじゃないですか。私もかつてデパートの仕事をやった時期があるのですが、昔のデパートはいろんな商品があって、行くと欲しいものがたくさんあって、たいへん楽しい場所でした。あるいはデパートに行くと、食堂に行って、昔は大食堂だったのですが、食べたことのないものがたくさん並んでいて、「あれを食べてみたいな、これを食べてみたいな」と思ったものです。

今デパートに行くと、多くの人にとっては、あまり興味をもてない、あまり欲しいものがない場所となっています。面積だけ非常に大きくなって歩くのが疲れるとか、自分の欲しいものを探すのにたいへん時間がかかって

しまうとか、快適な場所ではなくなっているのかもしれません。しかし国によってはさまざまで、先日も韓国に行ったときにデパートを歩いてみたのですが、雑踏で歩けないくらいの人が入っていたんです。かき分けかき分け前へ進まないと進めないくらい人がいたんです。多分、四、五十年前の日本の百貨店のような状況でした。子供たちが大勢いて、大人たちも大勢いて、どの食堂も列ができていて、洋服を売っているところ、食品を売っているところ、本当にたくさんの人が溢れている。みんな、にこにこして嬉しそうにしてデパートを楽しんでいる。日本に帰ってきて、平日のお昼ごろデパートに行きますと、人がぽつんぽつんとしかいないんです。土曜日、日曜日だったら人が入っていることもありますが……。

多分それは、今、日本が変わりつつあるからです。単に景気がいいとか悪いとかではなくて、大きく変わろうとしているんです。このあたりが、今日のお話でいいたいことでもあります。

それでは、私の最近の仕事をご紹介しながら、話をしていきましょう。

まず、シンガポールのグランドハイアットホテルです。ちょうどシンガポールの中心部のオーチャード通りの角に近いところにある七百室くらいの大きなホテルです。かなり古いホテルだったのですが、これを長い時間かけて少しずつ改装していて、八年ぐらい前に改装計画の最初のコンペがあり、私どもにも声がかかって参加したものです。コンペというのは何社かがプランを出して競争することです。このときは五社がコンペに参加しました。日本からは私のところだけで、あとは海外の会社でした。結果私どもの案が通りまして、ロビー、ラウンジ、レストランなどの改装をやったのが現在の海外の仕事を始める最初のきっかけでした。その後も、次々と同じホテルの中の改装をやりまして、最新作は二〇〇四年の暮れにでき上がった「ストレイトキッチン」という一階のコーヒーハウスです。

コーヒーハウスというのは、だいたいどのホテルにもありますが、ホテル内でいちばん営業時間が長いところです。朝早くから夜遅くまで、場合によって二十四時間通しで営業しているところもあります。そのコーヒーハウスの入口のところの古い壁も改装して、ここに新しいコーヒーハウスをつくったことを表わすための壁をつくりました。この壁は、高価な材料はいっさい使っていません。大理石でもなければ、美しい木を使ったわけでもないし、イタリアで焼いたタイルでもなくて、いわばすべて廃材です。一回使って解体したり捨ててしまったり、これから捨てようとしていたりしたものを集めて壁に加工したものです。上のほうは額縁みたいに見えるかもしれませんが、いろんな工場から解体された後の部品や壊れた家具の足などのスクラップを探してきたものです。それから下のほうは、工場に積まれてあった木材を切って接合したものです。

ここで少しだけ考えていただきたいのですが、二十世紀のデザインというのは、綺麗で美しいものだったんです。それは、二十世紀のわれわれの社会の考え方と関係があります。日本の場合、二十世紀の中でも一九四五年に戦争が終わって、一九九九年までの約五十年間に、価値観のほとんどをつくり変えたのです。それまでの日本的な文化から戦後のアメリカに主導された民主主義の体制に変わったと同時に、一九四五年の終戦時にはほとんどのものが燃えたり焼けたりして、なくなり、そこからもう一度、産業をつくり直していった時期なのです。

そして、戦後十年くらいでいろんなものをつくる新たなシステムができあがったんです。鉄道をつくったり繊維をつくったり、農作物のための肥料や薬品をつくったり、プラスチックをつくったり、いろんなものを日本中でつくり始めた。それには、もちろん技術的な背景とか、それまでの先人たちの努力もあったのでしょう。その結果、一九八〇年代くらいになると、多くのジャンルで世界有数の生産国になっていったんです。たとえば今から十五、六年くらい前、日本が世界でいちばん車をつくった時期があります。アメリカを抜いて日本が世界一になったのです。その時期、一年間に一千五百万台くらいの車をつくっていました。

今はそんなにつくっていません。なぜかというと、アメリカやヨーロッパとの軋轢《あつれき》があって、海外に工場を移

撮影：SUPER POTATO　　撮影：白鳥美雄

ホテル「グランドハイアットシンガポール」 コーヒーハウス「STRAITS KITCHEN」入口の壁（シンガポール・2004年）

したからです。たとえば、ホンダは全生産量の五十五パーセントくらいをアメリカでつくっています。アメリカに生産工場があり、そこでアメリカ人が働いていて、アメリカの製品としてできあがっているんです。トヨタも、日産も、三菱も同様です。日本の国内でつくられている車は、その年によって違いますが、九百万台くらいですかね。

車をつくるということは、いろんな産業がないとできません。だから、世界中で、その国だけで車をきちんとつくれる国というのは限られています。アメリカ、イギリス、フランス、イタリア、ドイツ、日本ぐらいです。ロシアですら、今は車をつくれない。全然ではないんですが、ほぼゼロに近いでしょう。多くの場合がノックダウン生産というシステムです。中国は車をつくっていますが、中国独自の車は微々たるものです。ほとんどが日本やドイツのメーカーと共同でつくっています。韓国の車も、まだ日本からかなりの部品を供給しています。韓国で最大手の自動車メーカーにヒュンダイという会社がありますが、ヒュンダイのエンジンの主要な部分も日本からもって行っています。いずれ韓国の車も完全な自国内生産となるでしょうが、今のところそこまでは行っていません。

そのように二十世紀には、物をつくるあらゆる部門で、日本が一番という時代があった。鉄をつくりコンクリートをつくりガラスをつくり薬品をつくり、あらゆる部門で日本が一番とか二番とかいわれるくらいになったのです。つくると売らなければいけない。その売るというところで、日本の場合はデザインが進化したのです。つくったものを販売するために、デザインという作業がくっ付いていった。簡単にいうと、二十世紀のデザインの価値というのは、売るための価値であったわけです。たとえば、今でも秋葉原に行くと、大通りに面した大型店は非常に綺麗で、デパートのようですが、ちょっと裏通りに入ると、まだ倉庫のような構えの店があり、家電製品がたくさん並んでいます。炊飯器が何十種類とか冷蔵庫が何十種類とか掃除機が何十種類とか、ずらっと並んでいます。それらをよく見ていると、非常に奇妙な形に見えるのです。たとえば、電気釜を見ていると、これはスイッチを入れると走っていきそうだ、掃除機はエンジンかけると空を飛びそうだ、飛行機みたいだ。ロケットみたいだ。あるいは、楽器みたいだというように、何かの形に見えてくるのです。多分、そういうものが、格好よく見えた時代があったんです。

みなさんは、炊飯器がなぜ流線型をしているのか不思議ではないですか。どこの家の台所にも四角い台があって、そこに炊飯器を置く。その炊飯器だけが流線型で、何か車のように見えたり、翼が付いていても不思議じゃないように見えるわけです。そういうものを見ていると、このデザインはいったい何だろうと疑問に思うときがあります。今は、新しいデザインが開発されて出まわり始めましたが、家電製品を見ていると、なぜこういう形なのかなとわからないものがたくさんあります。

その最先端が洋服かもしれませんね。毎年たくさんの洋服がつくられて、たくさんの洋服が売られます。ものすごく物が溢れている中で、こうやったらもっと売れる、こうやったらもっと魅力を感じてくれるという価値観、こういう価値観が全部悪いわけではないんですが、それがデザインのエネルギーになった時代があったのです。

二十一世紀の新たな価値の模索——「時の化石」を使って

しかし、二十一世紀はそうではない。そういう二十世紀的な価値観から脱却した、もっとわれわれに何が必要なのかを考える時代になっている、あるいはなりつつあるというふうに思うんです。世界中でそういうことを考えなければいけない、そういうことに魅力を感じていかなければいけない時代に今なろうとしている。たとえば言葉でいうと、標準語だけの磨かれた美しい言葉だけではなくて、われわれの先祖がずっと昔から使っていた、地方の言葉、方言を見直さなければいけないのです。

また、食べ物もそうですね。いつの間にか日本は豊かになってしまって、たくさんの物を食べるようになっています。日本の食料の自給率というのは、四十パーセントを切っている。六割以上を輸入しているわけですよ。輸入するために膨大なエネルギーを使って、日本まで運ばれてくる。

かつては貴重品だったエビが今では駅弁やコンビニ弁当、ラーメンにまで惜しげもなく入っている。このエビはだいたい東南アジアのタイやインドネシアでつくられているんですが、日本に輸出するためにエビを養殖するわけです。その養殖場をつくるために海と陸の境のところを開発するんです。そのためにマングローブという木を切っています。この二十年くらいでマングローブの木が半分くらいになったといわれています。マングローブという木は、ちょうど陸と海との境界線あたりに棲息する木で、東南アジア一帯の植栽をコントロールするような非常に重要な木です。これが半分くらいなくなったといわれている。こういう話は無数にあります。たとえば、世界中のマグロの半分以上を日本人が食べている。この小さい日本めがけて毎日、世界中で捕れたマグロが飛行機や船でどっと運ばれてくるわけです。今日本で一日に費やされる食料は、エネルギー換算で、日本の人口の三倍の人が食べる量であるといわれています。

そして、百貨店の食品売り場では、時間がきて消費期限が切れると、一斉にダンボールが運ばれてきて、その中に食品をどんどん捨てていくんです。昔は店員の方が一個一個見て、これはまだいけるな、これは危ないな、これはもう捨ててしまえとかいう判断をしていました。今はそういうことはしません。今はバーコードで全部判断していきます。バーコードの中にいつまで店頭に並べていいという情報が入っていて、それに外れた物はどんどん捨てられていく。これはすごいことです。野菜も魚も肉もそうです。たとえば、今まで三千円で売られていた高級牛肉もバーコードで一斉に判断されます。判断されたら全部捨てられてしまうのです。

十五年くらい前までは違っていました。当時私は大阪の百貨店の設計をやっており、その様子を見ていたのですが、野菜などは店員が見て、ちょっと古くなりかけたら漬物用に回していたり、肉や魚はお惣菜として加工させたり、レストランに回したり、少し加工して弁当のおかずにしたりしたんです。今は、それはしません。してはいけないことになっている。一斉にダンボールに入れて、入れたらテープでがちがちに固めて厳重に蓋をします。それをトラックで焼却するところにもっていくんです。これは、デパートだけでなくコンビニも同様です。

そういう社会が片方でできつつあるんです。それに対して僕らは少し違った考えをもちたい。このままずっと進んでしまう社会ではなくて、もう少し違う価値観をもちたい。こうした話をここまで広げてしまったのはオーバーに聞こえるかもしれませんが、たとえば日本で建材を選ぼうとすると、建材屋が「こういうのがあります」と、いっぱい売りこみにきます。全部綺麗ですし、全部新しいものです。そうではなく、もう少し違った価値観で探してみたい。廃材は、この木が加工されて何かの役に立っていたときの時間が埋めこまれているんです。これは、いってみれば、木であって木ではない。木であると同時に時間の化石なんです。こういうものが地球上にいくつも存在していてわれわれの前にある。これを改めてもう一度壁に貼ると、これを見たり使ったりした時間のようなもの、つまりそれは自然みたいなものかもしれませんが、それがここから出てくるんです。

シンガポールのホテルのコーヒーハウスは、そういう廃材を集めてつくりました。このレストランは二〇〇五年のレストラン・オブ・ザ・イヤーという、世界のホテル協会がやっているたいへん大きなコンクールで第一席を取りました。この空間は、皆さんが見て格好いいなとか洒落ているなというものとは違うと思うのですね。洒落てはいない。どこかにシャンデリアが付いていたり、非常に綺麗なテーブルを使ったり、そういうものではない新しい価値観、新しい魅力を出したいし、感じたいんです。ここが、今われわれに大事なんです。

壁はガラスの空き瓶です。これは一度使ったものを回収してきた廃品です。それをこういうふうに壁に並べて光らせている。今までの感覚でいえば小学校や中学校の図画工作に近いかもしれませんが、こういうデザインが今必要なんです。多分、昔だったら大理石を貼ってしまったらどうだろうかとか、あるいは立派な木を貼ったらどうだろうか、漆喰できれいに加工しようとか、立派な油絵を掛けようとか、日本画を掛けようとか、立派なキレを織って掛けようかとか……。

しかし、私たちがやったのは町で拾ってきた空き瓶を並べただけなんです。グランドハイアットというのは、ハイアットホテルの中でも高級なバージョンですから、一番安い部屋でも一泊三、四万円くらいするんですが、そういうホテルのレストランの壁が拾ってきたガラスの空き瓶でつくられているのです。

あえて強調気味に申し上げていますが、さっきいったような二十世紀の後半、今はあまり見かけなくなりましたが、ご高齢の女性たちがイタリアやフランスで買ってきた非常に美しい綺麗な布を町の洋服屋さんにもって行って、服を仕立ててもらう時代があったんです。ところが、今はそういうことにあまり価値がなくなっているのがわかりますか。そうではなくて、今は黒の洋服の人もいれば、グレーの洋服の人もいる。あるいは、わざわざ好んで昔の藍染めの着物をほぐして普段の洋服にしている方もいらっしゃいます。今価値観が大きく変わろうとしているのです。

コーヒーハウスの中の壁も廃材を使っています。造船所やスクラップ置き場などを回って、機械の部品やマンホールの蓋や、使い終わったパイプなどを集めてきて集積したものです。われわれの社会というのは、実は回っているのです。だから、ここでは「回っている」ということを表わしたかったんです。高価なものを集めてきて、それで高価なレストランをつくろうというのじゃなくて、われわれの身のまわりに、ごく普通にあるものでこういう空間がつくれる、こういう空間もいいじゃないか、気持ちいいじゃないかということをいいたかったのです。

次にご紹介するのは、香港のシャングリラホテルです。香港を代表するAクラスのホテルですが、そこの二階

シンガポールのホテルのコーヒーハウス「STRAITS KITCHEN」の廃材を集積した壁（左）とガラスの空き瓶を集積した壁（右）　撮影：白鳥美雄

に、「カフェ・トゥー」というビュッフェレストランをつくりました。シャングリラホテルというのは、どちらかというと、クラシックなホテルの代表として受け止められていますが、私どもがこの写真のようなレストランを提案して、それを受け入れてもらえて、仕上げたものです。

入口を入って左方はワイン、右方はオリーブオイルやコーヒー豆などの食材を集積して壁を埋め尽くしてあります。その奥に進むとシェフが働いている姿がよく見えるオープンキッチンがあります。これは、最近私たちが好んでやるやり方なんですが、レストランの厨房とかカウンターとかをできるだけ見せたいんです。厨房の中で働いている方もわれわれと同じ仲間だということを伝えたい。もちろん、客と従業員ということはありますが、同じ人間同士であり、同じ町、同じ国で同じ時間を共有しているのです。コミュニケーションというのは、話をすることだけでなくて、その国の人たち、その社会の人たち、その場所の人たちとある時間を共有すること、これがコミュニケーションの原則だと思います。だから私たちはこういうやり方を世界中でやっています。

日本に伝わる美しい情感、美しい価値観を大切に…

「響」（丸の内店）は、東京の丸の内にあるレストランです。入ってすぐ右手にバーがあります。これは、バーであると同時に、ドリンクピットといって、ここからいろんなお酒を各席に運ぶ拠点です。ごらんのとおり石とガラスでできています。ガラスは後ろから光らせて発光するようになっています。

厨房は、奥に皿を洗ったり野菜の下ごしらえをするバックキッチンが付いていますが、フロントキッチンはシースルーにして、調理をしたり、盛り付けをしたりする様子が見えるようになっています。見ていただければ一目瞭然なんですが、カウンターに石を使っています。この石は自然を表わしています。われわれの先人たち

「響」丸の内店（東京・2001年） レストラン入口　撮影：白鳥美雄

は、自然とともに育ったわけです。われわれ日本人の場合は、美しさに対する情念、感性、メタファー……いろんな言い方がありますが、そういうものは多分に、自然から出ています。ですから、この時期になると、テレビのニュースでも毎日のように「今日から紅葉が色づいてきました」などと日光のいろは坂の紅葉のシーンをやっています。平日でも、いろは坂で車が動かなくなるくらいの人が行くんです。みんな紅葉を見たいから行くんです。雪が降れば雪景色も綺麗です。新緑の頃、若葉が木を覆い始めたとき綺麗じゃないですか。花が咲き乱れる。そういう四季が日本にはあります。日本以外にも四季がある国はありますが、日本の季節の移り変わり、あるいは木々の移り変わり、雨が降ったり、霜が降りたり、いろんなことがある、そういう景色をわれわれ日本人はどこかで愛しているわけです。そこから美しさだとか美味しさだとかにつなげていく頭脳があるわけです。だから、われわれはそういう自然をどこかで感じていたい。公園の中や森の中で飯を食うのもいいのですが、毎日食べるわけにはいかない。森の中で焚き火をして酒を飲みたいと思うけれど、そうしょっちゅうはできない。だから、日頃の空間の中で（住宅では難しいんですが）ちょっと酒を飲んだり食事をするときに、そういうものを感じられる価値観が大切なのです。決して物を売ったり買ったりすることではなくて、われわれが豊かになるような空間をつくることがデザインのひとつの大事な目標だと私は思っています。

　この空間の中で、客席のほうは特に何もしていません。光の柱のように見えるのは、柱をガラスで覆って中が軽く光っているだけです。何もしていない、それで十分なんです。椅子もテーブルもうちでつくったものですが、デザインはほとんどしていない、デザインレスなんです。だから、言葉を替えていわせてもらえば、二十世紀にデザインだとみんなが錯覚したもの、食もそうです、空間もそうです、場合によっては音楽などもそうでしょう。それから洋服もそうでしょう。そういうものからデザインを一度捨ててみたときにもっと大きく見えてくるものを探したい、というふうに私は考えています。

「響」丸の内店　石のカウンター（フロントキッチン・左）とバーカウンター（右）　撮影：白鳥美雄

料理も、実はフランス料理やイタリア料理などが日本に入ってきたときに、みな先を争って「フランス料理は美味しいな」「パスタは美味しいな」と思ったものです。あるいは懐石《かいせき》料理が一般化してきたときに、バブルの少し前、今から十五年前くらいですか、懐石、もしくはミニ懐石の特集が雑誌などでよく組まれたのです。そこに載っている懐石料理は日本を代表する名店のものばかりで、実際には一般の人が簡単に食べられるものではありません。いい食器だなと思って見たら、誰々作と書いてありまして、一個何百万もするんです。国宝のような名器・名品を使っている。魚も肉も最高級品を使っている。雑誌だからいいんですが、多分、そういうものは見て楽しむだけであって、われわれが普段食べるものではない。だけど、それを偲《しの》びながら、もうちょっと安い「懐石のようなもの」を食べるわけですね。そういう時代がしばらくあったんです。

今は、どうでしょうか。今、多くの方の共感を呼ぶのは、この時期でしたら旬《しゅん》のキノコを食べてみたい。福島だとか新潟だとか栃木だとか茨城だとかに行くと、地のキノコがいっぱい採れます。マツタケとか高価なキノコではなくても、ナメコ、シメジ、ほかにアワビ茸、ネズミ茸などいろんな美味しいキノコがあります。自分で採ってもいいし、一籠も買えばたくさん買えます。そのキノコは炒めても美味しい。味噌汁にしても美味しい。鍋にしても美味しい。あるいは、寒くなるにつれてどんどん美味しくなる大根を、水に昆布だけで煮ても、それだけで十分美味しいです。こういう食事のほうが美味しいと思いませんか。

あるいは、僕のまわりでは、干物《ひもの》好きな人間が増えています。干物を自分でつくりたいという人もいます。鯵《あじ》などを買ってきて、自分で開いて、烏や猫に食われないようにネットの入れ物などに入れて、マンションの軒下につるしておく。二、三時間もすると、一夜干しの手前くらいのができて、実はそのあたりがいちばん美味いんです。そういうのを食べると、買ってきたものを食べるのが嫌になるくらいです。鯖《さば》の干物も美味しいですし、少し脂ののりすぎた鯛《たい》も、自分で開いて三時間ぐらい干して干物にすると、滅茶苦茶美味《うま》いですよ。ちょっと贅沢をするのなら日本酒を振りかけます。これを酒干しといいますが、これは病みつきになります。鮎なんかも僕らが買えるのはほとんど養殖ですが、酒を振りかけて酒干しにすると、本当に美味い。米だったら炊き立てがいちばん美味しいです。ちゃんと炊けば絶対に美味しいです。今はどこでも売っていますが、陶器でつくった直火にかけるお米専用の釜が三千円程度で売られています。とても上手《うま》く炊けます。これらは懐石ではない。いいたかったのはそこなんです。別に贅沢しなくてもいいんですが、懐石料理よりも炊きたての米と干物と味噌汁かなんかがあったら、こんな贅沢な食事はないというくらい美味しいです。われわれはこういう食事をしたい。

つまり、それは本質みたいなものですよね。本質をどれだけ引っ張るか、これが大事なことなんです。空間もそうで、飾ったってしようがないんです。昔のフランスみたいなことを想像して、ルイ王朝みたいな椅子だとかカーペットだとか壁材とか買ってきて、フランスの王朝風にしても気持ち悪いでしょう。ルイ王朝というのはオーバーですが、イギリス調だとかドイツ風だとか、そういうのはいっぱいあります。住宅にも、喫茶店にも、お酒を飲むところにも、いたるところにそういうものが蔓延しているわけです。なぜ、日本に昔から伝わっている美しい情感や美しい価値観をわれわれはもっと大事にしないのか。これが問題なんです。

情報がデザインの価値となる

新宿の駅ビルの七階と八階に、「SHUN KAN」という飲食店街をつくりました。全部で二十五軒くらいの飲食店が入っています。

ゴールデン街をはじめとする新宿の風景は、夜通ると何となくおーっという感じになるんですけど、昼間通ると侘しいものです。設計するときに、新宿のいろんなところを歩き、目に焼き付けて、脳みそに入れて、環境を設計していきました。

ある壁の一部は、ダンボールを積み上げたものです。また、木や廃材の木っ端やチップなどを集めてきて壁面に構成したものもあります。さらに、さきほどのシンガポールのコーヒーハウスと同じように、空の酒の瓶やソフトドリンクの瓶で壁面を構成したものもあります。アンプやパソコンの一部などの電化製品を専門に捨てる場所があって、そこから拾ってきたものを壁に積み上げて壁面にしたところもあります。言い方が少し唐突かもしれませんが、こういったものが、ある種の記憶のようなものをつくる、あるいは、自分の中にある記憶を引っ張ってくると思います。

一つだけ難しい話をさせていただくと、現代デザインというのは、かつては素材とか形がデザインでした。たとえば、本日の会場となっているこのホールは、先ほどお話を伺ったら、原広司さんが設計されたということです。原さんが大分お若いときの作品なのでしょうか。やはり形が出ていると思います。柱がちゃんとあって、天井がこういう形になって、原先生の特徴のグリッドみたいなものが出ていますね。デザインというのは、形だったのです。

今はもう少し進んで情報なんです。ダンボールが安いからいいとか、捨てられたアンプをもってきたら安いからいいとか、そういうことではなくて、そういうものが集まることで、そこから発散される情報、あるいはそれを見ながら、われわれの頭に潜んでいる、そこから醸し出されてくる、それが引き金になって出てくる情報、これがデザインになるのです。この考え方が今いちばん新しいんです。現代的なんです。

ファッションも今、モードという言葉をあまり使いません。形ではない、素材でもない、そのファッションがもっている情報なのです。正確にいうと、情報と形が半々くらいなのです。東京に住んでいるわれわれは、今、そういう世界に入ろうとしているんです。片足を突っこんでいるんです。だから、家も車も洋服もレストランで

新宿駅「SHUN KAN」共用通路の廃材を集積した壁面　撮影：白鳥美雄

ご飯を食べることも、半分くらいは情報なんです。情報として自分を満足させ得るか、自分はその情報に納得できるか、ということがデザインの半分くらいの価値を占めています。

次はソウルにつくったパークハイアットというホテルです。このホテルも建物の外観から、中のゲストルーム、ロビー、レストランなど一棟すべて私の設計です。新宿のパークハイアットもそうですけども、パークハイアットというホテルの特徴として、いちばん上にレセプションフロアーがあります。まず、最上階までゲストをエレベーターで上げてしまう。そこの一部にコーヒーなどを飲めるラウンジがあって、その横にチェックインをするレセプションがあります。

このソウルのホテルの特徴の一つは、その最上階の二十四階なんですが、レセプションルームの奥にプールがあります。プールはレセプションから百パーセント見えるわけではなくて、石の柱状の壁の合間から見えます。そのプールが二十四階にあって、ビルそのものが全面ガラス張りで、床から天井まで左右ともガラスですから、プールが空中に浮いているように見せるのがねらいです。また若干工夫をしまして、プールの縁を少しもち上げて水がいつも外にあふれるようになっているので、プールをまるで水の固まりのアートのように見せるのが、設計のコンセプトです。工場みたいなライトは嫌ですから、非常に繊細な光を天井につくりまして、アクリルのエッジライトで照らしています。下界を見ながら、ちょっとロマンチックな気分になって、同時にプールにいる人の姿を見ながらチェックインする。非常に私の好みを反映した面白い構図になっています。

客室階は、四階から二十二階まで全部で大小合わせて二百室ほどあります。客室フロアーの廊下は、コンセプトをギャラリー空間としまして、壁に窓が開いていて、韓国の古い瓦や、古い書や、着物の一部、陶器などが全部入っていて、韓国の古い文化のかけらを少しずつ見ていただきたいというのが、このギャラリーの基本的なコンセプトになっています。

ホテル「パークハイアットソウル」（韓国ソウル・2005年）　レセプションフロアーのラウンジ（左）と外観（右）　撮影：白鳥美雄

客室はバスルームが一つの大きなテーマとなっています。スイートルームには岩を削ってつくったお風呂をつくりました。スタンダードの客室には日本で特注でつくったバスタブを韓国にもちこみ、かつ、お湯がざあざあこぼれてもまったく問題がないよう、床を防水にしました。ウエスタンスタイルのバスルームは湯船の中で体を洗いますが、それが僕はあまり好きではないので、これはお風呂の外で体を洗って、ゆっくりと肩まで湯に入って、たっぷりと温まってくださいという日本のお風呂です。壁は石の割肌といって、石を山で割った状態をそのまま使っています。

一階にイタリアレストランがあり、地下にバーをつくりました。バーのカウンターはガラスのブロックを使って発光させています。壁面にはいろんなものが置かれています。たとえば、陶器のかけらであったりします。韓国というのは陶器の国なのです。今でも、地面を掘ると地中からたくさんの陶器の破片が出てくるんです。そういう地面から出てきた陶器のかけらを集めてみたり、古い本であったり、木のかけらであったり、いろんな物をバーの中にいっぱい詰めこんであります。このようなバーは、世界中でも、今のところここだけだと思います。こういう仕事は、今後もいくつかやるつもりなんですが、自分としてはたいへん気に入っています。私がこういうバーを皆さんの前に出したい、こういうバーに来ていただきたいという思いでつくったものです。

もっとわれわれを満たすものを目掛けて進まなければいけない

今までのわれわれが考えてきた、あるいはヨーロッパから紹介されたデザインとは違うんです。ここが大事なことなのですが、こういうバーあるいはレストランは、海外の方が見たら、たいへん感動します。このバーをつくってから、これを見たという方から度々、仕事のオファーが来るのです。ニューヨークでもつくりたい、ロシ

ホテル「パークハイアットソウル」(韓国ソウル・2005年) 地下のバー「THE TIMBER HOUSE」(左)と客室のバスルーム(右) 撮影：白鳥美雄

アでつくりたい、ここが大事なんです。つまり、今われわれのまわりにあるのは、そのほとんどがヨーロッパでつくられたモダニズムの影響です。それだけでは、われわれは納得できていない。そういう食、洋服、空間では、われわれの今の気持ち、フィーリングというのは満たされていない。もっとわれわれを満たすもの、豊かにするものを目掛けて進まなければいけない。デザインというのは一つではありません。いろんなデザインがあって当然です。僕の仕事も、これからもっと違ったものが出てくるでしょう。だけど大事なことは、われわれが今ヨーロッパのようなことをやっても意味がない。今のわれわれから生み出す、今われわれがここで判断し考える、われわれにとって魅力あるものを出していかなければいけないというふうに私は思っております。

ホテル「パークハイアットソウル」(韓国ソウル・2005年)
地下のバー「THE TIMBER HOUSE」

Q & A

——先ほど、デザインというのは、情報、記憶というのがいちばん新しいとおっしゃいましたけれど、具体的に例を挙げていうとどういうことなのでしょうか。

杉本：たいへんいい質問だと思います。本当をいうと、それに答えるのはたいへん難しいですが……。たとえば、みなさんが知っているものでいうと、青木淳さんがやったルイ・ヴィトンの新しいガラスの空間のデザインがありますね。あれは形ではない。ガラスにわずかに付いているマークがありますが、技術的には特別なことはしていない。しかし、あの空間はルイ・ヴィトンを明快に表わしているわけです。それで多分、ファッション界では画期的なブティックの一つになっているのです。形態ではなくて、あるいはシステムでもなくて、建築でいうと、あまり変わったことがない。だけど、ルイ・ヴィトンという情報を明快にくっ付けているわけです。これが、今いった情報を空間化するといったことの身近な例の一つです。

　それは、建築家でいうと、妹島和世《せじまかずよ》さんや伊東豊雄《いとうとよお》さんなどがその代表ですね。それから、海外でいうと、近年有名な例でいうと、ベルリンの建築で五年前くらいにコンペがあって、ジャン・ヌーベルが一席を占めた有名なコンペがあります。もともとの計画では、ガラスでつくったビルの、いちばん外側の表面のところに、LED（発光ダイオード）で文字がずっと出てくる計画だったんですね。LEDは簡単にいうと電飾文字といってコンピュータで情報を送って文字が変わっていくようなシステムを提案したんですが、結局コストが合いませんでした。去年できたんですが、それにはLEDは使われず、文字がガラスの表面に印刷されました。ビル自身はガラスで個体ですから変わった形ではありませんが、表面に文字がいっぱい集積しているビルになったんです。これは、その後、すごく世界に影響を与えまして、東京でもガラスに印刷をされた建物、あるいは環境が随分多くのバリエーションをつくっています。これも多分、情報が空間になっていく一つの仕事でしょう。そういうふうにみると、有楽町にあるエルメスのビルや、ルイ・ヴィトンもそうですし、表参道にあるプラダのビルとか、半分は情報としてのビルになっていますね。

――先生にとって、環境とはなんでしょう。ぜひお教えください。

杉本：今日は、本当に難しいご質問が多いんですが、私のしゃべりやすいところでお話しさせていただくと、今日見ていただいたのは商環境なのです。商環境というのは、商売の環境なんです。よく日本の建築家の方は商環境というと、何かレベルが低いみたいな話になっちゃうのか……嫌うんですが。しかし海外で日本のことが最初に言葉で紹介されたのが、三世紀、『魏《ぎ》志《し》倭《わ》人伝《じんでん》』という中国の書物です。その一節に、「彼らは市をたてて交易をしている」という文章があります。つまり、三世紀に日本がはじめて文章化されたときに、日本の市の話が彼らの興味を引いたわけです。その当時、なんらのかの交易があって、日本から海産物か何かをもって行く。そのあとの文章を読むと、生口《せいこう》（奴隷）を連れて行って中国の王様に献上した。その見返りが金印だったわけです。漢奴国王というのが日本に遣わされたという話になっています。多分、日本の歴史を考えるときに、世界もそうでしょうが、商業の果たした役割が非常に大きいだろうと思います。それ以来、商業というのは、日本文化のある種、非常に重要な中心的な場所をずっと保持していて、そういうことで申し上げれば、これが答えなんですが、次の時代を目掛けて進めるエネルギーが、商業あるいは、商業からくる環境にあると私は思います。商業というのは文化なのです。商環境というのはエネルギーなんです。環境というのは、単に格好いいとかではなくて、商環境ということでいえば、次の時代に進めるエネルギーの元なんです。この力を失ったら社会は衰退しますね。商環境でいうと、クリエイティブでなければならない。クリエイションでなければいけない。そこからエネルギーが出てくるだろうというふうに私は考えています。

2-3 ザビット一家、家を建てる
――コソボで出会った一家の四年間

写真家　長倉洋海

【プロフィール】ながくら ひろみ／一九五二年北海道釧路市生まれ。一九八〇年より世界の紛争地を訪れ、そこに生きる人々を見つめてきた。写真集『マスード　愛しの大地アフガン』で第十二回土門拳賞を受賞。最新の写真集に『涙――誰かに会いたくて』PHP、『きみが微笑む時』福音館書店、『獅子よ瞑れ――アフガン一九八〇―二〇〇二』河出書房新社、『ザビット一家、家を建てる』偕成社、など。著書に『フォトジャーナリストの眼』岩波新書、『ヘスースとフランシスコ――エルサルバドル内戦を生き抜いて』福音館書店、などがある。最新刊に『西域の貌』山と溪谷社、『ぼくが見てきた戦争と平和』バジリコ出版。

家を建てることの重み――生きることのリアリティー

今日は環境についての連続講座ですので、できるだけ環境に沿って話をしようかと思います。環境というのは僕の中では本当に幅広いものになります。今日は、タイトルにあるコソボのザビット一家という人たちや、彼らの家の写真を中心に話をします。

「家に住む」ということは食べることと同じように大切だと思います。

ただ、現代の社会は食べることと同様に、住む家も、ほとんど「出来合い」が多いという気がします。私が子供の頃、うちのおやじが家を建てました。古い家を壊して新しい家をつくるときには、毎日のようにそこに行って、大工さんに嫌がられるのですが手伝ってみたり、お茶をもって行ったりしていました。自分の家がどうできるのか、やはり見ないではいられない、あるいは何かいわないではいられないという感じでしたから、家を建てるということは一生の大仕事なんだと子供心に思いました。そういうおやじを見てきた僕からすると、現代の家というのは、いろいろな問題がおきていることからも思うのですが、人任せで自分がかかわろうとする決意が見られません。食べることも同じですが、自分の一大事だという気持ちが見えません。そのことが生きることのリアリティーを失わせているのではないかな、という気がちょっとします。

実際に生きるということは、いろいろな物に触れたり、感じたりして五感を働かせたりすることであり、同時に、歩きながら穴に落ちたり、ころんで擦《す》りむいて血を流しながら、学んでいくことだと思うのです。そのような、ぶつかって怪我《けが》をしたり、時には真っ暗な中に放り出されることも今の時代は少なくなっている、親任せ、人任せ、組織任せだと思います。

紛争地に行きますと、停電が多かったりして決して生活は楽ではありません。その分生きるということが切羽詰っているというか、食べ物を得るということも、家をつくるということも、たいへんなことだろうと思うんです。でも、家がないと生きていけないので、どんな形であれ、人は家をつくる。これは世界共通のことだと思います。

今回この講座のために写真を選んでいるときにも、人は苦労をして、汗を流して工夫をして、やっと自分たちの家をつくりあげるんだなと強く感じました。

ザビット一家との出会い

コソボで出会ったある家族の話をしたいと思います。私がコソボを訪れたのは一九九九年、二〇〇〇年そして二〇〇三年の三回です。二〇〇三年には子供がまた一人生まれて、一家は十人家族になりました。最初に行ったときには三世代にわたる三十三人家族の大きな一家でした。その一家の次男、ザビットが独立して家づくりを始めたのです。二〇〇三年には、家づくりに励んでいる一家の様子と、家ができていく過程を撮りました。

この一家にお金はほとんどありません。お父さんのザビットが工場をリストラされたからです。農地があり、家畜が少しいますけれども、食べるので精一杯です。それまで大家族で住んでいた大きな家は戦争中、火をかけられました。それを何とか補修して住んでいましたが、三部屋に三十三人というのはたいへんでした。家を出てしばらく、トラックの荷台で一年間仮住まいしていたのです。コソボは戦乱で家がたくさん焼けましたから、スウェーデンのＮＧＯがその復興のために資材をもちこんでいた、その資材を手に入れ、ザビットは家を建てはじめました。だいたい復興が終わって、撤退が決まり、余った資材をもらうことができたのです。

いとこの大工さんが来て手伝ってくれましたが、それでも手が足りないので家族みんなで家づくりをしていました。二〇〇三年、前に行ったとき撮った写真を手渡したいという軽い気持ちで訪れたのですが、一家の一大事業である家づくりにぐうぜんにも遭遇することになりました。

まず、コソボの紛争についてスライドをお見せしながらお話しします。

一九九九年に最初に行って、写真を撮りました。コソボの戦いは、セルビア人とアルバニア系の内戦だったと皆さんの記憶にあると思います。アルバニア系が多いこのコソボで、アルバニア系の人たちの独立運動をつぶすために、セルビア人主体の政府がいろいろな弾圧を、あるいは民兵が略奪行為などを行ない、独立を目指すアルバニア系武装組織と戦争に近い状態がおきたわけです。ペチというコソボの第二の町では、商店街も火をかけられました。きれいな噴水がありましたが、そのあたりも廃墟になりました。写真は、廃墟の中の噴水で水を飲んでいる男性です。次は、ペチの商店の中で瓦礫《がれき》の中に座りこんでいた老夫婦です。

コソボ全体では二百万の人たちが戦渦に巻きこまれるのを恐れて国外にのがれました。最初に訪れた一九九九年は、戦火が収まって人々がもどりはじめた頃でした。その時、国外から帰ってきてトラックの荷台に乗って自分の村に帰ろうとしている人たちを見つけて同行しました。トラックが村に入ったとき、車の荷台に立ったコソボのアルバニア系の女性たちが、自分の家を見おろし、家に火を掛けられていて燃え落ちているのを見て、涙を流している写真です。

コソボ自治州の州都プリシュティナとペチの中間で見かけた村の家も火をかけられて、瓦礫の山になってしまっていました。

ほとんどの家が火をかけられ、貴重な電化製品は盗まれているという状態でした。井戸の中には死体が投げこまれているということもありました。まだ地雷が残っている中で、ほとんどの人は、村にはもどったものの農作業も始められないという状態でしたが、ペチから州都のプリシュティナにもどる途中、道路の両脇に広がっている畑の向こうに、何人かの人たちが馬車をひいて何か草を刈っているのが見えました。その中に子供もいて、赤いセーターを着た子が動きまわっているのが見えたので、そこに行って写真を撮ったのです。

それがザビットの一家でした。セブダイエという女の子と長男のシュペントという男の子がいっしょです。セブダイエは当時五歳です。シュペントは十一歳です。お父さんは三十九歳でした。

赤いセーターを着たセブダイエは、金髪がとてもきれいでした。彼女がお父さんたちの間を走りまわっていたのは、二つのペットボトルをヒモでつないで首から下げて、のどが乾いたお父さんやおじさんに水を渡す役目をしていたからでした。

地雷がまだあるのに働き出していた一家に、「家までついて行きたい」と話して訪問し、そのあともずいぶん通いました。やはり家の家財道具、電化製品はすべて盗まれて、家に火をかけられて、床や壁の木材が燃えていました。一家の子供たち、長男のシュペントと三男のシュケルゼン、四男のベジールという男の子が瓦礫を片づけているところです。家の中の燃えかす、瓦礫を子供たちが馬車に積んで遠くに捨てに行っていました。

ザビット一家の近所に、イメールさんという一家が住んでいました。この一家も人数が多くて四十四人家族でした。兄弟みなそれぞれの家があるのですが、一族が固まって住んでいました。イメールさんは国外に逃れていたのですが、もどると家に火がかけられていて屋根も落ちていたといいます。子供たちは、屋根が燃え落ちた二階にかけ上がって遊んでいました。子供たちの手には、コソボの独立旗がありました。コソボというのはユーゴスラビア連邦の一部だったのですが、アルバニア系の人たちが多いところで「独立したい」という意向が強く、それが戦いの一因にもなりました。

一家の子供たちが鷲のマークのコソボの旗をもって立っており、後ろにはカモミールが咲いている草原が広がっていました。子供たちが、そのカモミール畑の前でコソボの歌を歌ってくれたところです。

イメールさん一家は、イメールさんと子供たち、いとこの子供たちもいっしょにいます。イメールさんはもともとは大工さんなのですが、なんといっても家が燃えてしまったし、それまで買い揃えた電化製品もすべてなくなったということですごく落ちこんでいて、なかなか元気が出ない様子でした。ただ子供たちとこのように遊ぶ中で逆に元気をもらって、何度か訪ねて行くうちに、しだいに働きはじめるようになっていくのですが、最初はとても落胆していました。

二度目のコソボ行きとザビット一家

二度目にコソボを訪れたのは、二〇〇〇年の冬でした。州都プリシュティナの団地では、まだ国外から帰ってこない人もたくさんいて、主を失った野良犬がさまよっていました。その写真です。

州都プリシュティナのチャイハナと彼らが呼ぶ茶店では、男の人たちがお茶を飲んでいました。コソボもセルビアも、もともとはオスマントルコの領土で、中東でもよくチャイハナ（喫茶店）がありますが、ここでもまったく同じ呼び名でチャイハナといっています。

二〇〇〇年に再会したセブダイエです。前回からまだ一年経っていないのですが、とても大きくなっていました。家族が家を修理してなんとか住めるようにして、前と同じように三十三人がいっしょに住んでいました。ストーブでお茶を沸かしますが、私にお茶を入れてくれました。そのストーブでパンを焼いたりピザをつくったりもします。前回来たときには、まだ小さかったベジールが、このときやっとおむつがはずれた頃です。

おばあちゃんが牛の乳を搾り、それをシュケルゼンというこのとき七歳の男の子がそばで見ている写真です。シュケルゼンの妹がセブダイエです。われわれの間を駆け抜けて走っていく妖精のようなセブダイエ。セブダイエというのは「幸福」という意味です。お兄ちゃんのシュケルゼンという名前は「きらめき」という意味だそうです。

写真は雪が降ってきて、子供みんなが表に飛び出して口をあけ雪を食べているところです。

シュケルゼンは、学校がとても好きで毎日登校を楽しみにしていました。学校に行く前、友だちが来るのを待っている間に、学校に行く用意をして靴を磨きます。最初に行った頃は学校はもちろん閉鎖されていましたが、二度目に行ったときには開校していて子供たちが通うようになっていました。

シュケルゼンの大好きな学校というのはどういうところか見てみたいと思い、いっしょに行ってみることにしました。行ってみて驚いたのは、椅子がなく子供が中腰で立ったまま授業を受けていることでした。机も傾いているけど、子供たちは授業を受けるのが楽しくてしようがないという感じで一生懸命授業を受けていました。

子供たちのお母さんはサニエといいます。お母さんがちょうどその頃生まれたばかりのミルサデという女の子の赤ん坊を抱いているところです。ミルサデというのは「幸運」という意味です。戦争の中で生まれたので幸運に生き抜いてほしいという思いをこめて付けた名前だそうです。

雪が降り、あたりの畑は一面の雪の大地です。とても豊かな大地ですが、冬は意外と寒くて雪が降ります。

ザビット一家の家づくり、進行中

三年ぶり二〇〇三年にコソボを訪れたとき、セブダイエは八歳になっていました。金髪だった髪がかなり黒い茶色になっていて、最初はセブダイエだとわからないほどでした。アフガニスタンにも子供の頃は金髪の子が結構いるのですが、大人になるに従って髪の色がだんだん黒くなっていく例がよくありますが、セブダイエもまさに髪の色が金髪から黒くなりつつありました。三年ぶりのセブダイエは、ひょろっと背が伸び、とても大人っぽくなっていました。

兄のシュケルゼンは十歳になり、前よりもずっと大きくなりました。一家はトラックの荷台を仮住まいにしていたのですが、出入りは梯子《はしご》を使っていました。トラックの荷台というのは、夏はとても暑くて冬はとても寒い。冷暖房が逆になっている状態です。そこで一家九人が重なるように寝ながら生活をしていました。

トラックの荷台で食事をとっているところを見ると、戦争直後の食事とほとんど変わらない。とても質素な食事です。ザビットの兄弟たちはもう冷蔵庫を買い揃えたり、携帯電話をもっていたり、家族はそれなりに復興を果たしているのですが、ザビットだけは出会った当時の難民生活と変わらないような生活です。子供たちの着ているものは古着ですし、食べ物もそんなにたくさんなくて、お昼の食事もあっというまになくなるような状況です。それでも子供たちは不満をいわずに、一家の団欒《だんらん》というのか、いっしょに食事を楽しむさまがとても温かい感じがして、僕はとても好きでした。食卓にたくさんの手が伸びてきて、ヨーグルトとかピーマンを焼いたもの、あるいは古くなったパンのくずがあっという間になくなります。

僕が行ったときには、ザビット一家は家の建築にみんな大忙しでした。写真は家の中に入れる断熱材の発砲スチロールを次男のアルマンが運んでいて、セブダイエがそれを手伝おうと駆けて行くところです。

私はこの時は一か月いたのですが、その間に建築はすすみ、もう少しで完成というところまできました。前回にはおむつをしていたベジールも一丁前にセブダイエといっしょにセメントに混ぜる砂から砂利、小石を取り除くなど家づくりに参加していました。

家は最初はコンクリートの基礎をつくって、その上にブロックを積んで、その間をコンクリートで塗り固めていきます。どんどんできてきています。下の写真は、床の部分に敷くコンクリートを一輪車で運んできたベジールです。壁を塗る前のブロックを積んだところです。彼らを見ると、家づくりというのは実に簡単だなと思えてしまいます。自分でもできそうな気がしました。下にセメントを基礎として打ちますけれども、そのほかに柱、ブロックと鉄筋をいくつか巻いた柱があり、その間にきれいに垂直にブロックを並べていって、コンクリートを上から塗り、壁をつくればいいのですから。

これはいよいよ最後の仕上げが近づき、屋根に敷くための瓦をベジールがもって上がっているところです。

生コンクリートを運ぶベジール

ベジールは一番の腕白です。腕白なので僕もちょっといじめたくなるというか、からかうのがおもしろいので、ベジールが二階の家の屋根に続くはしごに登ったときに彼の足を引っ張ってみました。引っ張ったら歯をむき出してしかめ面をして怒ります。

仮住まいのトラックの中です。布団がたくさんありますけれども、その前でベジールがお父さんと紅茶を飲んでいました。ベジールはお父さん子です。お父さんにくっついてどこにでも行くのですが、お父さんの真似をするのがおかしいのです。毎週土曜日、お父さんは家畜市場に行って牛や馬を交換したりするのですが、そのときもベジールは、お父さんが後ろに手を組むのと同じ格好をし、肉の締まりを見るためだと思うのですが、お父さんが牛の尻を叩くと、後ろでその様子を見ていたベジールも、お父さんが行なった後に、同じようにピタンと叩いてみたりする。この紅茶を飲んでいたときも、本当にお父さんとそっくりな身のこなしで、立てひざを立てる様子も本当にそっくりなのです。

このときはちょうど夏休みだったので、家づくりを子供たちも毎日、手伝っていました。お父さんのザビットももちろんいっしょでした。セブダイエは、お父さんに瓦を運んでいました。

家が少しずつできてきて、壁も塗られて、その前でセブダイエとシュケルゼンがおどけて踊っていました。家は二間しかありません。それでもこの一家にとっては、トラックの荷台で仮住いをしながらずっと待ち望んだ家ですから、できあがりつつあるのが楽しくて楽しくてしようがないという感じがとても伝わってきました。

八人目の子供の誕生、完成間近の家

お母さんのサニエはお腹《なか》が大きかったのですが、私が訪れて十五日くらい経ったとき、「今日生まれそう。病

新しい家の窓から飛びおりるセブダイエ

院に連れて行ってほしい」といい出して、あわてました。私は州都プリシュティナから車で通っていたので、その車で病院に連れて行ってほしいというのです。僕はすぐに、お母さんを病院に連れて行って入院させました。行く直前までお母さんは、洗濯をしたり、料理をつくったり、掃除をしたりしていたのですが、病院に行く前に、セブダイエに洗濯物をちゃんと取り入れること、そしていない間の食事をつくるように、ときちんといって家を出ました。セブダイエは本当は遊んでいたかったのですが、仕方なく、ストーブでピーマンを焼き食事をつくり、お茶を沸かしていました。

すると、その日の夕方、本当に生まれてしまいました。お父さんのザビットを連れていっしょに病院に行きました。生まれた子供を見せているサニエを撮りました。サニエはこのまま退院しようとしたのですが、血圧が高いので一泊はするようにと医師に止められて、その晩は泊まりました。その翌日にはもう退院して、家の掃除、洗濯を始めたのです。本当に気丈なお母さんで、驚きました。サニエに聞いたのですが、八人の子供たちのうち、最初の四人までは全員自分一人で取り上げたというのです。今はトラックの荷台の生活なので病院に来たらしいのです。写真は八人目の子供を見て、とてもうれしそうなザビットです。

この赤ん坊は男の子でしたけれども、翌日からトラックの荷台での生活が始まりました。セブダイエとシュケルゼンは、子守りをしたりキスをしたりたいへんでした。いとこがたくさんいますから、子供が生まれたというので近所に住んでいるいとこたちが次々とやってきて、みんな汚れた顔でキスします。赤ん坊にばい菌がうつるのではないかと僕は心配したのですが、赤ん坊は結構強いらしく、大丈夫だったみたいです。

次は、家ができあがる様子を見て喜んでいるザビットとサニエの写真です。

「これが、家ができあがったところ……」といいたいのですが、実は私がいる一か月の間には家ができませんでした。仕方なく窮余の策として家族全員に家の前に立ってもらって写真を撮ろうと思いました。というのは、せ

完成間近の家の前でのザビット一家——2003年

っかく行ったときに家づくりをしていたので、一家がトラックの荷台から新しい家に引っ越すところまで撮れば一つのとてもいいストーリーが完結すると僕は思っていたのです。それを期待していたので、ザビットにも、「ちゃんと私がいる間に家に引っ越しできるように建ててね」と何度も頼みました。ザビットも「大丈夫、大丈夫」といっていたのですが、二十日くらい過ぎても遅々として進んでいなくて、「大丈夫？」と聞いたら「うーん」という返事になってきました。間近になりましたら「もう無理だ」という話になりまして、悔しかったのですが、「あと一週間か二週間かかるな」ということで、引っ越しは撮れなかったのですけれども、生まれた子供も含めて八人の子供を含む家族全員で記念撮影をしました。

「物はなくても家族がいれば生きていける」

ザビット一家というのは、写真からも感じてもらえたと思いますが、とても明るい一家です。もう一つの家族、イメールさんの一家は、戦乱の中で家が焼かれて、すべてを失ってショックが大きく、なかなか立ち直れなかったんです。どちらもやはり同じようにすべてを失いました。違いといえば、イメールさんは隣の国に逃げ、ザビット一家は近くの山に隠れていたというだけで、どちらも、もどってみたら家が燃えていてすべて盗まれていたのは同じです。同じ状況でも、家族によって立ち直るスピードも色合いも違うんだなと思いました。

コソボではアルバニア系の人の八割近くが家に火をかけられたといいます。たくさんの人が家を失ったのですが、ザビット一家は「本当に家が焼かれたの？」と思うくらいの明るさ、たくましさがありました。初めて会ったときから子供たちが走りまわっていて、着ているものはお兄ちゃんのを着ていたり、靴もなかったりとたいへんだったんですけれども、信じられないような元気さでした。「なんでこの一家だけ他の家族と違うのだろうか」

と僕は彼らを撮りながらずっと思っていました。

私が会ったとき、実は彼らは山を下りて一週間目でした。山を下りてみると、すべてがなくなっている。子供たちはノートも鉛筆もおもちゃも焼けて、お父さんたちはもちろんビデオやら洗濯機、冷蔵庫などすべてがなくなっている。すごいショックでみんな泣いたそうです。でも一週間たったら、とても家が焼けた家族とは思えないくらいで、その屈託のなさに驚きました。僕はそこにひきつけられるように彼らの写真を撮っていました。

そして、帰る間際に家族にインタビューしたのですが、お母さんのサニエは、「物はなくても家族がいれば生きていける」といったのです。それがこの一家の姿を象徴する言葉でした。物は確かにないけれども、こんなにも明るく、こんなにもたくましく一家が生きている。そしてサニエがいうとおり、家族みんなで支え合って生きている。この一家にとっては家族が無事でいたこと、そして今こうして元気でいることがとても素晴らしいんだろうなぁと思いました。

夢見がちなザビットは子供たちにとって居心地の良い父親

一家を見る目が、二度目三度目と行くたびに、僕の中で少しずつ変化しました。

三度目に行ったときには、まわりの兄弟たちはすでに冷蔵庫を買ったり、携帯電話をもっていたり、家の中もとてもきれいにしているのに、なんでこの一家だけ貧しいのかなと思いました。

まわりの兄弟たちは「お父さんのザビットが怠け者だからだめなんだ」というような言い方をするのです。よく見ると確かに、ザビットは家をつくっていてもすぐビールを買ってきたり煙草を買ってきては、大工さんにわざわざ「休め休め」といって、いっしょにビールを酌《く》み交わしてみたりして脳天気なわけです。大工さんはいとこなのですが、彼らとの雑談でも、ザビットが「今度はベンツが欲しいな」とかいってしまうので、シラーッという空気が漂ってしまうわけです。「ザビットはいったい何をいっているんだろう、自分の家もつくれずにNGOの助けを得て家がやっとできたのに、そして仕事もないのに、なんで車を買う話なんか……どこからお金がでてくるんだろう」という反応でしょうか。それでもザビットは、遠くを見るような目で、「車を買って子供たちを乗せて……」といって、僕から見ても、兄弟の言葉ではないけれど、極楽トンボなのかなって思ってしまうのです。

でも、じゃあ一家は、こんなお父さんを子供たちはどう思っているのかなとじっくり見ていると、子供たちはお父さんのことをとっても好きなのがわかるのです。僕がサッカーのボールを買ってもって行ったら、子供たちは当然ずーっとそれを蹴りまくって、最後にはパンクしてしまって使えなくなるほどでしたが、お父さんもいっしょにサッカーをやっているんです。野原が広がっていますから、サッカーをする場所はふんだんにあります。また、僕が竹馬をつくって子供たちに教えると、お父さんもいっしょに竹馬に乗ってる。本当に何か仕事探したほうがいいんじゃないかなと僕は思うのですけれども、子供のようなお父さんなんです。

ザビットに「子供たちの将来をどう考えているの?」と僕が質問すると、「シュペント(十四歳)はメカニックが好きだからメカニシャンがいいんじゃないかな」と答えました。メカニックといいましても自転車を直したりするくらいなのですけれども、自転車を直すのは得意だからメカニックの技術者がいいんじゃないかなというので、僕は苦笑してしまいます。牛を追うのが得意な子供で、僕が学校までついて行ったシュケルゼンは、毎朝、牛を放牧するのですが、「そのシュケルゼンはどう?」と聞くと、「シュケルゼンは人の面倒を見るのが好きだからホテルマンなんかどうかな」といいます。「じゃあ、セブダイエはどう?」と聞くと、セブダイエはまだ小さいから、今学校で一生懸命勉強しているので、これから自分の好きな道を探すだろうといいました。ザビットはお父さんとして最高だなぁと思いました。「こうしろ」とか「こうなってほしい」とかよりも、「こういう良いところがあるから、それが伸びればいいかな」という優しさをもっていて、それを子供たちが感じるのではないかなと思いました。だからすごく理想的なお父さんですよね。食べ物もないし、着ている物も良い物ではないのですが、どこか温かくて、居心地がいい。

そしてその夢見がちなお父さんをやさしく見守り、支えているのが妻のサニエです。喧嘩すると結構怖いらしく、子供に聞くと「お父さんは全然頭があがらないよ」という話をしていました。僕がいるときには喧嘩がなくて、サニエは、お父さんが何か脳天気なことをいっても怒ったりせず、「あんた働きなさい」とかいわずにニコニコしているわけですが、そういうのはとてもいいなと思います。八人目の子供が生まれて、僕がサニエに「また生むの?」と話をしたら、サニエは「もういいかな、もう八人も生んだからいいかな」というんです。そしたらザビットは「いや、僕は百人生んでも大丈夫」といいます。あんたは大丈夫かもしれないけど、お母さんはたいへんだろうと思ってしまいました(笑)。「百人生んでも僕はちゃんと育てる」という意味だと思うんですが、このお父さんは、何か浮世離れしているというか、現実離れしているんですけれども、憎めないんです。

最後の記念撮影の日は、僕が帰る日で土曜日でした。シュケルゼンは朝早くから放牧に行かなくてはならない。「家族全員がいないとダメだから、みんな集まってよ」と僕がいったので、そのときはシュケルゼンは牛を他の子に預けてくれました。お父さんは毎土曜、ベジールといっしょに家畜市場に行ってしまうので、早く帰ってくるように釘を刺しました。ザビットは馬や牛を交換に行くのですが、一週間ごとくらいに極端に家の牛や馬が変わっていて驚いたことがあります。男の人は市場の酒場で一回座るとなかなか腰が上がらないので、「ザビットが家畜市場に行って遅くなったらまずいよ、僕はもうお昼にはここを出るんだから」というと、ザビットは「大丈夫」というけれども、僕はちょっと信用できない。そしたらセブダイエが「お父さんはビール一本しか飲まないからちゃんと帰って来る」、横からシュケルゼンも「大丈夫、ちゃんとお父さんは約束守るから」というんです。子供たちがお父さんをかばっているのです。この一家といると本当に気持ちが温かくなるというのは、そんな親子の心の交流のようなものを感じるからです。

私が撮りたいもの——リアルな、肌ざわりのある体験の大切さ

この一家は、人が生きるのに何が必要かということを教えてくれました。僕は戦場などを取材していていつも思うことがあります。人が生きるのにいったい何が必要なのだろうか、あるいは何が支えとなっているのだろうかということです。人間というのはもろくて、弱い存在だと思うのです。愚かでもあります。でも支えてくれるものがあるとき、初めて人は強く生きていけるのではないかなと思うのです。戦乱ですべてを失った一家ですけれども、家族というものがお互いに支えあっている。だからこの一家は何か本当に心の奥が満たされるような幸せの中にいるのではないかなと思いました。

最初のテーマにもどると、この一家はみんなで家をつくることで、家族の絆《きずな》を確かめているると思うのです。一つの夢に向かって家族みんなが汗を流してまとまってやっていくということが、一家の生きるリアリティーというか、それを体験できる貴重な場となっているのではないかという気がしました。食べることも、彼らは畑でつくってそれを自分たちで料理して食べるのですが、食べることと住むことを自分たちでやっていっているんです。今の時代は、疑似《ぎじ》体験の時代というのでしょうか、テレビで外国のことを見て知ったような気持ちにもなれるし、グルメ番組ですごい料理を見て知ったりすると、他の世界と比較して、自分は貧しいと思ったりしてしまう。生きていくうえで本当に必要なのは、手触りというか、物に触れたり、もちろん心に触れるということも含

建築中の家の前でうれしそうにほほえむザビットと妻のサニエ

めて、実際の体験というのがとても大切なはずで、そこにささやかな幸福を見いだすこともできるわけです。それはこの一家に限らず、世界中で、僕たちから見ると劣悪な環境の中で生きているように見える人たちが、表情が幸せそうだったり、美しく見えたりする経験が僕の中ではたくさんあるんです。僕はそういう人々に出会うことで、僕たちにないもの、見失ったもの、あるいは普段気がつかないでいるものを感じることができるんです。それを写真に撮りたいと私はずっと思ってきたのです。

ジャーナリストというのは「世界」とか「社会」とか「地球」とか、そういう大きな言葉を使いがちですが、それはあくまで抽象的なものだと思うのです。宇宙に飛び出せば地球が見えるかもしれないが、地球や社会は一枚の写真に写らないわけです。写真に写るのは、目の前にある、あるいはそこにいる一人の人間だったり、一つの出来事でしかない。僕たちはどうしても高見に立って概念的に地球とか社会とかいう言い方でくくりがちですが、それを実際に感じるためには、もっとそれを構成している一人ひとりの人間とか、一つひとつの出来事をまず知ることが大切だと思います。それをよく知らずに、その総体としての地球とか社会をいっても、実感がなく、僕たちの中をスーッと通り過ぎてしまうと思います。

ただ今の世の中というのは、地球や社会の動きを知らないと、インターナショナルではないとか、遅れるぞとかいう話になる。英語にしてもコンピューターにしても、国際化の象徴として大切だということがいわれるのですが、しかし、もっと根本にある人の喜びだったり悲しみだったり、さっきいった肌触りだったり、いろいろなものがなければ、あるいは感じることができなければ、国際化という言葉も空虚に響きます。そういう人間の根幹をもっと感じることが、世界というのをひとつかみにはできないけれども、世界の一端を確実につかむことにつながるのだと思います。

ですから僕は記者ではなくてカメラマンで良かったと思います。文章で書くとどうしてもそういう大きなことに話が飛躍しがちなのですが、もっと目の前にあること、そして目の前に生きている人、それを自分の間近な存在としてリアルに感じること、それがイコール僕にとって生きている、あるいは今の時代を生きているという実感につながっているのです。

「彼らにとってもここは故郷なのだ。だから帰って来ていいんだ」

僕がこの一家から感じたことは「希望」という言葉だったり、「愛」という言葉だったりします。それはフレーズとしては使い古された言葉かもしれないし、希望とか愛は人によってとらえ方が違うわけですが、人が生きていくうえでとても大切なものだと思います。何も外国に行ってザビット一家と出会わなくても、私たちは自分のまわりで愛とか希望というのは見つけられると思うんです。そして自分たちのまわりでそれを見つけて、ザビット一家の今の生活とか、彼らのおかれている現実を感じとったり、世界のさまざまな人たちとどこかでつながる基礎ができると僕は思います。

政治家が世界だ平和だといいますが、そんなのは状況が変わるとパッと消えてしまうような言葉です。それはただ抽象的に漠然といっているにすぎないからです。だけど僕の中では、コソボのあの大きな道路から横にそれる村の道をずっと入っていくとザビットの家があって。そこにはザビットと彼の家族九人がいっしょに生活しているんだということがあって、はじめて僕の中でコソボという地名がリアリティーをもって起き上がってくるのです。

先ほど、ザビットのことを夢見がちだとちょっと小バカにしましたけれども、僕が三度目に行ったときには「あなたはオレの兄弟のようなものだ」といってくれました。「今はトラックの荷台だから泊めることはできないけれども、今度は家ができるから私の家に絶対泊まってくれ」と。それだけで、私はうれしくなり、彼との壁や国の違いを感じなくなるのです。

僕が最初に行ったときに、それまでの出会った人がみな、戦争相手となったセルビア人を恨んでいて、ザビットもそうかなと思っていました。もちろん戦わなかったセルビア人もいるのですが、セルビア人に対して今度はもどってきたアルバニア系の人が弾圧をする。そこにいられなくするというようなことがありました。それでわずかに残っているセルビア人やジプシーの人が出て行かざるをえないような状況になっていて、民族間の憎悪が膨らんでいた時期だったのです。多くの人が、自分の家族、親類、そして家を焼いたセルビア人とはもう暮らせないといいました。彼らにはもうこの国からは出て行ってほしい、彼らとは口も利きたくないという人がほとんどだったわけです。

でもザビットに「ザビットはどう？　セルビア人は憎いと思っている？」と聞いてみたとき、彼は「セルビア人でもここで生まれた人、ここに家のある人たちはここに帰ってきていいんだ。彼らにとってもここは故郷なのだから。戦争やったのは一部の政治家だ。彼らは違う」というんです。それを聞いたときに「この人はすごいな」と思いました。ただ人がいいとか夢見がちなお父さんではなくて、芯は人間的にとてもしっかりした人なんだと思いました。こんなお父さんをもてる子はいいなぁと思いました。

ザビットという人は、さまざまな知識、政治状況や世の中のニュースは知らなくても、人が違う人と共に生きていくために本当に一番必要な大切なことをしっかりわかっている人なんです。そういう人が僕は本当のインターナショナルな人だと思うのです。コンピューターができようが、その国の言葉ができようが、そういう気持ちのない人は僕はインターナショナルだと思わないのです。このザビットの心根というか、生きていく姿勢があれば、どんな人とでもつきあっていける。そして先入観なくいろいろな人と共存していけるのだと思います。

メディアが取り上げない普通の生活への共感と、そこにある希望

ザビットのような人たちが地球のあちらこちらにたくさんいます。メディアというのは激しい戦争とか僕たちとは違う部分を描きがちで、そうすると僕たちは驚いて、「うわっ」と思うけれども、逆にいうと、映画のようだったりテレビの一シーンのような違う世界のことに思ってしまう。日本では戦争がないから「あっ、戦争やっている地域の人はたいへんだけど日本は平和で良かったな」で終わってしまう。遠い世界のこととして押しやる傾向が生まれてしまうのではないでしょうか。

新聞・テレビがあまりにも静かすぎて伝えていかないところ、彼らの普通の生活、実はそういうところにこそ僕たちが心を寄せられる、共感できるものがあるのだと思います。人として同じ思い、家族をもつ者としての思い、そういうものが実は伝えるべき大切なものだと僕は思います。

いまだにコソボは対立が残っています。新聞を見ると、セルビア系とアルバニア系の対立があるということがたまに出ています。大部分の人が、マスメディアが報じるように、そういう対立の心をいまだにもっているのも事実でしょう。

だけど一人でも、ザビットのように温かい心をもつ人がいるということをふっと思い出してほしいのです。新聞・テレビでは、コソボの未来はたいへんだというけれど、ザビットがいるではないか、そして彼のように考えられる人がいるではないかと思うと希望がわいてきます。あのザビットのような気持ちは、エネルギーでいえばすごいプラスだと思います。人を憎んだり恨んだりというのはマイナスのエネルギーです。もちろん人は家族を殺されれば相手を憎みますが、人を憎むということは自分も疲れ心がすさんでしまうことです。相手を憎むこと

でトゲトゲしくなっていたり、自分自身が悲しく思えてくることがあります。

いろいろなことがあるけれども、誰もが心の奥では、人とできれば仲良く暮らしたいと願っていると思います。その気持ちを掘り起こすような報道が少ないと思います。世界の人とつながっていきたい気持ちというのはとても大切なプラスのエネルギーで、ザビットの意見というのは、時間が経つにつれ人の心に広がっていくたぐいのものだと思います。メディアがザビットのような考え方を伝えなくても、僕は彼がいることだけでもコソボの未来を信じたくなるのです。

Q & A

──お話をお聞きして、幸せってなんだろうと、改めて考えなおすことができたと思います。そしてまた絶望と希望というのが背中あわせにあるのかなというようなことを感じました。長倉さんがザビット一家のような被写体に向かった背景は、親しく近くで撮影しておられたマスードの暗殺や、九・一一テロと関係があるのですか?

長倉：このザビット一家に最初に会ったのは一九九九年で、マスードが暗殺されたのは二〇〇一年の九月九日ですから、もうその時にはこちらの取材は始まっていました。ただ気持ちとしてやはりマスードの暗殺というのが僕の中ではすごく大きな出来事でした。マスードがテロで死んでなければ、九・一一を身近に感じられなかったかもしれません。これだけ情報・映像化時代でも本当に起きていることをなかなかリアルに信じられない時代だと思います。皆さんもビルに突っこむ映像を見て、とても信じられない気持ちをもったと思うのですね。

ただ僕の中では、この米国の同時多発テロ前後の一連の出来事で、テロによって自分の親しかった人が死んだということがすごく大きなことでした。たとえばワールドトレードセンターのビルの中に日本人もいましたけれども、その方の家族というのは、当然テレビで見ていた人とは受けとり方が全然違ったと思うのです。「信じたくない」「そこにいてほしくない」「どうしたらいいのか」と、一般の人の受けとり方とは全然違ったんだろうと思います。

マスードがテロで倒れたことで、僕の中でテロというものが心底から憎むべき対象になったのは間違いないと思います。テロ以降、世界が反テロ闘争につくのかつかないのか、敵か味方かという物言いが主流となり、ブッシュ大統領はじめ日本もそれに応じる形で二極化して見ていくようになって、中間色がないというような状況です。日本も今までみたいに中間色では許されない、貢献と称して自衛隊を出すようにしなければいけなくなった。そのために、日本だけでなく世界的な意味で、本当に何か息苦しい世界になってしまったと思うのです。

テロリストがアメリカのやり方がよくないといっているのも一面では真実ですが、罪のない人を巻きこむということでは、彼らの行為もアメリカがやっていることと同じなのです。アメリカが民主主義のために民間人を巻きこんでもいい、あるいは人が傷つくことがわかっていても戦争をやるということと、テロリストが大義のためにやるということはある意味で裏返し、コインの裏表だと思います。

僕はコインの裏表ではないところで世界を変えていかないといけないと思うのです。僕自身もどうしたらいいのかわからないのですが、先ほどいいましたように、生きていくうえでいろいろな人々へ思いを寄せたり、今の時代をどう自分なりに感じるかということだったりするかもしれません。それはとても抽象的な言い方ですが、実はとても大切な第一歩だと思います。

マスードがテロで倒れて以降、僕自身も羅針盤を失ったような気持ちになったのは事実です。だけど、今日話したザビット一家もそうですが、いろいろな地域で生きる人を見ることで、僕ならではのテーマがわき上がってきます。写真家にとってのテーマというのは、もちろん頭で考えるテーマもありますけれども、これを撮りたいという自分の中に沸いてくる衝動のようなものであって、言葉ではないのです。僕が撮ってきた写真が、自分がどこに向かっているかを見せてくれます。アフガニスタンの難民キャンプ、エルサルバドルのスラム、戦争によって瓦礫の山となったパレスチナ、ボリビアの鉱山の町、ブラジル・ベネズエラ国境地帯での破壊されつつある森林地帯など、破壊された環境での暮らしを生きる人々を撮影したのも、同様です。

――現在のコソボ自治州というのはセルビア・モンテネグロの中の自治州で、国連の全統一化の働きかけが行なわれていますね。民族、文化の異なる地域で、国連主導のやり方だけでよいのか。独立か統一かは本来そこに住む住民の人たちが決めるべきことです。私自身は外から見ていてコソボの独立はやむをえないのではないかと感じていますが、現地で直接人々に触れてこられた先生は、どのように感じておられますか？

長倉：コソボに住んでいるアルバニア系が九割ですから、そのほとんどは独立したいという気持ちです。ただ十パーセントがセルビア系とロマ（ジプシー）の人です。そういう人たちをどうするかということが当然問題となります。「民族自決」は、多数決でいえばアルバニア系の主張を認めてそれでいいのですが、やはり少数派を切り捨てていいのかという問題があります。ヨーロッパもそうですが、世界中、民族がモザイク状に分布しています。本当に一つの民族だけがその地域に百パーセントというところはもうないと思います。

特にコソボは元はオスマン帝国でした。オスマンは民族で人に差異をつけなかったのが特徴です。イスラム教徒でなくても寛容でしたし、ギリシャ系であろうがマケドニア系であろうがセルビア人であろうが、優秀であれば当時の首相になれた。国王はいますけれども、実際の行政のトップにはなれた。民族で人を区分けせずに、才能のある人をその中から集めるというい側面があったのです。

ヨーロッパがそのイスラムオスマン帝国の領土を解体しようとしたときに掲げたのが「民族自立」という主張なのです。それぞれの民族が独立すべきだといった。当然ヨーロッパには野心があってそれを押し進めたのです。オスマンの帝国内は民族モザイクになっていましたから、ボスニア・ヘルツェゴビナ紛争の場合も、クロアチア人も含めてセルビア人もムスリム人もいて、お互いが争うことになりました。民族自立で割り切れれば一番問題はないのですが、周辺国の野心も加わってさらに複雑になります。インド・パキスタンのカシミールをめぐる対立も南アフリカのアパルトヘイトも、さらにパレスチナの問題もそうですし、欧米が自分たちのことだけを考えて、その国を植民地化したり、各民族の対立をあおった結果がいま地球上にたくさん残っていて、今も問題が続いています。民主主義という美名だけでは割り切れないものが世界を動かしてきたということです。

最初にもどると、ヨーロッパとしても、大部分の人が独立したいのですから民主主義としては認めてあげたらいいではないかということになります。しかし、一つの州の中でマジョリティーだといって独立させていいのか、させたらある意味で今の体制がもう本当にぐらぐらになってしまう。国連としてはできるだけセルビアの意見を聞きながら、なんとか自治州に留めておきたい。国家として認められないというのはたぶん本音だと思います。これからの交渉でどうなるかわからないですが、そこの駆け引きがあるはずです。セルビア内にいてセルビアにあらず、というような大きな自治権をもたせるのかもしれません。チベットなども中国の力の前では本当に一つの自治区になってしまいました。今のダライラマの著書などを読んでいると、独立というのはもう無理だろうとも思っているようです。言葉だけの自治じゃなくて、どのくらい自治権をとれるかという、たぶんそういう闘争にいくのではないでしょうか。

悲しいかな、現実にはやはり民族対立をあおる人たちがいる。実際にあった事件ですが、アルバニア人の子供が川で溺れたときに、あれはセルビア人がやったんだという話がどんどん膨らんで、セルビア人を襲うということが起きました。普段は仲良くしていても、そういうときに不満に火がついて民族の違いのせいにして対立が深まる。それは日本の歴史を見ても、戦争中に似たようなことがあった。大衆心理というのが現実にあると思います。

ただ現実に厳しいことがたくさんある中で、先ほどもいいましたけれども、僕が出会った一家のことを思い浮かべたときに、もうちょっとこうしたらいいんじゃないかとか、こういうように思えたらいいのかなとか、自分なりにいろいろ考えています。メディアが決して伝えないものこそを大切にしたい。

――カメラを通したワークをなさっている長倉さんにとって「環境」とはなんでしょうか。少し短い言葉でまとめていただけないでしょうか。

長倉：衣食住もそうなのですが、やはり人との関係というのが環境の中で衣食住に劣らぬ大切なもの、人とのあり方、距離感だったり関係だったり、そういうものではないかなと思います。だから衣食住プラス人との関係があってはじめて環境が成り立つ。どれが欠けても、どんなにすごい家で食べ物が溢れていても、絶海の孤島で一人だったらやはり寂しいと思うのです。もちろん人と出会ってがっかりすることもありますし、とてもうれしいこともある。これだけどうして人が地球にいるのかなと思います。できれば人と出会うのが煩わしいから出会わないですむほうが便利だと思われがちです。確かにそれは楽で、そして出会いはたいへんなんだけど、その分うれしいこともあります。人との関係を排除すると、深い喜びもなくなってしまうような気がするのです。一言でいえば、やはり人だと思います。人との出会いだったり、人との在り様《あよう》だったり、そして地球だったら、多くの人がどういっしょに生きていけるのかということもすごく大きなことで、それは自分の隣にいる人、自分のまわりにいる人とまずあなたはどう生きるのか――というところから始まると思います。それが環境という言葉に連なる第一歩だと思います。

2-4

希望の美術、協働の夢

アート・ディレクター　北川フラム

【プロフィール】きたがわ ふらむ／一九四六年新潟県高田市（現上越市）生まれ。名前の「フラム」は本名で、ノルウェー語の「前進」の意。東京芸術大学卒業。アートフロントギャラリー主宰。主な企画に、「子どものための版画展」「アントニオ・ガウディ展」「アパルトヘイト否！ 国際美術展」など。街づくりの実践では、米軍基地跡地を文化の街にかえた「ファーレ立川アート計画」、新潟県十日町市を中心とした地域活性化プロジェクト「越後妻有アートネックレス整備構想」の総合ディレクター。同構想による「大地の芸術際　越後妻有アートトリエンナーレ二〇〇〇」は、ふるさとイベント大賞グランプリ受賞。長年の文化活動により、二〇〇三年フランス政府より芸術文化勲章シュヴァリエを受勲。

グローバリゼーションと都市衰退の流れ

私は長い間美術にかかわってきました。その視点で現代の社会を見ると、いわゆるグローバリゼーションの弊害を感じずにはいられません。世の中のすべてがある同じ方向に向けて動き出している――これが世界の流れとなっています。

日本の都市についてみても、現代の傾向として、ある拠点をみつけ大きな開発をして、そこにあらゆる情報を入れこみますが、別の拠点にそれよりもっと大きな資本が出てきてもっとたくさんの情報を集めると、そこに人が移動する……そういうことを繰り返しています。その顕著な例が博多の町です。とにかく当時としては日本で最も進んだ形のブランドショップを誘致しましたが、それが今では見る影もありません。この失敗を日本はやり続けているわけです。

たとえば、銀行も、どんどん大きな銀行になっていきながら、合併するのとつぶれていくのが出てくる。あるいは、日本の家電も、二社しか保《も》たないだろうといわれています。つまりこのように、グローバリゼーションというのは、最も効率がいい（といえば聞こえはいいが）、最も儲かるところをねらう。今までは、それぞれに特色ある動きがあってもよかった。しかし、現代はお金が儲かるところに株主は行きますから、他はつぶれるということになってきました。

経済だけでなく、社会システム、生活のシステムまでも一元化、均一化していこうというふうに動き出している。これが世界の流れです。

二十世紀の理想――「都市」と「民主主義」の終焉

二十世紀の理想は、一つは民主主義、もう一つの理想は都市にありました。二十世紀の理想を実現したものには、建築でいうと、ミース・ファン・デル・ローエの考えたユニバーサルで均質な空間があります。それは鉄骨と、たとえばカーテンウォールといっていますが、ガラスブロックなどのガラスでつくる。そういった高層ビルというのは効率がいいわけだし、このような建物は常に、オフィスにもなるし、ホテルにもなるし、アパートにもなるし、お店にもなる。間仕切りを変えればいろいろ使え、こんな便利なことはないだろうといわれてきました。これが簡単にいうと、二十世紀の建築の理想でした。

美術も同じで、たとえばある美術の作品は、ヨハネスブルグでも、横浜でも、ニューヨークでも、三鷹でも同じように見えるのは本当に良いことであるとされていました。それによって、世界中の美術館やギャラリーがホワイトキューブになりました。だから作品が場所によって違って見えないことのほうが民主的であり、いいことだということになってきたわけです。そういう動きが美術でも始まった。つまりそれが二十世紀の一つの理想でした。

ところが美術そのものに限っていうと、たとえば美術館の「指定管理者制度」という言葉を聞きます。もっと儲けなければいけないということです。いろいろなものが同じように見えるということの前では、その美術館自身のスペースが坪いくらであるかという形で考えざるをえなくなります。これが今の資本主義の一つの行く末になってきました。ですから今や、指定管理者制度により、美術館の中身ですら一番安いところに運営を任せるということで、警備保障会社か清掃会社が運営を受託するケースが多くなっています。つまりお客が入館して来ないものだから、どうせ来ないなら安く運営したほうがいいというのが、今の日本の政府や業者が考えることなのです。とにかく安いところがいいということです。そうなると清掃会社や警備保障会社が受けもつようになって、中身の話は消えてしまいます。そういう中でアーティストたちにとって美術館も万能ではなくなっている。僕は美術館は好きですし、否定するものではありませんが、万能ではない。美術館自身の根拠が崩れているということで、いろいろなアーティストはいろいろな場所に出て行くようになりました。

さらにいいますと、二十世紀は都市の時代ですから、都市に理想がありました。しかし都市の理想というものは崩れてきました。一九九五年の阪神・淡路の大地震では、日本で最高の街だといわれていた神戸が無惨な姿となったことは象徴的でした。

パブリックアートにみるアーティストの復権

さらに、グローバリゼーションの流れは、一九六〇年ごろのアンディ・ウォーホールの活動あたりからアーティストに甚大な影響を及ぼし始め、さらに一九八〇年代からグワーッと出てきましたが、本当にみんなそれにやられていく。そうすると気息奄々《きそくえんえん》と非常にマイナーなところで活動をしていたアーティストの仕事に意味があるのではないか、とみんな気づき始めるわけです。都市の時代といってもせいぜい百年、あるいは五十年ではないか……。今、物質的世界でワーッといっていることのほころびが一気に出てきています。もっと違うことがいろいろあるのではないか、そういうことをアーティストは細々とやってきた。その細々とやってきたアートというのは、逆にこれだけの時代になってくると、確かに自然と人間をつなぐ、社会と人間、あるいは集落と人間、それだけではなくて人間と人間をつなぐ相当意味ある働きをもつのではないかと思うわけです。それを今日は具体的な例でお話ししたいと思います。

【ミネアポリス、シア・アルマジャーニの「橋」】

ミネアポリスに、シア・アルマジャーニという人が設計した橋があります。この橋全体の中に一部茶色っぽい部分があります。これは人間二人が歩けるだけの幅しかない歩道、キャットウォーク（「猫が歩く」という意味の高いところにある狭い通路）です。また、橋全体は、道路の両側を結びつけるものとなっています。日本でもそうですが、駅や多くの車線の道路を挟む両側の地域は、仲が悪いですね。発展の段階も違えば、考え方も違ってくる。このミネアポリスの例は、大きい道路が何十本も走っている。この道路の南北が非常に仲が悪い。そのことが街の発展をとめているのです。このことの解決策のコンペティションをやりました。そこでシア・アルマジャーニがこういう橋を出したわけです。そして、これを選んだ人たちがいるわけですが、行政から大反対が起きました。あるいは一般の人も多くが反対した。理由は、「人間二人だけが歩く橋にこんなお金をかけて造るのは絶対よくない」ということでした。これは当然反対が出る話です。

それに対して「これこそ意味があるんだ」という人たちがいて、ミネアポリスをあげて大論争になりましたが、結局、反対を押し切って造りました。それに対して、喧々囂々《けんけんごうごう》みんなが文句をいった後、できあがった橋を見て「なるほど」と思う人たちが出てきた。この橋の後のミネアポリスの都市計画、まちづくりは極めてうまくいくようになった。これは歴史的なアートの力です。

では、なぜうまくいったか。見ての通り非常に美しい橋ですが、その根幹にあるのは二人しか歩けないというキャットウォークです。橋を挟んだ道の両側は仲が悪い。集団としてはけわしい顔をしてにらみ合っている。しかし一対一で、現実的にいえば、南から来た人と北から来た人がここで会うわけです。そのときに一対一だと人間はけわしい顔をしてはいられません。やはり普通の顔をするか、「やあっ」といってみたくなったり、にこっと笑ったりする。それが人間の自然であり、本能です。一回一回すれ違う機会をここでつくろうというのが彼のコンセプトです。そのためにこの橋をつくった。そういうことが実体験としてみんなわかっていくわけです。これがシア・アルマジャーニがやった仕事です。

【パレ・ロワイヤル】

パレ・ロワイヤルのパブリックアートも、大反対を浴びた作品です。パリのパレ・ロワイヤルといえば、日本でいえば唐招提寺、薬師寺クラスの歴史的建造物です。隣にルーブル美術館があり、年間五百万人を超える人た

ミネアポリス　シア・アルマジャーニの「橋」

ちが来る。しかし、パレ・ロワイヤルの歴史的建造物には、ほとんど誰も来ません。そのような状況を困ったことだとずっと思っていたようです。パリはご存知のように地下水道、下水道は非常に発展していますね。「レ・ミゼラブル」の中で、ジャン・バルジャンが追われて逃げるのも、ドイツナチスに占領されたときにレジスタンスが連絡しあって逃げているのも、この巨大な地下水道です。この下水道がパレ・ロワイヤルの大地の下にあり、下水道の整備が必要となった際に、この広場も直すことになりました。そのとき、ダニエル・ビュレンヌというアーティストが案をつくりました。当時パリの市長はシラクです。シラクはこの案が出てきたときに、「こんな縞々パジャマみたいなのは歴史的建造物の前ではまかりならぬ」といって拒否しました。これに対して、そこはフランスで、アーティストだけではなくて建築家、文学者、哲学者、ジュリエット・グレコという歌手まで含めて「シラクの決定はナンセンスである」とブーブー文句をいって、強引に説得してつくりました。

夜の光景も美しいです。この作品は三つの機能をもっています。一つは下に流れている下水道の上に人工の鉄橋をつくるための構造物、柱です。それと同時に低いのもあり、ベンチにもなっている。そして、夜は照明となっています。これができた後かなり多くの人たちがこの広場を見に来て、それと同時にここのパレ・ロワイヤルというのは歴史的に素晴らしい建物であるということがわかるようになった。このあとシラクは、ここがシラクの偉いところですが、「フランスは文化政策を一八〇度変えます。古い建物はやたらと壊すな。建築家やアーティストの手を入れよう、しかも国籍は問わない」ということで、本来壊すはずの学校、病院、お城、工場などにアーティストを入れて、古いものをもう一度活かすことをやり始めました。

【ワロンの食堂】

文化政策の一八〇度転換の一環として、僕の大好きな「ワロンの食堂」というのがあります。ワロンは、人口

パリ　パレ・ロワイヤル　ダニエル・ビュレンヌの作品

パレ・ロワイヤル　夜の光景

二百～三百人の観光客が訪れることもない非常に小さな町でした。他のフランスの村々と同様、中世のシャトーを中心に囲む造りの町です。「観光業をしたい。このお城に来させたい」という思いが町の人にありました。今は圧倒的人気で人が行っています。「ワロンの食堂」はラロックというアーティストがやっているものです。シャトーの暖炉のところには、お皿がかけられています。人がたくさん来ているにもかかわらず、一年に一回、「外部の人はお断り、ここに入ってはいけない」という日があります。その日に何をやっているかというと、ここに残っている百何十人の村人たち全員が集まって会食をしているのです。このお皿には、絵描きであるラロックさんが、ここの住民全員の横顔を描いているわけです。つまり、「自分は絵描きである、絵しか描けないぞ。その自分をここに活かすのにどうしたらいいか、横顔を描こう」と思い立ったわけです。この横顔を描いていく中で、ここの住民たちは「自分たちが先祖代々この町を続けてきたんだ、私たちはこの町を守らなければならない」そういうことを確認しあう会でもあるわけです。これは僕の大好きなパブリックアートです。つまり人に見てもらう。古い建物を活かす。なおかつ、コミュニケーションがもう一度始まるということをこの人はやったわけです。

【ドイツ、ミュンスター】

ドイツのミュンスターという人口四～五万人の小さな市があります。ここに赤白の縞模様の門がありました。私はいろいろな町でまちづくりをやるときに、可能な限り「すてき発見」というのをやります。たとえば、このミュンスターに、ある先生と生徒がいたと仮定します。少年の名はハーケ君。先生が「ハーケ君。私たちが住んでいるこの町で面白いものを探しておいでよ」といったら、ハーケ君がこういう赤白の門を探してくることがあるかもしれない。探すのも本当にたいへんです。階段の段差のところに何気なくある。ですから気づかないんです。しかも「オペラ座の怪人」のポスターが僕らが行ったときには張ってありました。ハーケ君が「先生、こういう

ミュンスターの門

ワロンの食堂 シャトーの暖炉の上にかけられた皿

のがありますよ」という。先生は「ハーケ君、これと似たものが、この町にないだろうか。探してきてごらん」という。ハーケ君は喜び勇んで町を回ります。すると赤白以外に、青白、緑白、黄白の門を見つけることができる。これは先ほどパレ・ロワイヤルの項で登場したダニエル・ビュレンヌというフランスのアーティストの作品です。先生が「この門はどうしてここにあるの」とハーケ君にいう。彼は図書館に行っていろいろ調べてみる。そうするとすごいことがわかるわけです。つまりナチスドイツがユダヤ人をはじめとしたお年寄りや、幼い子供たちを（他は働かせたりしているわけですが）全部集めて閉じこめた建物がここにあった。守衛が水などをを出し入れするそのドアの場所にこの門があったわけです。普段こんなことは知らなくていいです。しかし調べてみると、こういうことがわかる。つまりダニエル・ビュレンヌは町の仕切りをつくりながら、同時に歴史というものを忘れてはいけない、ということを表現したわけです。これも先ほど申し上げたように、美術というのは古い時間の底を引っ張り上げてくるという働きがあるということを示しています。

ミュンスターにはまた、石造りの家があります。ドイツですから農家も石でつくられています。八百年、千年の古い昔の農家です。この農家を公園に移築してきました。私たちはこの農家を見るときに間取りや素材に注目し、歴史的建造物として見ます。しかしここにキース・ヘリングというエイズで亡くなった天才画家が来ました。彼はここに来て左側の赤いアートを造りました。彼の見方は違っていました。彼は、この石造りの家を、歴史的建造物として見るのではなく、この建物が今ここに残っているということは、たとえば百年前にモモさんという人がいて、二百年前にハインリッヒという子供がいたかもしれない、という見方をするのです。モモさんにお兄さん、お姉さん、妹がいたかもしれない。お爺さん、お婆さんもいたかもしれない。その中では結婚式の喜ばしくも悲しいときもあったたし、あるいは学校に行って何か忘れてきて怒られたときもあったかもしれない。そのような喜怒哀楽がここにいたすべての人にあったはずだ。それが僕たちの知らないモモちゃんなり、ハインリッヒ

右の家の前庭にあるキースへリングの赤いアート

ミュンスターの石造りの家

なり誰でもいいのですが、そういう人たちのいろいろな記憶と思い出がこの建物にはあったのである。私たちはそういうことを今ここにあるものの中に見なければならないと。彼は「見なければいけない」というようなおこがましい言い方ではなくて、「ああっ」と思っただけです。そうしたらそのハインリッヒなり、モモちゃんだって犬など飼っていたかもしれないですよ、「彼らの楽しかった、悲しかった日常の伴侶としての犬というのをこの建物の傍にちゃんと置いててあげよう」と彼は思ったわけです。これは最高傑作の一つだと思うんです。

つまり今の美術というのは、あらゆることが均質になり合理的だといわれながら管理化されていく。そういう中で失われていくすべてが、効率という名前で処理されているわけです。今から二十年以上前五十人の社員を首にした社長は自分で退職しています。せざるをえなかった。だけど今二万人、三万人首にする社長が偉いといわれているし、こういう人が尊敬される人になっています。こんなことは僕は信じられないですね。今はほとんどが計量可能な中で、その合理性というものの中に解消されていっている。今の世の中は全部その方向になっている。しかしそのような中で合理化されない、計量不可能なものとして時間というものがあります。今いろいろなアーティストたちが、唯一計量できない時間というものをもう一度形にしようということをやっています。それがアートのもっている働きであるし、やらなければならないことだと思うんです。そういうことが今日の私の話の結論のようなものなのです。

「大地の芸術祭」の舞台、新潟の里山

では今、新潟の山の中でどういうことが起きているかということを具体的にお話ししたいと思います。新潟では三年に一回「大地の芸術祭——越後妻有《つまり》アートトリエンナーレ」というのをやっています。「アートトリエン

ナーレ」というのは三年に一回やっている展覧会のことです。これは名前を聞いたことのある方もあるかもしれませんが、まったくの口コミで二〇〇〇年に十六万人、二〇〇三年に二十万の人たちが広大な地域を歩き回りました。今もいつでも行けます。ただし、冬季は二メートルを超えた豪雪地帯です。場所は長野県と接するあたり。世界的にみて人口三万人以上いる場所としては、世界で一番雪が降るところです。しかも二〇〇四年の十月二十三日に地震があった。大地溝帯のはずれにあって土が振動しやすい。日本で一番の米作地帯であるこの地でいろいろなことが起きているわけです。

近代になりまして、日本で一番米を作っているところも、若い労働者は都市に出て行った。これはしようがない。日本は農業を捨てました。日本の食料自給率は今四十パーセントを切っています。先進国ではそういうところは他にありません。この地域は瀬替《せがえ》といって川をショートカットして、もともと水が流れていたところを田んぼにしている。あるいは巨大な棚田を耕作してそこで田んぼをつくっている。そのようにして先祖代々米を作ってきているところを、「もう米を作らなくていいよ、米作らないでくれればお金をあげるよ」といわれているわけです。お金を出されたら人間は手を出します。しかし自分たちが先祖代々、日本の他の人たちも含めてとにかく米で食っていくために必死の思いで棚田をつくり、瀬替をつくり、やってきた。それを国が捨てた。「米を作るな。作らなければお金をあげるよ」、という国、それをもらってしまう自分。こんな情けないことがあるでしょうか。こういう状況でここに住んでいる人たちは自分たちの誇りとリアリティーを失っていきました。

そういう中でアートに何ができるかということをやったわけです。場所としては、信濃川の最上流あたり、河岸段丘があり、鮭の上る川があり、ブナ林がある。このような環境は、縄文時代には素晴らしいところでした。そこでは豪雪すら獣を取りやすい、敵から自分たちを守りやすい条件になります。火焔型土器の、日本で最古の国宝がここで千点出ており、この地域の繁栄を物語っています。

気候的には、豪雪地帯です。米を作るにも、棚田をつくり、とにかくものすごい労力でやっています。そういう中でアートを使って何ができるかということなのです。先ほどいった地域の「すてき発見」ということをこういう中でやっています。ここではみんながいろいろな作品をもってきてやります。里山つまり稲作を通してやってきた風景、あるいは生活、あるいは豪雪、そういうものを選んできてやっています。みんなこの地域の宝物とか絶対的な真実というのは、農業を通して千五百年やってきた、つくってきた風景であるということがわかるわけです。

人口のことだけを申し上げますと、たとえば松代《まつだい》という町が中心にありますが、ここを例にとると、昭和四十年までの、人口が一番多かったときには一万四千人がいました。それが今は四千人です。二〇二五年には千四百人になるといわれている。十分の一になってしまうわけです。工場がなくなったり、炭鉱がなくなったりしているわけではない。自然減でこのように減ったのです。高齢化率は四十パーセントを超えます。このような中で地域発見をやるわけです。

そんな中で地震が起きました。僕もこの地震のあった二〇〇四年十月二十三日にはこの地域にいました。東京から行った約百人とともに美術館のオープニング、「里山学会」「里山かくれんぼ」などの催しに参加していたのです。地震があってみんなを収束して、翌日こちらにもどってきました。それから現地に四、五人のスタッフを置き、手伝いの御用聞きをウィークデーにやる、土日にはできる限りの人たちが手伝いに来る、という態勢をとりました。家が地震でガタガタになった場合には、雪が降ると倒壊の危険があるので、壊すべき家は壊す必要があります。私たちの仲間のメンバーには建築家などもいますから、壊したり直したりして手伝ったわけです。

二〇〇四年も豪雪でしたが、次の二〇〇五年はさらに雪が多く、道路と一階の屋根が同じ高さになってしまいました。僕は二〇〇五年の冬に越後妻有に行ったとき、二晩で積雪が二メートルを超え、「雪上げ」というのを久しぶりにやったと地域の人がいっていました。自分のところの屋根から他の道路に投げると、雪を降ろすのではなく、雪上げになってしまったということです。

この地域は何で成り立っているかというと、田畑があって家があってコミュニティーが成立します。この中に全体の景観があるわけですが、とにかく住民がいてこそのコミュニティーであり、家であり、田畑なんです。ところがここの住民が減ってくる。そうすると暗くなります。田畑の耕作放棄が始まり、家が廃屋化していく。コミュニティーが衰退する。みんな本当に元気がなくなる。昔唯一の楽しみであったお祭りすら人が減ってできなくなってくる。でも里山の美しさがあるじゃないか。そこで里山の美しさというのをもう一度ちゃんとお見せして、自分たちもこの里山の美しさを確認する。これは人にいわれて確認するものです。アートを通してこの里山を逆に見せよう、これによってこの人たちがプライドをもつ、ということをアートを通してやろうとしたわけです。たとえば、古い道と新しい道の間に空き地ができたのですが、それを土屋公雄《つちやきみお》さんというアーティストが五年かけて説得して百五十人の地元の人たちといっしょに計画を立てて、花壇をつくりました。ものすごく美しい花壇です。そうすると普通だったら何もないところに自分たちの愛着のある花壇ができるわけです。これが町の修景《しゅうけい》になっていきます。このような試みをやります。

お金があまりありませんから、コテージをつくるとか、公園をつくるとか、道をつくるというところを説得してやらせていただくわけです。

田んぼが放棄されてブッシュになってしまったところがあります。こういうところでアーティスト、川俣正《かわまたただし》さんは学生たちともう一度木道をつくりながら、やがて美しい森をつくるための作業をやる。この地域の一番の問題というのは、みんな農業を捨てられてがっくりきていることです。若い人がかなりいなくなる。お年寄りの数が圧倒的に多いわけです。当然です。お年寄りたちが元気にならなければ、この地域の再興はないというわけです。

新潟　棚田の風景

新潟　豪雪地帯の雪かき

「大地の芸術祭」——アートの力、作品の数々

【四千五百人の手で刺した刺繍】

これは、二十センチくらいの布切れを縫い、刺繍をするというものです。「百人も参加できないよ」と行政の方はいいました。それを聞いて、その頃就職活動をやっていた筑波大の女性が、一人で門を叩きはじめました。「やりましょう」と。結局ここに出てきたのは四千五百人。一万二千枚の刺繍です。裁縫が得意なお婆さんが、孫娘に教えながらやっていました。五十日も外にあると雑巾にも使えなくなるくらい汚れてぐじゃぐじゃになります。でも最初は実に美しいものです。これを降ろすときにみんな泣いていたそうです。翌年の一月十五日、旧正月の「どんど焼き」で焼いたそうです。

【真実のリア王】

次は「真実のリア王」という作品です。クリスチャン・バスティアンスというオランダの代表的なアーティストが日本に来られました。日本ではバブル崩壊で都市浮浪者になっていった人たちが多く、若い人たちに襲撃されたりしているわけです。外国では日本の問題はここにあるといわれていました。バスティアンスさんは、日本・オランダ修好四百五十周年ということで、日本のバブル経済の崩壊をちゃんと見極めようと、ここでやられていく都市浮浪者というものを主人公にして「真実のリア王」をやろうとしていたのですが、そのとき越後の話を聞いて越後に行き、約四か月あまり、ここに入りこみまして、学生中心の演劇集団の人たちと協働してインタヴューをしていろいろと学んでいきました。僕は見ていましたが、どうやってお芝居をするのか彼らは何もしゃ

べらない。結局、普通のインタヴューをやっているときの内容を構成し直して組み合わせながら劇にしたのですが、たいへん感動的な舞台でした。彼はなぜここを選んだかというと、自分たちのアイデンティティーをもっていた土地そのものが捨てられていこうとしているからです。これとお年寄りの孤独というものを二重写しにして芝居にしたのです。これをやった十人のお年寄りたち、それをあらわすオブジェがここにあったわけです。

二回公演して、各回五百人くらい入りましたが、終わったとき、地域の人たちがみなさん抱き合っていました。孤独ということの二重写しが見えてきて、まさにこの地域の人たちが主人公だったわけです。太田省吾《おおたしょうご》さんという劇作家や、NHKの副会長の永井多恵子《ながいたえこ》さんなど、お芝居の権威たちが来ていましたが、本当にみんな感動していました。

【赤とんぼ】

わかりやすい作品を説明します。田中信太郎《たなかしんたろう》さんという日本橋のブリジストン美術館で抽象的な彫刻をつくっている作家の作品です。しかしここに来てぜんぜん違うものをつくりました。森と青い空、それを見せるために赤とんぼを制作したのです。

この作品の実現までには、非常にたいへんなことがありました。六つの市町村でこのようにアートで何かをやろうとすると、百人の議員の先生たちが六つの市町村におりまして、全員から猛烈に反対されるのです。四年半で私は二千回を超える説明会をやり、やっと強引にやらせてもらいました。ほとんどぎりぎりでした。そういう中でこれをやりましたので、あるとき議会に呼ばれました。「北川さん、これはないでしょう」と怒られるわけです。強引にみんなの反対を押し切って芸術祭をやったけれども、「こういうのは困る」「なぜですか」「教育上非常によくない」というわけです。「赤とんぼは垂直に飛ばない」というのです。だけどそのとき、「しめた」と思いま

田中信太郎作 「○△□の塔と赤とんぼ」 © 安斎重男

した。実際にその議員の先生はこの芸術祭の陣頭指揮をとっています。

【木、森、棚田の作品】

次の作品には、おもしろいエピソードがあります。場所は下条《げじょう》という集落です。川の向こうに一本の百日紅《さるすべり》がある。私たちはただ百日紅とか、森とか、林といって抽象的な名前でものをいいますが、一つひとつにも生命がある。一本の木にも興味をもつ人がいる。名前こそないけれども一つひとつ具体的な生命がある。作者は伊藤嘉《いとうよし》朗《あき》さんという建築家なのですが、川の向こうの百日紅を見るための、そのためだけの小さな小屋、トーチカ、塹《ざん》壕《ごう》をつくりました。これは二〇〇〇年の七月二十日がオープニングだったのですが、朝、僕のところにスタッフから電話がありました。「北川さん、たいへんだぞ。百日紅が変わっている」というんです。百日紅を見るためのトーチカというのをつくることが決まった瞬間に、この下条地区の年寄りたちは「あんな百日紅ではまずい」というので、密かに百日紅を探して育てていたんです。そして七月二十日の朝に植え替えてしまった。気持ちはわかります。なかなかいい話ですが、趣旨が違うんですね。

木を見るための作品の次は、森を見るための作品です。この地域に多いかまぼこ型の駐車場にピンポン台ぐらいの板を敷き、津南町で子供たちから集めたちびった鉛筆を置く。ちびった鉛筆の森から本当の森を見るという試みをしました。

棚田の作品もあります。この棚田の持ち主たちの肖像を案山子《かかし》にしました。だからここに「ゆかちゃん、一歳」「お母さん、…歳」などと書いてあるんです。

また、棚田には別の作品もあります。手前にスクリーンがあって、そこに詩が書いてある。春夏秋冬の農業の詩です。棚田の奥のほうに苗代から田植え、そして収穫までの詩が百メートル向こうの棚田にいろいろかかって

伊藤嘉朗作「小さな家—聞き忘れのないように—」©安斎重男

いる。それを百メートルくらい手前のスクリーンで立体板のように見える仕掛けなんです。イリヤ&エミリア・カバコフという人の名作です。この田んぼの持ち主は、福島さんというお爺さんです。二〇〇〇年には腰も曲がって田んぼの作業ができないので「やめる」といっていた。「やめるんだったらここの場所を貸してくれ」といったら、「冗談じゃない。アートなんか困る」と断られました。だけど私たちも引き下がりません。イリヤ&エミリア・カバコフはものすごい労力で日本の農業を勉強し、この松代町というところの昔のいろいろな労働、稲作というものを勉強して「こういったものをつくりたいんだ」ということをいいました。たいへんな努力だったと思います。結局、福島さんは「わかった」といって受け入れてくれ、彼はいまだに農業を続けています。つまりこのアートがあることによってものが見えていくわけです。これが他人の土地に作品をつくるということです。反対されたアーティストたちがいろいろなことをだんだん学んでいく。それに対して土地の人たちが呼応していく。それだけじゃなくて、つくるということまでいっしょにやるようになります。

そういう中で二〇〇三年の山場は古郡弘《ふるごおりひろし》さんの作品でした。これも先ほどの百日紅と同じ集落です。古郡弘さんが作品の全体像を計画し、三か月くらい通っていくわけです。でも彼は土日のアルバイトをしているために、土日には行けなかった。そうすると平日はお爺ちゃんくらいしかいっしょに手伝ってくれる人がいない。三か月たって、オープンまであと三週間というときに、全体の三分の一ぐらいしかできていませんでした。現地のお爺ちゃんたちは困りまして、古郡さんに「ここだけでやめてもらおう」ということを会議で話して、いつもの通り、集まりのあとの飲み会をしていた。後で聞いた話ですが、「北川フラムというのは気分が悪い。あの百日紅もそうだけれども、よそに行ってべらべらしゃべるぞ。そうすると、下条の人たちは古郡さんたちがここまで考えたのに途中でやめようと泣きを入れたということを絶対いうに違いない」などという話を、酔っ払ってしていました。それで翌日出した指令はまったく違うものになりました。「小、中、高校生は学校が終わったら家に帰るな。

古郡弘 作　藁と土でつくられた土塀のような作品「盆景・Ⅱ」 © 安斎重男

ただちにここに来い。あと三週間有給休暇を消化できる人間は全部使え」ということで、残りの三分の二もつくってしまったわけです。泥と木っ端と藁で上下二反の田んぼにつくった作品で、長雨の中で泥だらけになってやりました。

終わったあと雪が降りますし、次の年には田んぼにしなければならないために壊さないと危ない。そういうことでこれを壊すときには、人が下の道まで来て、かがり火を焚いて、最後の打ち上げというような、音楽会をやって見送りました。たいへん感動的でした。

二〇〇三年の催しが終わった後、二〇〇五年に古郡さんが私のところに訪ねてきて、「もう一度やりたいです。今度は壊すものではないものをつくりたい」と申し入れてきました。そこで私が下条に行きまして、「古郡さんはこれをまたやりたいといっているんですけど……」といったら、みんな「冗談じゃない。聞く耳はもたない」というわけです。「はい、わかりました。ではよその集落でやってくれないか、僕が聞きに行きますよ」といったら、じろっとにらんで、「われわれがやる」といったんです。つまりこういう関係です。たいへんで汗をかいてウワーッと思いながらも何か心に残る、祭りみたいなものです。

【信濃川の復元】

これはまた違うタイプです。信濃川は今はまっすぐに流れていますが、昔は曲がっていました。そこで、昔の川を再現するために三・五キロメートルにわたって五メートルごとに七百本のポールをたてようという計画です。全部で二十六人の支援者、お百姓さんがいます。当初はもちろん当然反対です。説得に説得を重ねて、「じゃ、わかった。やるぞ」ということになりました。二十六人の人たちが田んぼに入って、私たちはただ運ぶだけです。お爺さんが息子と孫に「ここは昔、山で……」などといって、実にうれしそうでした。たいへんだったけれども、

磯部行久作 「川はどこにいった」 © 安斎重男

信濃川の川の流れが復元されたわけです。

それでこのアーティストは気分を良くしまして、二〇〇三年にまた変なことを考えました。「一万二千年前、二十五メートル天空を信濃川が流れていた」というプロジェクトです。確かにそうなのです。川の堤にいろいろな地層があり、現在の川よりも二十五メートル高い位置に一万二千年前の川の跡があるのです。この堤のところに高さ三十メートル、長さ百四十メートルの足場を組みまして、ここは何年前、ここは何年前と書いてあるわけです。アートといえるかどうかは別にして、すごい迫力でした。

【登り窯】

これもある意味で詩情的な作品です。蔡國強《ツァイクォチァン》さんという今世界で大人気のアーティストがいます。今度北京のオリンピックの時に、考えられないほどものすごい花火をやります。

そのようなディレクターですが、彼は中国の福建省の出身です。福建省は近代化の中で三十メートルもある登り窯を全部壊している。これは問題だと彼は思ったのです。そこで、日本に移築しました。これが彼の一つの考え方です。

彼のもう一つの考え方は美術館のあり方についてです。今美術館は指定管理者制度とか人が来ないとかで、もめにもめています。でも蔡さんは考えた。「そうじゃない。美術なんてもともと厳しいんだ。ここで展覧会をやって見せようとする人がいて、ここで展覧会をやろうとしている人がいて、それを見たいという人がいれば美術館というのは成立する」ということを彼はやろうとしました。

これに呼応して、今まで日本の近現代美術館が何度声をかけてもやらなかった、スーパースターのキキ・スミスが来ました。彼女はものすごく忙しい人で世界中で回顧展をやられているのですが、ここに延べ二週間来て、

蔡國強によって福建省から移築された30mの登り窯復元 © 安斎重男

キキ・スミスの登り窯による作品「小休止」 © 安斎重男

この登り窯で作品をつくりました。常識的に考えれば秩序がめちゃくちゃです。保険もかかっていない。誰でも盗める。だけど素晴らしい作品でした。

もちろんこれは「大地の芸術祭」の期間中だけですからお返ししました。そしたら二〇〇五年の八月にキキ・スミスからお金が少し送られてきて、「私はここの作品をベニスのビエンナーレに出しましたが、買い手がつきました。ついては妻有の芸術祭のために一部を送りたい」といってきました。

【廃校を利用したアート】

二〇〇〇年の圧巻の作品です。これは旧中里村立清津峡小学校土倉分校という、名前を聞いても凄そうな一番山の中にある学校で、廃校でした。もともと複式学級の小さな学校でした。人がいなくなって二〇〇〇年の秋に潰すことになっていました。校舎の外にポールが建っていて、八メートル三十センチくらいのところに、この年そこまで雪が積もったことを示す印がついています。

ここに北山善夫《きたやまよしお》さんという人がいました。ときどき岐阜の家に仕事に帰るわけです。四か月ここに入り、四、五回帰ったそうです。あとはずっと、ここでこの赤、黄、白、黒の各色のものを本当に丁寧に制作されました。でも飽きると、燃やしてしまう、捨ててしまいます。ここに残された送辞、答辞、あるいはここにあるスナップ写真、文集を全部読んで、展示しなおすのです。

これには本当に驚きました、僕は初めての経験です。ここに入った瞬間に子供たちのざわめきが聞こえてきて、その子供たちが走ったり遊んだりする姿が見えたんです。七感という言葉がありますが、それを本当に体験しました。これは昔の文集です。送辞、答辞です。彼はそういったものを全部再構成したんです。この経験というのは僕にとって圧倒的でした。一番行き難い場所ですが、二〇〇〇年の「大地の芸術祭」の終わり二週間前から車

北山善夫による廃校での作品 「死者へ、生者へ」 © 安斎重男

がずっと続き出した。僕だけじゃなかったみたいです。やっぱりみんな子供たちが見えたんです。これも最初に申し上げたように、時間が蘇ってくるというようなことが本当に起きた、ということではないかと思います。

五感の復権、感性の復活

大地の芸術祭というのは広告宣伝費がまったくありません。まさに行った人の口コミだけです。行った人はみんな文句いっているんですよ。「とにかく暑い。蒸し暑い」と。ここの暑さと蒸し暑さは日本の中でも最高です。それが冬の豪雪に変わるのです。七百六十平方キロメートルという土地で、琵琶湖、東京二十三区より少し広い地域です。そこに百五十の作品が散らばっている。行くだけでたいへんです。だからみんな「暑い、蒸し暑い、案内が悪い、くたびれた」とぶうぶういって下りてくるんですが、でもあのさわやかな経験ってなんだったのだろう。たとえば、東京都現代美術館に百五十の作品を見に行くと私たちはまいってしまう。美術はわかる、わからないという言い方をします。音楽はそんなことをいわないでしょう。好き嫌いでいう。若い人たちは長い間の教育の中で美術をわかる、わからないというようになった。これはすごい話です。でも、この越後妻有に行くアートを通しての旅というのは、アートもさることながら、千五百年間、農業を通してつくってきた自然と人間の関係、それをたどる旅なんです。ですから、歩きながら作品を探しながら、そこで足の弾力、風のそよぎ、そういう五感全体を通してものごとと対応できる。そういうことを都市ではできません。

妻有の地域の人たち、妻有というのは「とどのつまり」というところから来たかと思われるくらいのすごい田舎です。妻有の人にとって、都市の人たちが大切なだけではなくて、都市の人たちにとってこそ、この原風景、遺伝子の元である五感の解放される地域というのが必要なわけです。口コミでものすごい人たちがここを歩いていく。妻有がいいんだということをいいたいわけではありません。最初に申し上げたように、都市の中で私たちはあらゆるものをただの情報、ただの資料として見る癖がついています。知識として見る癖がついている。妻有に行ったときには、理屈ではなくて、初めて五感というものが解放されるんです。今、オーストラリア、フランス、オランダ、イギリスなどいくつかの国は、この大地の芸術祭を世界のナンバーワン美術展としてランクしています。アート雑誌には全部出してくれていますし、二〇〇六年の大地の芸術祭には七つの国が参加しました。空き家を使ってパビリオンとし、自分たちの国のアートを出展しました。そういうことが起きています。

この現象は、訪れる人だけでなく、アーティストにも及んでいます。川西、西永寺に集落のアルバムを再現した剣持和夫《けんもちかずお》さん、廃校を社屋として「明後日新聞」をつくった日比野克彦《ひびのかつひこ》さん、ショップやパブリックアート、ファッションショーを展開した草間彌生《くさまやよい》さんたちは、いずれも美術が元気になり、うれしくてしようがなかった。

こういうふうに、この地域は過疎地で農業をやってきたお年寄り、それに対して都市で何をやっているかわからないアーティスト、あるいは若い人たちが初めて出会って、初めはお互いに合わなかった。だけどいっしょにここでアートをつくるということで生まれた初めの思案が協働作業になっていく。理解が生まれて、できなくなっていたお祭りというものもできるような可能性が出てきたわけです。

【棚田を守る水神—龍】

國安孝昌《くにやすたかまさ》さんの作品は、「協働」ということがよくわかる作品です。学生が手伝ってつくっていたのですが、いろいろやっているけどなかなか進まない。それをお爺ちゃんたちが見ていてげらげら笑っているわけです。やりたそうなんです。國安さんに「あの人たちやりたそうだけど、どう?」といったら、「ぜひ手伝ってもらいたい」ということになりました。お爺ちゃんたちは学生が二か月くらいかかっているのを三週間でやりました。ぜんぜ

國安孝昌作　「棚守る竜神の御座」　© 安斎重男

ん腕が違うわけです。本来これは見ての通り、レンガと間伐材ですから、危ないので五十日で廃棄する予定でした。でもそのお爺ちゃんたちは絶対廃棄させないわけです。自分たちがやったものだからですね。妻有においては、見る人とつくる人という近代における分かれ方が違ってきたということがいえると思います。協働の精神の中で物事が進むということがあるということだと思います。

このようにさまざまなアートが妻有につくられました。今、『世界の現代建築』(ファイドン・アトラス出版)という厚い本が出ていますが、妻有の作品がたくさんそこに出ています。建築といえるかどうかわかりませんが、実際にこの地域の必要性と地域とのかかわりの中でつくってきた建築が多いのです。

そういうことをやりながら、世代と地域とジャンルを超えた人たちが出会った。都市とのキャッチボールをしだした。二〇〇三年からこの間、棚田のオーナー制度が始まり、産地直送が代官山に週一回届いています。今まで人がいなくなって壊れていく空き家に手を入れて、オーナーを探してきて、そこをギャラリーあるいは美術館にしようという動きも始まっています。

同時に、日本の焼き物のエースたちがごっそり現地に行き、「妻有焼き」ということを始めました。さらに、日本の生け花の各流派のエースたちが週替わりでお花をやります。つまり新しいものは基本的につくりません。つくらなくていいだろうと。あるものを徹底的に使いながら、「地域」を本当にやっていこうということです。

ここでは五感を通していろいろなことが行なわれています。美術というのは知識ではなく、触覚なども含めながら人間の体というのを解放していこうよということなんです。

十一月の後半になると、大豪雪地帯ですから待機棟というところに除雪労働者が泊まります。そして雪が降り出すと、朝の一時くらいから六時くらいまで、もちろんその後もですが、必死になって除雪をします。朝、人が動けるようにするわけです。新潟から長岡、小千谷、十日町、松代、松山に来るにしたがって、除雪の腕が違ってくる。冬になると、この地域の路上には雪がなく、道路の脇に雪の壁がそそり立っています。つまりこれだけの豪雪地帯ですから、きちんとうまく雪を除去することが彼らにとって必要なプライドで、それがこの地域を支えているのです。

これは十日町の信濃川が流れている河川敷、妻有大橋の麓の河川敷ですが、レーダーマン・ユケレスさんはこの地域の人を支えている除雪労働者に焦点を合わせました。真夏に除雪労働者の技術がなければできない除雪車のダンスをやったんです。みんな見ているだけで、誰も音楽とか信号を出しません。すると、そこはかとなく少しずつさざめきのようにロミオとジュリエットが繰り出してくる。愛の交換をするわけですね。そして途中でぱっと車が別れる。最後に車が整列して、除雪労働者が車から降りてお辞儀をすると、ものすごい拍手が起こります。つまり、この地域を支えている人たちをこの除雪車ダンスで蘇らせたわけです。

私たちは明治以来、変化形でアートというものを受け入れてきました。それ自身何も存在感もない石膏を黒白うまく分けて書くことが美術だと教わった私たちです。うまい、下手で美術を考える、わかる、わからないで考える、こんな国はどこにもありません。しかも唯一義務教育の国です。私たちはそういう中で感性を麻痺させられました。五感を通して物に興味をもつ、物をつないでくれる、ということを私たちの美術は忘れてきました。それに加えて、私たちは都市の美術しか知りません。

世の中がグローバリゼーションの流れになっていくときに、もう一度五感を通していく。なおかつ、いろいろな人たちといっしょにものをやる中で、私たちの自然というようなものを取り出していくことができるということが見えてきました。現地に足を運んで見てください。きっとこんな体験は今まで味わったことがないと思っていただけると思います。

除雪車ダンス「スノーワーカーズバレエ」 © 安斎重男

Q & A

――本日はあらためてアートのもつ力というか可能性を再認識することができたと思います。また、今日のお話からだけでは想像できないようなそうしたアートを実現していく、プロデュースしていくという中で、いろいろな障害、トラブルが数多くあったのではないかというように想像しております。

北川：この間ずっと、国・県が合併をいい出していた。要するにリストラですね。合理的に中心に集めて、遠いところはお金がかかるからできるだけ潰していこうということです。この地域は、もろにそうなるわけです。山の中にあって、田んぼをやっている人は町に下りて来いということです。合併ということはそういうことですね。合併があるのでいろいろな町が合流する。その時に、仲も悪いだろうし、何かみんなでやれる事業を探そうということでした。

しかし、こういうことは日本中でやっていますが、具体的には何もやられていません。広告会社が入って形だけのイベントをやって終わりです。僕はその委員になったんです。やっているうちに僕はこれはすごいと思ったので一人でやりだしてしまった。そしたらみんな参ってしまって大反対だったですね。みんな企画書はいくらでも役所に出せるんです。でも、本当にやるところはないんですね。それをやりだしてしまったら、初めは反対だったけれども、今は、地域全体とまではいわないけれど、この大地の芸術祭を通していろいろなことができて、またいろいろなことがわかってきました。初めはささやかなきっかけでした。

――このようなワーク、そして規模の大きい、今からますますおもしろくなっていくようなお仕事をご紹介いただきましてありがとうございました。北川フラムさんはずいぶん長い間いろいろなお仕事をなさってきておられると思います。現在処々で使われている「環境」という言葉がありますが、北川さんにとって「環境」とはなんでしょうか。短くコメントを聞かせていただければと思います。

北川：見るだけではなく、人間にはいろいろな刺激がありますが、その五感に対して、心地よい全人間的な対応があり、五感全体に対して気持ちのよいものが「環境」だと思っています。

[Part 3]

身体

自己あるいは身体との関係性について

3-0 身体

[テーマ解説]

霊長類の脳と行動に関する研究によると、ヒトやサルは感覚系統の中で特に視覚が発達しており、視覚優位の動物だといわれる。こうした特質には、人類の進化過程における樹上生活という環境が影響していると指摘されている。地上を這《は》うような二次元的環境から三次元的環境への生活圏の拡張が身体に変化をもたらしたという見方だ。私たちの祖先が自然を生き残るためには、空間の奥行きを正確にとらえる目と、空間を自在に移動できる身体とのつながりが極めて大切であったことは想像に難くない。

さて、今日のフラットな生活を振り返ってみよう。オフィスではパソコンに囲まれ、通勤電車の中では携帯を見つめ、家ではテレビを見ながら食事をし、眠りにつく。バリアフリー化されていく都市空間の中で映像を眺め続ける日々……こうした日常の中で、かつての樹上生活のように、環境情報と身体運動が統合されている必要性をどれほど感じることができるだろうか。

今日の生活の変化は、空間的および時間的な制約からの自由を追い求めてきた帰結でもある。この自由への欲望こそ、私たちに移動のための装置や伝達のための機械を発明させ、今日の繁栄を築いてきた力だともいえる。インターネットとそれを利用した技術によって、人類は二十世紀末に究極の自由を獲得することにある程度成功したといってよい。情報化されさえすれば、あらゆる場所に同時に存在することすらできるようになったのである。

ある程度というのは、私たちの身体は依然として空間と時間に拘束され続けているからである。情報伝達の指数関数的な高速化に比べると、身体の物理的な移送速度は二十世紀半ばに音速を超えて以来ほとんど変わっていないともいえる。この身体をもつという制約を抱えながら、いかにしてこれから先の自由を獲得していくのか？　そこには、乖離《かいり》した二つの世界を同時に生きるという感性が求められているように思う。

しかし私たちはそのための身体性をいまだ獲得してはいない。この二つの世界の間に横たわるギャップは、指の動きひとつで数百億円もの損失につながる株の売買や、数字のわずかな操作が多くの人々の生活を一変させた耐震偽装などにも象徴的に現われている。身体の運動量に比べてあまりにも巨大なその効果を目のあたりにし、改めて身体と連続するリアリティーが問われることになる。

こうした状況の中で、環境デザインに何が可能なのだろうか。サウンドスケープ・デザインを行なう庄野泰子は、普段気にかけない日常のノイズをすくい上げる。視覚に頼る私たちに、聴覚による気づきによって、そこにすでにあったリアルな環境を再発見していくことを求める。再発見された音環境は、さまざまな装置を介して変換され、もう一つの環境として私たちの身体とつながることになる。

一方で、海藤春樹が「景色の中に人は住めない」というとき、そこには光という環境情報を視覚的ではなく、身体的にとらえようとする感性がはたらいている。彼は、舞台制作の現場で培ったという運動神経、すなわちその場に反応する身体によってなされる判断に、作家としての生命線を引く。

こうしたいわばライブ感覚は、詩人平出隆のレクチャースタイルにも象徴的にみられる。絵カードと現物投影機によって、その場で生みだされていく言葉の連鎖だ。彼がいう「一日という時間で整理する」という行為には、通俗的な効率化を超えたはたらきがある。「整理する」ことは思考と運動であり、その行為には当然ながら自分自身が投影されることになる。「一日」と「整理する」ことをつなぐとは、時間という次元で環境と自分をつなげる試行なのだ。

環境と自分とのかかわりについて、パブリックアートに取り組むたほりつこは、「環境は自分の一部であり、自分が環境の一部である」という。文化や自然を自分と反転する入子構造としてとらえ、向き合うとき、アートはいかなる環境を拓くのだろうか。

風袋宏幸

3-1

音を通して環境とつながる

――サウンドスケープ・デザイン

音環境デザイナー　庄野泰子

【プロフィール】しょうの たいこ／東京学藝大学大学院（音楽学）修了。音環境の調査・研究を経て、デザインの実践を手がける。主なプロジェクトに「小名浜港埠頭再開発事業」など。また東京都現代美術館他で、音のワークショップなども行なう。ar+d Award最優秀賞など海外の賞をはじめ、日本建築美術工芸協会AACA賞大賞、日本商環境設計家協会JCDデザイン特別賞などを受賞。また環境の音と光が呼応するデザインで、北米照明学会国際照明デザイン賞、日本照明学会東北支部長賞などを受賞。共著書に『Future Vision の系譜――水の都市の未来像』鹿島出版会など、共訳書に『世界の調律――サウンドスケープとはなにか』R・マリー・シェーファー著、平凡社などがある。

「サウンドスケープ」とは何か

「サウンドスケープ soundscape」という言葉を、皆さんお聞きになったことがあるでしょうか。一九七〇年代にマリー・シェーファーというカナダの作曲家がつくった言葉で、まだ小さな辞書には載っていないくらいの新しい英語です。もともと「風景」「景観」という意味の「ランドスケープ landscape」という言葉があります。「サウンドスケープ」とは、その「ランド」のところを「サウンド」に置き換えた言葉で、音の風景という意味です。私たちがマリー・シェーファーの著書を翻訳したときには「音風景」と訳しました。近代では、音を環境から切り離して、あまりにも客観的に取り扱ってきたので、もう一度音を風景の中にもどし、音をめぐる関係性に注目して、「日常生活や環境の中で、風景としての音と私たちがどのようにかかわっているのか」を考えるために、「サウンドスケープ」という概念が提唱されました。

サウンドスケープの調査事例

マリー・シェーファーは、この「サウンドスケープ」という概念にもとづいて、カナダをはじめ世界各地で音環境の調査をしました。その調査・研究の例をいくつかご紹介します。

【サウンドマーク】

地域の標識となる音を「サウンドマーク」と名付けていますが、これも新しい造語です。地域にとって、特徴のある目印になるものをランドマークといいます。そのランドマークと同様に、その地域の特徴を示している音がサウンドマークです。たとえばカナダのバンクーバーでの調査では、海上を航行する船の合図、岬の霧笛、九時の大砲、教会の鐘などがサウンドマークとなっています。また、カナダの国歌を流すところがあって、それも一つのサウンドマークになっているということです。

【音響共同体】

フランスのレスコニールという漁村は、「音響共同体」であるという調査事例です。ここは三方が海に囲まれているため、周期的に変化する海風－陸風によって、音風景が支配されています。風が音を運んでくるので、この風の一日の動きに合わせて村の音風景も変化し、その変化は時計回りであるという調査結果を得ています。まず早朝には、教会の鐘や農作業の音など北側の音が聞こえてきて、十一時頃には東の海岸沖の船のブイの音、正午には南の沖から船のモーター音、そして午後二時頃には西のブイの音や、夕方四時になれば鯨の潮吹きの音、さらに霧がかかっているときには霧笛の音も運ばれてきます。またこの漁村の人たちは、それらの音の変化を読み取り、天候などを判断しながら暮らしています。このように暮らしの中で、音から情報を得たり、いろいろなことを判断したりしている共同体を「音響共同体」という言葉で表わしています。

【音の到達範囲】

ドイツのビッシンゲンの教会の鐘の音の到達範囲を調べ、一九〇〇年代と一九七五年で比較しています。一九七五年には、ずいぶん到達範囲が狭まっています。またカナダのバンクーバーの下町で、聖ロザリー教会の鐘の音がどのように埋もれていってしまうかを、一九七四年に調査しました。音というのは同心円状に広がると皆さんは漠然と思っておられるでしょうが、広がり方は街の構造によっていて、たとえばこの例ではヒトデ型のように広がっています。なぜかというと、音は大きな道路を通って伝わっているからなんです。広い通りがあると、それに沿って音は比較的遠くまで届きますが、高いビルなどが建ってしまうと、それに遮られてしまいます。

【中心音】

電気の時代に入ってからは、電気機器の作動音が地域の音の根元となる中心音を提供していて、電圧が五〇ヘルツの地域ではGシャープ音、また六〇ヘルツの地域ではBナチュラル音が中心音になっているという調査結果があります。たとえば電圧が五〇ヘルツのスウェーデンのスクルーブという町では、厚紙工場、ガラス工場、ビール工場、金属工場などの機械の音を聞いてみると、それぞれの周波数は、Gシャープ音を根音とする和音を形成していることを発見し、それらの音を楽譜に書き表わしています。

シェーファーはこのようにいろいろな音の文化を調査し、文化的背景や環境の中で音をもう一度とらえ直し、そのうえで大切に考えていこうと提唱しています。

現代音楽とサウンドスケープ

次に、現代音楽とサウンドスケープについて考えてみたいと思います。二十世紀前半、イタリア未来派の「騒音音楽」や、二十世紀中頃フランスから盛んになった「ミュージック・コンクレート（具体音楽）」などの活動の中では、音素材は拡大され、楽器の音ではなく、あえて騒音や日常の現実音が作品に積極的に取り入れられるようになりました。美術の分野でもその後さらに、それまであった芸術、作品概念を根源的にとらえ直し、芸術と日常を区別する枠組を解体しようとする動きが盛んでした。

その中で、アメリカの「実験音楽」の作曲家ジョン・ケージによって、音楽の世界は決定的なパラダイムの転換を迎えました。彼は美しいとされている楽器の音、つまり「楽音」と、汚いとされている「騒音」の枠を取り払い、すべての音を同じ地平にもどしてあらためて聴いてみようと提唱しました。既成の価値観による音のヒエラルキーを解体し、「音そのもの」を聴くためにつくった曲があります。それが『4分33秒』という曲です（曲再生）。

何も聞こえてきませんが、これはいま機械を操作している方がミスをしているわけではなくて、実は音がない曲、無音の曲なのです。ケージがなぜこんな曲をつくったかいうと、その時に偶然起こった会場のいろいろな音、客席のざわめきや、たとえば今日の場合は私がコップに水を注いだ音、ちょっと歩き回った靴音……そのような偶然その場に生起した音を音楽として聴こうという意図があったからなのです。そのために楽器を用意し演奏者にも来てもらって、わざわざ聴衆を集めてこの曲を演奏したわけです。しかし、この曲は一回で終わりというわけではなく、その時その時の『4分33秒』があるのです。何が始まるのかなと思ってみなが耳を澄ます、そしてそこから何かを聴き出す、そのことが重要なんですね。彼はそのことをみんなに体験してもらいたかったわけです。

実はこの曲は、三楽章に分かれています。コンサートでは、どんな楽器で演奏してもよいし、またその三楽章をどうやって区切るかというのも演奏者によって自由なのです。初演の時には、デビッド・テュードアというピアニストは、ステージ上のピアノの前に座り、四分三十三秒間、何も弾かなかったわけですが、三つの楽章に区切るために、まず第一楽章の始まりにピアノの蓋を閉め、第一楽章の終わりにその蓋を開け、次に第二楽章の始まりにまた閉めて終わりに開け、そして第三楽章の始まりにまた閉めて最後に開けたのです。ピアノの蓋を開閉する微かな音と行為で、三つの楽章を区切ったのです。この『4分33秒』はもう半世紀以上も前の一九五二年の作品ですが、実はケージは日本の文化からもたいへん影響を受けています。

日本の音文化とサウンドスケープ

私たちがもっていた日本の音の文化はどんなものなのか、ジョン・ケージが影響を受けた日本の音の文化を振り返ってみたいと思います。

日本の音文化の中で　よく知られている「鹿威し《ししおど》」というものがあります。斜めに切った竹筒で水を受け、その水がたまると重みで反転し、そのとき竹筒が石を打ち鳴らすという装置です。庭に鹿威しを最初につくったといわれている京都の詩仙堂《しせんどう》の鹿威しの音を聴いてみましょう（鹿威しの音、再生）。今聞こえましたね。コンと鳴っていました（再び、再生）。

実は縁側からこの鹿威しはまったく見えません。これが視覚的に見せようとしている装置ではないことがわかります。縁側から見て目の前に庭が広がっているのですが、石段を何段も降りていった下の隅のほうに設置されているんです。しかも皆さんがよくテレビの効果音などで聞くようなカーンという響きわたる甲高い音ではなくて、もっと小さくてくぐもった音です。コン、あるいはコッという感じです。実は鹿威しは、その音自体を聴かせるというよりは、音と音の「間《ま》」を意識させることを目的につくられているように思います。流水がどのくらい流れこむかによって、音の頻度も違ってきますが、長い時では一分、平均で約三十秒の間隔があるんです。鹿威しの音そのものを聞かせるためには、少し間隔が長すぎます。ですから、やはり音と音の「間」に向かって、私たちが耳を澄ませていくようにつくられているのではないかと思います。もし鹿威しの音がなければ、ただ漫然と時間が過ぎていくところを、時折この音が「コン…、…、コン…、…」と割って入ることによって、樹々の葉ずれの音やせせらぎの音、もともとその庭園にある音に向けて、私たちが意識を開いていくようにデザインされていると思います。さらに庭園内の音だけでなく、遠くで響いている音にも耳が開かれてゆき、そのことは「音の借景《しゃっけい》」といってよいかもしれません。このように、その場にもともとある「環境の音」を意識化するという意味で、この鹿威しと、先ほどのケージの『4分33秒』という作品は、共通した思想をもっていると思います。この詩仙堂は禅寺ですが、ケージも禅にはたいへん興味をもっていて鈴木大拙に学んでいます。

それから日本には「水琴窟《すいきんくつ》」という音の装置もあります。水琴窟について興味深いのは、水琴窟の音と出会う場のつくり方です。一般には、茶室に向かう前庭で手を洗ったときの水が、地中に埋められた瓶の中に一滴ずつ落ちて、その中で響いた音が地上に幽《かす》かに聞こえてくる、それが水琴窟といわれています。けれども日本の音文化の研究者である田中直子さんも述べているように、いろいろ発見されたものを見ますと、お手洗いの横にあったり、日常生活の中でも使われていたようです。茶道という求道的な非日常空間における浄めの儀式ということだけではなく、もっと日常的な生活の場面にかかわっていたということに意味があります。もちろん水琴窟の音自体も美しく幽玄な響きですが、それを日常生活に組みこみ、手を洗うという日常の流れに一つの節目をつくる行為、その中に生かしているのです。日常の中の余白の時間、そこで束の間水琴窟の音と出会う、そして再び日常にもどる。そういう時間の流れのつくり方、それは日本独特な趣のある設えだと思います。

この他に「鶯張《うぐいすば》りの廊下」などもあり、騒音でもないし音楽でもない、その中間にあるような暮らしの音や、身の周りの音、自然の音など「環境の音」に意識を向ける、そしてそれらと開放的にかかわっていく感性は、日本文化独特なものだと思うのです。今、環境に対してさまざまな思いをめぐらせなくてはならない時代にあって、そのような感性は優れた財産であると考えます。私たちにとっても、また私たち以外の西洋文化にとっても非常に貴重な文化資源であると思います。この感性を活かし、そこから私たちが世界へ向けて提案し、貢献していけることがあるのではないでしょうか。

サウンドスケープを聴き取る耳のトレーニング

目にフォーカスがあるように、私たちは「耳のフォーカス」を働かせて、そのときどきにそれぞれの音の世界を生きています。けれども耳というのは結構保守的なので、この「耳のフォーカス」が固定化してしまい、普段は限られた音しか聞いていません。また聞き方も画一的な聞き方しかできず、音を類型化し、習慣化されたコードの中でしか聞いていません。たとえば波の音を聞くとき、「ザブーン」や「ザザー」というよくある表現に当てはめて聞いてしまうので、個々の音の個性や細かい表情までは聴き取っていないのです。このような習慣化・画一化された聞き方から解放された自由な聞き方というのは、なかなか難しいんです。そこで、私が音のワークショップや大学の授業で行なう、耳の感性を鍛えるためのトレーニングがあります。これらは少し奇妙な課題なんですが、いわば耳の柔軟体操として、普段とは違う聞き方をすることで、新たな音の体験をしてもらうためのものです。そのことによって、今まで聞こえなかった音が聞こえてきたり、今までと違う聞こえ方がしたり、新しい発見をする、あるいは身体感覚を拡張するための課題です。全部で十八あります。

【耳のトレーニング十八の課題】

課題1　**雨の日に雨垂れを探し、その下で自分の傘の音を聴きなさい。**（自分の傘でいろいろな雨垂れを受けて、その音の細かい表情まで味わってみる）

課題2　**通りを歩きながら、左右交互に音を聴きなさい。**（普段漫然と聞き流している通りの音を、右側の音を聴いて次に左側の音を聴いて、と区切ることによって意識して聴くことができる）

課題3　**歩きながら常に電線の高さの音を聴きなさい。**（普段、頭の少し上くらいまでしか意識していないが、五〜六メートル上まで耳の位置を引き上げて聴いてみる。電線はちょうどよいガイドになる）

課題4　**歩きながら、常に地下五メートルの音を聴きなさい。**（地下に隠れている都市のインフラなど、地下にあるさまざまな活動やものを想像して、その音を頭の中に響かせてみる）

課題5　**交差点で右折（あるいは左折）してくる車のウィンカーの音をすべて聴きなさい。**（信号待ちの車のウィンカーのリズムというのは、少しずつ違っている。それらを合奏として聴いてみる。大きい交差点だと、結構にぎやかなリズムを感じることができる）

課題6　**都市の中でウォークマンを聴きながら、外の音だけに耳を傾けなさい。**（ウォークマンの音を障害物として使う。障害物があったほうが、人間の意識はそれを乗り越えて聴こうとする）

課題7　**携帯電話で話している人の声をサウンドとして聴き、周りの音とミックスしなさい。**（携帯電話で話している人の声を、意味のある会話として聴くのではなく、楽器代わりに聴いてしまう）

課題8　**電車の中で、いわゆる「電車の音」以外の音を聴きなさい。**（たまたま乗り合わせた人たちによっていろいろな音があり、その都度新しい体験ができる）

課題9　**路線ごとの電車の「音のクセ」を聴き取りなさい。**（すべて同じと思いこんでいる電車の音も、路線によってそれぞれ音の特徴がある）

課題10　**都市の生み出すビートを見つけなさい。**（最近の都市にはリズム、ビートが多くあるので、何か鼓動を内包しているものを都市の中に探してみる）

課題11　**耳以外の器官で都市の音を感じなさい。**（そもそも空気振動である音を、皮膚感覚で感じたり、体全体で感じて音と向き合う）

課題12　**都市の中で露出している管を探し、その中に流れているものの音を聴きなさい。**（日本の都市には、管が露出しているところが多い。その管の中に流れている雨水、上・下水その他のさまざまな音を想像したり、実際に耳をつけて聴いてみたりする）

課題13　**都市の中で任意の音をひとつ選び、その音が聞こえる限界まで遠ざかって、その音を三分間聴きなさい。**

（都市にある音、たとえば店頭の呼び声や宣伝の音楽など、ひとつの音を選んでずっと聴きながら、それが聞こえる限界まで遠くに行って立ち止まり、注意深く聴いてみる。そうすると都市のさまざまな音がそれに交差して聞こえてくる。普段聞き流しているそれらの都市の音に、耳をそば立ててみる）

課題14　**都市の中のなるべく大きな構築物をひとつ選び、そこに発生している音すべてをひとつとして聴きなさい。**（高層のオフィスビル、大きな橋、大きな病院のように、なるべく大きなものを探し、その中に発生している複数の音を同時に、頭の中に響かせて聴いてみる。新しい都市の音楽である）

課題15　**あなたが都市にもちこんでいる音を確認しなさい。**（音を通して自分の生活や存在をとらえ返す）

課題16　**都市の中で自分にとって無意味な音を聴きなさい。**（まず自分にとって何が無意味かということから問い直さなければならない。たとえば自分とは無関係でうるさいと思うトラックの音も、実はその中に積んで運ばれているものを自分がお店で買っているかもしれない。そのように、何が自分にとって意味があり、何が意味がないのかということを、音を通して考えるところから始まる）

課題17　**その場に十年後に響いている音を聴きなさい。**（近未来の音、ある程度想像できる、この先ここで起こっているかもしれない音を、その場で聴いてみる）

課題18　**「耳の零度」のための、あなた自身の自修課題をつくりなさい。**（既成の音の価値観や習慣から解放された聴取の態度を、「耳の零度」と名付けたいと思います。音をすべて同じ地平にもどしたうえで体験する、いわば白紙の耳にもどすための自修課題を自身でつくってみる）

以上のような課題を実行する過程で、今までの習慣化・画一化された聞き方が解体され、「耳の零度」を獲得することによって、音との新たな出遇いが生まれるのです。

サウンドスケープ・デザイン——プロジェクトの紹介

私はサウンドスケープについてのワークショップやフィールドワークも行なっていますが、主には、サウンドスケープ・デザインの仕事を行なっています。音を通して環境とつながるためのデザイン、つまり音を媒介として、環境との関係を鮮やかに喚起する場のデザインをめざしています。次に、これまで手がけたプロジェクトをご紹介したいと思います。

【福島県いわき市、小名浜港2号埠頭「潜在する音の海——Umi-Tsukushi, Wave Wave Wave」**】**

はじめにご紹介するのは、海辺の整備事業においてサウンドスケープ・デザインが本格的に取り組まれた、おそらく世界初の事例で、福島県小名浜港2号埠頭の再開発プロジェクトです。音を通して海との新たな出会いの世界を開示しようとするこのプロジェクト全体を「潜在する音の海」と名付けました。そこは「Umi-Tsukushi」と「Wave Wave Wave」という、二つの場から成ります。「Umi-Tsukushi」は、音を探す場で、耳をそば立てて意識を集中させる場です。他方「Wave Wave Wave」は、音に包まれる場で、それぞれ独自な目的・スタイルで音との自由な関係を結ぶ場です。

まず「Umi-Tsukushi」のほうからご説明します。これはいわば「海にあてた聴診器」で、桟橋下の見えない海のさまざまな位置の音を、ホーン型の装置で集音し、その音を管を通して桟橋上のプロムナードに伝えています。装置が立ち並んでいる様子が、海辺に生えた土筆《つくし》のようなので、「Umi-Tsukushi」と名付けました。そばに立ち止まり、装置の高さに合わせてかがみこんだり背伸びをしたり、体を緊張させながら耳を寄せて、海中の

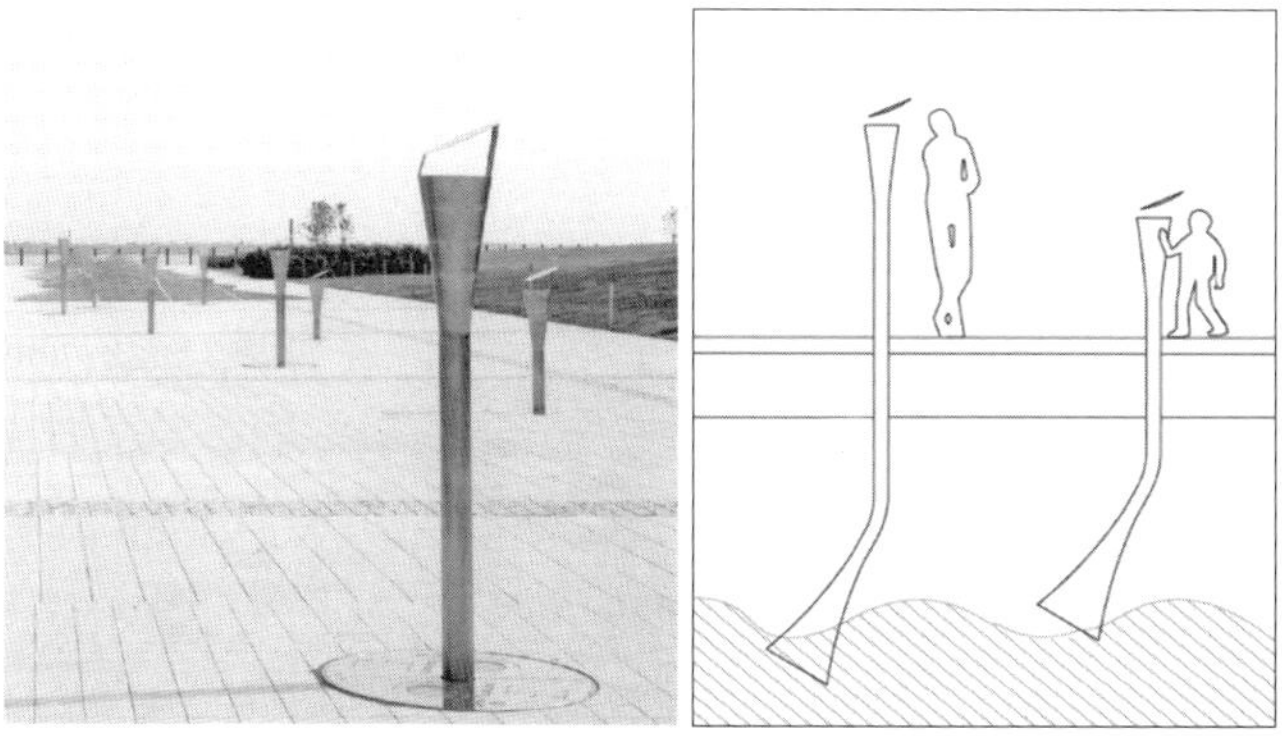

Umi-Tsukushi ©office shono

音に聴覚を集中させる場です。

「Umi-Tsukushi」は十基あり、桟橋下のホーン型の集音部分はそれぞれさまざまな方向・深さに設置されていて、たとえば桟橋下の構造体に一面に付着した貝殻に、波が乗り上げて退《ひ》いていくときの繊細な音や、航跡波のダイナミックな音などを伝えています。また天候による波の状態、潮位の変化によって、音は刻々と変化し続けます。見ているだけではよくわからないのですが、潮位は一日で二メートルくらい上下しています。これは私自身、変わっていく音を聴いてみて驚いたのですが、海というのはすごい勢いで変化しているということが、音でわかります。「Umi-Tsukushi」の桟橋上の音の出口には、凸面鏡状の音響反射板がついていて、音をまわりに拡散させるようになっています。また、大人から子供までの身長を考えていろいろな高さがあります。それぞれの「Umi-Tsukushi」が、どのくらい桟橋下に潜っているか、またどのくらい桟橋上に出ているかを、一基ずつサインとして表示してありますので、歩きながら音を探したり、音から潮位を推測したり、ホーンの高さに合わせて体を動かしたりという「音のオリエンテーリング」の場ともなっています。

夜には波の音に呼応して、それぞれの光が明滅します。波の音の強弱にリアルタイムで反応して、照明の明るさが変化します。十基の「Umi-Tsukushi」は、すべて設置位置や深さが違うので、それぞれ伝えている波の音も異なります。ですからそれぞれがランダムに光り、まるで自然界の有機的なリズムをもつ光の生命体のようです。音のリズムが光のリズムと呼応しているのです。少し離れると音は聞こえないのですが、波のリズムを光で見ることができ、耳が聞こえない方にとっても、光で海を感じることができます。

製作過程では、「Umi-Tsukushi」の原寸大の試作品をつくり、工場や現地の海で実験し、それにもとづいて設計・製作しています。現地の桟橋下の作業は、潮が引いている夜中の二時、三時に行なうなど、潮の干満に合わせながら作業しました。やはり自然をテーマに仕事をしていると、作業も自然環境に合わせてしないといけないんですね。設置後も、船で桟橋の下に潜り、そこから電子音を出してみて、それが上の方に届いているかどうかを検査したり、現地調整をしました。港湾建設事務所からの発注だったので、船を出したりダイバーに潜ってもらったりということがスムーズにでき、海と深くかかわりながらデザインを進めることができました。私は自分の仕事のことを冗談で「デザインの第一次産業」といっています。このように潮の満ち引きとか雨とか風の要素を使ってデザインしているものですから、作業は自然の条件に、こちらが合わせる形でいつも行なうんです。それは、農業や漁業など第一次産業に従事している方々が、環境に合わせて作業するのと同じなのです。

陸側から海に向かって歩いていくと、まずこの「Umi-Tsukushi」があり、耳の感性を覚醒させながら、これらの間をめぐって行きますと、その先に「Wave Wave Wave」があります。「海のWave」と「音のWave」と「身体のWave」が交差する場という意味で、こう名付けました。これは、海に突き出た埠頭の先端部に設置された幅六〜八メートル、長さ七十六メートルの網状の巨大なベンチで、その真下は海です。波の音の上に腰掛けたり、寝転んだり、あるいは寄りかかったり、その上を歩いたりできるように、いろいろな膨らみや窪みをもつ、うねりの形状を創り出しています。たとえば森の中で、自分の好きな木の切り株や岩を見つけ、腰掛けてお弁当を食べたり、寄りかかって休んだりするのと同様に、自分の好きな膨らみとか窪みなど体に合ったところを見つけて、自由なスタイルでしばらくそこにいて波の音に包まれてほしいと考えて、このような形にしています。夜には内部が蒼《あお》く光り、そのゆるやかなうねりの形状が、やわらかな陰影を生み出しています。

ここで仰向けに寝転ぶと、海面まで実際には二メートルくらいありますが、もっと間近に感じます。十分の一くらい、二十センチくらいすぐ真下に海があるように錯覚します。人間は正面からの音に対しては、ほぼ正確な距離を測れるらしいのですが、背後からの音に対しては、距離感を失うようです。最初、これは背後に対して鈍感なのかなと思ったんですが、逆です。敏感だからこそ、すごく間近に感じる。背後には目がないわけですから、

Wave Wave Wave
©office shono

目以外の器官が非常に敏感に働くんですね。それから仰向けに転ぶと、目の前には広大な空だけが広がっています。その茫漠と広がる空に対しても距離感がないわけです。そうして宙を見つめながら、目の器官も耳の器官も距離感を失い、そして前方も後方も距離感を失った状態の中にいると、波の音の上にポッカリと浮いているような感覚になります。特に夜の星空の下では、一層不思議な浮遊感を感じます。ここでは聴くことを通して、身体を読み替える作業へと私たちを導くのです。

ここはまた、「音の漂着物」を拾い上げる自己創出の場です。浜辺に打ち寄せられた漂着物の中から、自分だけの宝物を拾い集めるように、音の「粒子」のざわめきの中から、自分だけの「音」を聴き出し、拾い上げるのです。昼間は親子連れが多いので子供もいて賑やかなんですが、実は夜はリピーターが多いんです。ゆっくりここで何かを考えたり、あるいは何も考えないために来る。自分の内面に向かうような場として機能しているように思います。自分自身と向き合うための貴重な場所になっているのではないかと思います。

このようなデザインは西洋の文化にはあまりないので、海外からも評価され賞をいただきました。「私たち自身と私たちが住む地球との間の詩的なインタラクションの可能性について、驚くべき理解をもっている」「今まで一つとしてこれに類するものが創られたことはなかった」という選評でした。日本でも幾つか賞をいただきましたが、中でも印象深いのは、日本商環境設計家協会から賞をいただいた時に、この連続講座の他の回を担当されている杉本貴志さんが、審査員としてお書きになった選評です。「情感が美しければ、月も美しいし、情感がさびしければ、月もさびしい。この装置は、僕等がそういう生き方をしていることを思い出させる」という深く心に響く言葉です。

それから「水辺のユニバーサルデザイン賞」もたいへん意義深いものです。大賞は車椅子で海辺まで行けるという、障害者のためのデザインが受賞しましたが、準大賞としてこの小名浜のプロジェクトが受賞しました。こ

昼

夜

Wave Wave Wave　海上の巨大なベンチ　波の音に包まれる場　©office shono

れは、特に障害者のためにデザインされているわけではないのですが、体験した人の感覚を覚醒させるデザインが評価されたのです。ユニバーサルデザインというのは何も障害者や高齢者のためだけのデザインというわけではなく、健常者である私たちもまた、ある意味でいろいろな感覚が麻痺した状態で暮らしているわけです。高度に管理された都市の中で、いろいろな感覚が鈍ってしまっている状況に対して、このプロジェクトでは五感をもう一度取りもどすためのユニバーサルデザインが実現されているということが評価され、受賞いたしました。

それでも、まだまだ音のデザインはアクセサリー的に思われがちです。しかしこのように音によって、私たちに欠くことのできない場、精神性を支える場をデザインすることができるのです。実際に多くの若者などが、コンビニの前でたむろしたり、ファミリーレストランで語り明かしているように、じっくり語り合ったり、自分自身のことをゆっくり考えられる思索の場がもっと必要なのだと思います。

【新潟県十日町市、松之山自然科学館「キョロロの tin, kin, pin ――音の泉」】

松之山自然科学館は「森の学校キョロロ」という名称ですが、キョロロはこの地域に生息するアカショウビンという鳥の鳴き声に由来します。この建築設計は、手塚貴晴・由比さんです。新潟県には「大地の芸術祭――越後妻有アート・トリエンナーレ」という三年に一度行なわれる国際的なアート・フェスティバルがあるのですが、その一環として制作されたものです。このフェスティバルには仮設の作品もあるのですが、これは建物と一体化していて常設ですから、いつでもここに行っていただければ体験することができます。

このアート・フェスティバルをプロデュースしているのが、この連続講座の他の回を担当されている北川フラムさんです。北川さんからは特別な限定はなく、ここにふさわしいデザインを何か提案してほしいといわれまして、私はまず白紙の状態でこの場所に調査に行ったのです。

松之山自然科学館「森の学校キョロロ」 ©office shono

周辺を歩き回っていると、あちらこちらに水が流れているところや井戸があり、ここは湧き水が豊富な場所だということに気がつきました。そしてこの湧き水は地域の人たちにとってたいへん重要なものでした。棚田というきれいな階段状につくられた田んぼが、周辺の美しい風景をつくり出しているのですが、この湧き水はその棚田にも使われています。また貴重な生活用水としても使われています。深い積雪、そして雪解け、周辺にはたくさん水を貯えるブナ林……そういう松之山に息づく自然の営みから生まれる湧き水で音を創り出し、その音を通して、湧き水そしてこの土地の環境にいろいろと想いをめぐらせてほしいと思いました。

建物裏手の斜面の上方にある湧水点から勾配をつけて湧き水を導き、濾過タンクを通した後、建物内部に引きこんでいます。高さ三十六メートルの塔の下に巨大な貯水槽を掘り、そこに湧き水を滴下しています。滴り落ちる量は、そのときの湧き水の量に応じて変化します。その水滴が、渦巻き状にスリットを入れた金属製の発音体のさまざまな箇所に当たって音を創り出しています。湧き水が即興の奏者となって、偶然のリズムや音の連なりが生まれるのです。あるときは豊饒に、あるときは沈黙して…雪解けの季節は賑やかでしょう。「キョロロのtin, kin, pin」というタイトルにもあるように、tin, kin……とか、pin……とか、その人なりの「音楽」をその響きの中から、自由に聴き出してほしい。創造的に、発見的に。そこでは私自身も聴き手です。塔内の螺旋《らせん》階段をたどっていく中で、音の反射によっていろんな聞こえ方がします。そしてその反射音が塔のずっと上のほうまで届くように、貯水槽の壁面には角度をつけて設計してあります。

アートを観賞するために、東京などの都心から、また海外からも多くの人々がここを訪れますが、この高い塔を漠然と登るのではなく、湧き水のさまざまな音と出遇いながらこの土地の環境に想いをめぐらせてほしいと思っています。そして、湧き水はこの装置を通過して、下流の棚田へともどり、再び土地を潤しています。

「キョロロの tin, kin, pin ──音の泉」
塔内部を上から見おろしたところ
©S. ANZAI

【大分県中津市、風の丘葬斎場「風のベンチ」】

波、湧き水と紹介してきましたけれども、次は風です。風といえば、一番身近で皆さんよく体験している音の装置は風鈴ですね。風鈴というのはあの音自体が涼しげということもあるのですが、風で鳴っているということを私たちは知っているわけです。音が鳴ると風が吹いている気配を感じ、音によって涼しさを感じるというものです。そのように音から風を感じるという意味では、このプロジェクトは大規模な風鈴といえるでしょう。風速や風向を、音を通して感じることができるのです。

場所は大分県中津市にある「風の丘葬斎場」で、建築設計は槇文彦さん（槇総合計画事務所）、ランドスケープ・デザインはオンサイト計画設計事務所です。この施設は小高い丘の上にあり、「風の丘」というテーマは中津市の市長さんから出されました。それを受けて、音で風を感じることができないだろうか、というところから始まりました。

葬祭場なので、大地から風の声が聞こえてくるようなデザインにしたいと思いました。葬斎場の横に楕円形の公園をつくり、そのほぼ中央に「風のベンチ」を設置しています。また公園の端には、機械室・トイレなどを備えた建物があり、その中に音源室を設置し、そこでまず風によって音を発生させています。その音は、約四十メートルの地中埋設管を通って、中央のベンチの下に掘ってある空洞まで伝わるようになっています。その結果このベンチに腰掛けていると、足元の地中から風の音が立ちのぼってくるのです。

風によって音を生み出す仕組みは、まず風センサーでこの場所に吹く風の情報をリアルタイムで感知し、その情報に応じてノズルからエアーが吹き出し、それがパイプの集積に吹き付けられて音が創り出されます。よく小さい頃に遊んだと思うのですが、瓶のふちに口をつけて吹くとボオーッと鳴りますが、あの原理で鳴ります。ノズルは移動しながら、いろいろな長さのパイプにエアーを吹き付けるので、ゆるやかに音が変化します。そして

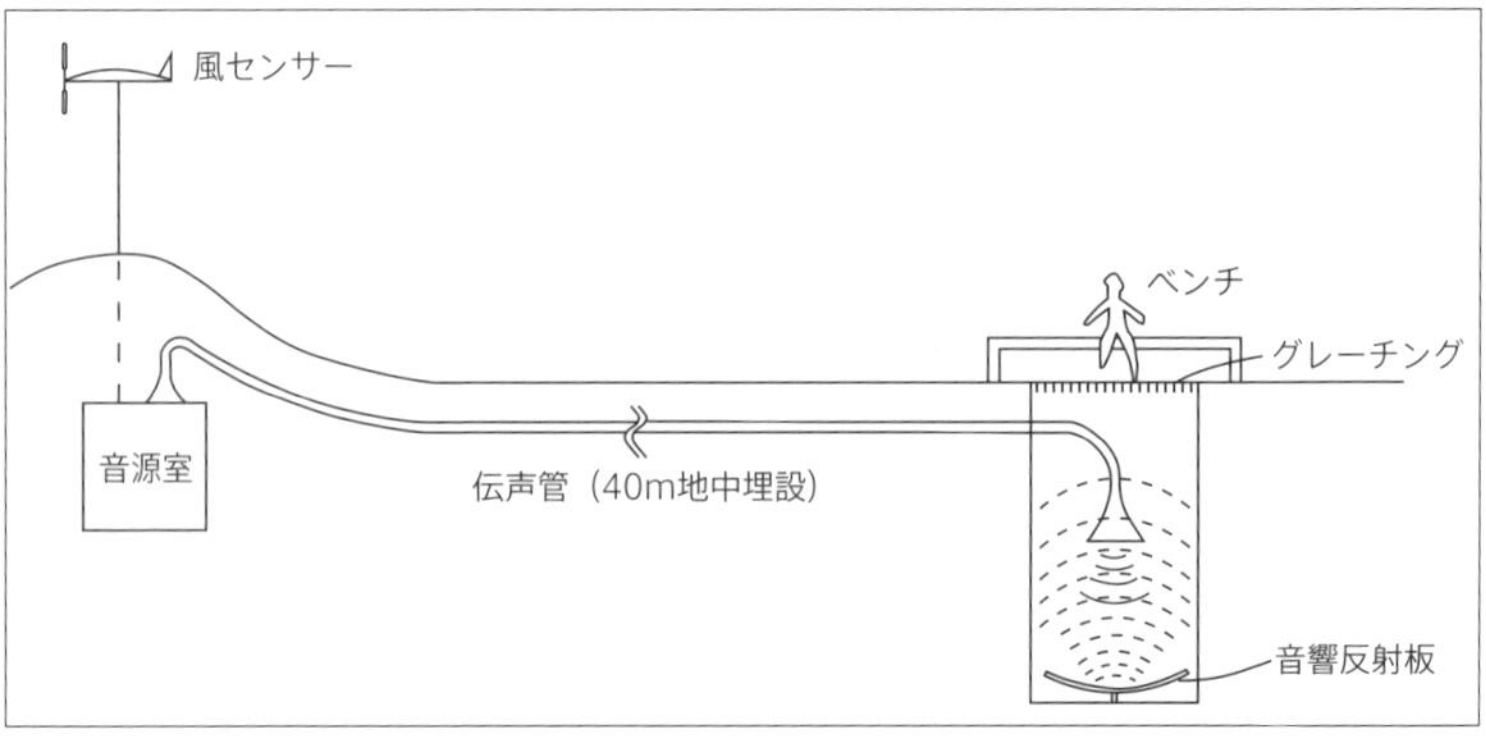

風のベンチ
©office shono

この音が地中四十メートルの伝声管を伝って、ベンチ下の井戸のように深く掘りこまれた空洞の中で響き、風が吹き抜けるような音となって地上に立ちのぼります。この音はベンチを中心に半径五メートルくらいの範囲に響き漂います。

フルートなどの楽器の音のような、いわゆるきれいな音ではなくて、むしろ風が吹き抜けていく音、風のすり抜ける摩擦音を創り出しています。さらに時にはその音に、公園の樹々の葉ずれの音や、大分空港を往き来するジェット機の音などが重なって、私も予想しなかった重奏が加わります。それを私自身もまた受け手となって聴きたいと思っています。ちょっと宇宙的な感じの音です。楽しげな音というよりは、この音にしばらく耳を傾けているうちに、心が落ち着いてきて、故人を偲《しの》び、あるいはいろいろなことに思いをめぐらし、自分自身の内面に向かうことができる、そういう音にしたいと思いました。

気象図で使う風速の記号を音符に見立てて、吹く風に呼応して音が生まれるということを、モニュメントに図形楽譜のように表わしてあります。風が強いときはエアーがたくさん出て、なおかつノズルも早く動きます。風が弱いときはエアーも少なく、ノズルもゆっくり動くので、幽《かす》かな音が穏やかに変化します。また風向も感知していて、風が宇佐神宮などこの地域のランドマークになっている方角に吹いたときには、特別な音がします。少し音を味わってみていただきたいと思います（「風のベンチ」の音、再生）。

現地では、周辺に空気のように漂う、もう少し柔らかい音ですが、講演会などで皆さんに聞いていただくときはスピーカーからの再生音になってしまうので、どうしてもうまく伝えられないのが残念です。

最近の葬斎場は周辺地域に配慮して煙を出さないようになっていますが、その煙に成り変わって、この音が地中から天空へ向けて立ちのぼっていくことで、ある意味の鎮魂歌、レクイエムになればと願っています。

風のベンチ ©office shono

【島根県出雲市、ビッグハート出雲「サウンド・コラム（音の柱）」】

次は雨の音をデザインしたプロジェクトです。出雲の駅前にあるビッグハート出雲は、ギャラリーやホールで構成された、市民が交流するための施設です。建築内部に「サウンド・コラム（音の柱）」をデザインし、都市の積極的な雨漏りをつくり出しています。これは、雨の日にだけ成立する柱です。屋上に降った雨の一部が、建物内部に引きこまれ、柱の中を落下します。このとき、柱の途中を切断した開口部から雨滴《うてき》の響きが、空間にひろがります。視覚的に未完結なこの柱は、内部を雨水が落下してその隙間がつながれた時に、そして音が発生して聴覚的に体験された時に、はじめて意味のある存在となるのです。

柱が見えているのは一階部分だけですが、実は天井を貫通してもっと上のほうまで伸びていて、雨は約八メートルの柱の中を落下しています。建築設計は小嶋一浩さん（建築設計事務所CAt）ですが、この方に「一階分だけの落下距離では低すぎるので、もっと高くするために柱を上まで貫通させましょう」と提案したのです。

一階部分の音の柱が、途中で一部切り取られた形になっているのは、音を柱の外に響かせて聴いてもらうためですが、この形に興味をもった小嶋さんは、空調など他の機能をもつ柱も、この形を引用してデザインしています。聴覚的なデザインから生まれる形というのは、視覚から発想するデザインとはまた違う形なので、その独自性を大切にしていきたいと思っています。

この柱が設置されている場所はホール前のロビーですが、小嶋さんはここに抜け道という機能を、同時にもたせています。正面玄関から入り、このロビーを通過して裏側の出口から再び外へ出るという抜け道を、あえて建築内部に通し、用がなくても通りがかりに、さまざまなアクティヴィティーを誘発するというデザインをしたのです。そのためにロビーの床は、建物の外の舗装材がそのまま連続した同一の素材になっています。雨の日には、いったん傘を閉じ、建築内部を通過しながら、その途中で音の柱から聞こえる雨の音と出会う。そして再び、傘

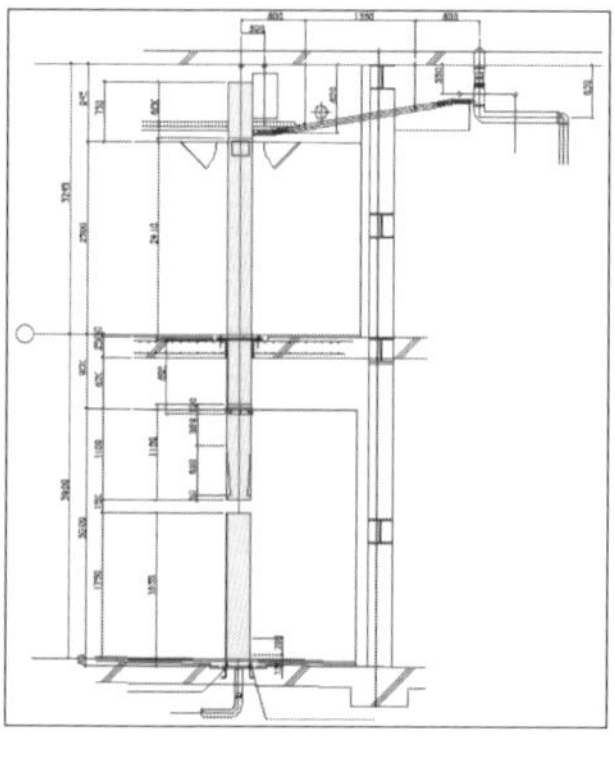

ビッグハート出雲「サウンド・コラム（音の柱）」
©office shono

をさして雨の中へと出てゆく。この内と外とが相互に浸透し合う空間の中で生まれる、小さな発見や驚きを期待しています。

同じプロジェクトで、外部空間にも十二本の音の柱をデザインしています。実はここには川が流れていたのですが、この施設を建設するために川の流れを変えてしまったんです。こちらの音の柱は、ここに川が流れていたことを、水の音でその記憶を残すためにつくったサウンド・モニュメントです。大抵、何々川跡地というような文字を刻んだ石碑がモニュメントになりますが、これは水の音で川の記憶を留めるというデザインです。

アイディアの段階では感性でデザインするのですが、実際にそのアイディアを形にし、実現していく段階では、綿密にデータを積み重ねながら設計していきます。たとえばこの場合には、原寸大の約八メートルの音の柱を実際に工場で組み上げて、落下する水滴の跳ね返りや音響などについていろいろと実験し、データをとりながら設計しています。また水滴を振り分けるためにプロペラのような部品を開発したのですが、これも何度も実験し、羽のカーブなどを試行錯誤しながら設計しました。サウンドスケープ・デザインはまだ新しい分野なので、現実化にともないその都度、技術開発も同時に行なわなければなりません。

【東京都府中市、府中市美術館】

東京の府中市美術館でも、雨の音のデザインを取り入れました。ランドスケープ・デザインはオンサイト計画設計事務所です。ここでは敷地内に降った雨を下水として排水してしまうのではなくて、その土地にもどすという目的で、雨水浸透枡《ます》を地中に設置しています。敷地内に降った雨が集まり、この雨水浸透枡の中に落ちてゆくとき、音が発生し、枡の中で反響したその音は、路上のグレーチングの蓋を通して、地上に湧きあがって聴こえてくるのです。このように雨がその土地に還《かえ》る音が、地中から立ちのぼってくる仕掛けをデザインしたのです。

この音は、雨上がり後も、その気配がまだ周辺に残っている間しばらく続き、この地面の下で水の循環作用が確かに行なわれていることを実感させます。

【新潟県長岡市、国営越後丘陵公園「Sounding Atmosphere ——大気を聴く」】

越後丘陵公園内の丘の上に「冒険の丘フォリー」という休憩所があります。建築設計は八束はじめさんです。小高い丘の長い階段を登り終わるとそこには軽やかな水音と金属音が、幾重にも鳴り響いています。空中に設置されたいくつものテラコッタの先端から染《し》み出す水滴。その水滴は風に吹かれながら、渦巻き状にスリットの入った金属製の発音体のさまざまな場所に当たって音を創り出します。こうして二度と繰り返されることのない響きが、多彩に変化してゆきます。この当たる（当たらないことも含めて）タイミングや組み合わせは、いまそこに吹いている風が決定します。風が音の決定者つまり即興の奏者なのです。

この水が染み出す逆円錐形のポットは、特殊なテラコッタでできていて、これは株式会社INAXの実験工房（現在、ものづくり工房）の技術協力を得て開発したものです。これは穴から水が落ちているのではなくて、湿度によって全体から水が染み出してきて、それが表面をつたってポットの先端に溜まり、そして大粒の水滴になって落ちてくるのです。染み出す水量は、湿度によって変化します。

ですから、水滴が湿度によって染み出し、風によって吹かれることで、音が生み出されているのです。私が創った楽器を、先ほどのキョロロでは湧き水が演奏していましたが、この場合は大気が演奏しているのです。オブジェの間は通路になっていて、その中に入りこむと立体的に音に取り囲まれ、音から、風が刻一刻と移り変わっていくのを感じ取ることができます。人々は大気が奏でるその音に耳を傾け、音が鳴っているその場の気配に心を傾けるのです。

Sounding Atmosphere ——大気を聴く ©office shono

【福島県棚倉町、棚倉文化センター「ウォーター・スクリーン——水音のSHIKIRI」】

棚倉文化センター「倉美館《くらびかん》」でも水を使っていますが、ここでは水音は周辺の音を一時的にマスキングする、つまり覆い隠すために使われています。この建築設計は古市徹雄さんです。建物の入口まで続く階段状の大きな水の流れ、カスケードがあります。大量にあるこの水を使ってデザインしてほしいという依頼でした。そこで正面玄関の手前に、滝のような流水でスクリーンをデザインしています。実は計画当初、ここには建物のスクリーン、つまり壁があるはずだったのですが、あるとき「ここに壁はつくらないことにしたから」といわれてしまいました。壁面に音を反響させるデザインにしようと思っていたのですが、古市さんがそれをなくすことにしてしまったので、急遽プランを立て直し、私が水音でここにスクリーンをつくることにしたのです。

まず筋状の水が、天井の縁に沿って一面に落下し、ウォーター・スクリーンを形成します。そのスクリーンによって、空間は内と外に分節化されます。内側の空間は、その広い音域にわたる激しい水音に包みこまれます。やがて、ふいに水は止まります。スクリーンは消え、その先に山並と田園を望む水景が広がり、空間の内と外の境界は曖昧になります。水のざわめきが途切れた瞬間、それまで音風景の「地」であった静寂が、「図」として立ち現われ、そして覆われていた音風景が徐々に湧き上がってきます。遠くにあるクアハウスの音が幽かに聞こえてきたり、秋には虫の声が聞こえてきたりします。普段なら聞き流してしまうような、小さな繊細な音を聴く耳の状態ができるのです。再び天井の縁から水滴が少しずつ落下し始め、スクリーンを形成してゆきます。眼前の水景は、徐々に水滴の中に霞んでゆき、再び空間は内と外に分節化されます。この時すでに耳の感性は覚醒され、さまざまな水音の微妙な変化を聴くことができるのです。

このようにウォーター・スクリーンは、時間・空間を切り分ける衝立《ついたて》として存在しているのです。物理的には同一の時間、同一の空間ですが、そこに音が差し挟まれることによって、その時間・空間は、個々の体験の中で新たに分節化されます。つまりこれは「水音の仕切り」なのです。

　深夜のテレビ放送が終わった時にも同様のことが起こります。放送が終了して、通称「砂の嵐」といわれているザラザラとノイズのみのテレビ画面と、ザーッという音（ホワイトノイズ）に切り替わり、「ああ、放送が終わったな」と思ってパッとスイッチを切った瞬間、自分の居る部屋がそれまでとは少し変わった空間として感じられたことはないでしょうか。シーンとしてふっと静けさが浮上する、聞こえていなかった時計の音が聞こえくる……そんなふうにそれまでとはちょっと違う空間が立ち現われるという経験があるのではないでしょうか。あるいは冷蔵庫の唸《うな》りでも、同じようなことが起こります。冷蔵庫は自動的にスイッチのON/OFFを時々繰り返しています。冷蔵庫のスイッチが切れた瞬間、「あ、唸りが消えた、冷蔵庫鳴ってたんだ。なんか静かになったな」ということを、その直後に体験します。

　このように日常の中でも、いろいろな音の出来事がたくさん起きているのですが、あまり気がつきませんね。けれども音というものに意識を向けると、今まで気がつかなかったことに気がついたり、風景が今までと少し違って見えてきたり、ということが起きてくるのではないでしょうか。できればこういう音の装置が実際にいろいろ街の中に潜在的に仕掛けられていて、それと出遇った人がその時、それぞれの独自な感性で発見的にそこから何かを聴き出す場、そして創造的に音を体験する場を創りたいと思っています。ですから私が創った音を聴いてもらうというよりは、その音をきっかけ、入口にして、その背後にあるいろいろな環境、いろいろな世界に意識をつなげていくことを願って、いつもデザインをしています。耳が環境へと開かれ、聴くコトを通して、自己を取り巻く世界へと意識がつながってゆくことを願っています。

Q & A

——日本人というのは、俳句の季語のように非常に敏感な季節感をもっています。今日のお話の中で、そういった日本人的な優れた感性は資源であるというお話がありました。これを日本から世界にどのように発信していけるでしょうか。

庄野：これまでパリとロンドンで招待展示を行なったり、海外からも賞をいただいたり、またイギリス・フランス・スイス・スペインなどヨーロッパやアジアの建築・デザイン雑誌に取り上げられたりしていますが、ご紹介したサウンドスケープ・

デザインのプロジェクトが評価を得ている点は、人間と環境との間の「詩的なインタラクション」だといえるでしょう。たとえば日本の音文化を表わす言葉として、遠花火《とおはなび》とか、遠《とお》太鼓《だいこ》という言葉があります。花火の音が遠くから響いてくる、お祭りの太鼓の音が風に乗って聞こえてくる、それから遠雷《えんらい》というのもありますね。こういう風向きによってふいに聞こえてくる音、遠くからの音を、「遠音《とおね》」といいます。距離に隔てられた音を、その距離感も含めて味わい、音を介して遠く離れた場所に思いを馳《は》せるという、非常に繊細な音のとらえ方です。このことから、たとえば茅野市民館のためのサウンドスケープ・デザインでは、館内で行なわれたコンサートやイベントの音、また茅野周辺で採集したさまざまな音源を保存し、随時ランダムに断片化して、この遠音のように館内に流しています。それは、途切れ途切れに発生しては消えてゆく「音の雲」のように漂い、日常空間に織りこまれています。来館者は各々の動線・歩行速度などによって、多様にその「音の雲」を通り抜けながら、それぞれ異なる音の出来事と出遇ってゆくのです。そして音源は常に更新され続け、それらの音の断片がふと耳に留まることによって、来館者の意識がさまざまな時間、さまざまな場所とつながる契機を創り出しています。用事がなければ住民が立ち寄らない閑散とした文化施設も多いのですが、ここでは音という媒体を用いて、人々・施設・地域の新たな関係性を生み出したいと思ってデザインしました。このような人間と環境の「詩的なインタラクション」を、海外へも提案していきたいと思っております。

——雨の音を聴くプロジェクト、出雲と府中の違いについてお話しください。

庄野：雨の音を聞く二つのプロジェクトのうち、雨を建築内の柱の中に通すのは出雲です。地中に雨水浸透枡《ます》があって、そこに雨水をもどしているのが府中市美術館です。同じく雨という環境の要素を使っていますが、このように発音の仕組みが違うのと、設置場所も建築の内部と外部ということで異なります。雨の音を聴くこれらのプロジェクトは、いずれも雨の日以外は鳴っていないほうがいいと、私は思いました。というのは、鳴っていない日があるからこそ、鳴っていることに気がつくし、そこに何かを感じ取ることができるんですね。ですから鳴ってない時というのもやはり一つ重要な時だと思うんです。鳴ってないことも「無」ではないわけです。湧き水で音を創り出している新潟のキョロロのプロジェクトがありましたが、あれも湧き水が枯れている時は、音は鳴らなくていいと思っているんです。そのサイレンスからも何かを感じ取ってほしいと思っています。音が鳴っている時、鳴っていない時、それぞれに良さがあると思うんです。

――最後に、音を中心に活動される先生にとって、環境とはなんでしょうか。

庄野：なかなか難しい質問ですけれども、環境というとき、ともすると自然環境のみを想定しがちですが、実は環境という場合には社会環境であったり、経済環境であったり、家庭環境であったり、いろいろな環境があると思います。

ひとりの人間にとって環境というのは、自分を取り囲むさまざまな「地平」といえないでしょうか。この「地平」というのは、観念的なものとしていっているんですが、自分のまわりに見えるいろいろな地平が環境だと思うんですね。その地平が意識されていないと、「私」という存在も亡くなってしまう。つまり環境が意識されることで、はじめて自己の存在が意識される。その地平があまりにも茫漠としていたり、あるいは私と地平の関係が固定化してしまい意識化されなくなると、自分という存在も消失してしまうと思うんです。常に環境という地平があって、それはいろいろな意味の環境ですが、その中に自分という存在が見いだせる。それはちょうど鏡のような関係で、環境があるからこそ自己を認識できるし、自己があるからこそ、そこに世界が生まれるのです。ですからその地平というものが意識されなくなってしまうと、自分という存在もなくなってしまい、極言すると、精神的な生存のバランスが危うくなると思います。

環境とは、私たち人間の生理的生存・社会的生存だけでなく、精神的生存を支えているものなのです。その環境を意識化するために、私の場合は一つの媒体として音をデザインし、音を通してさまざまな環境とつながることをめざしています。もちろん音以外にもいろいろなものを通して、環境とさまざまな関係を結ぶことを可能にするデザインがあればいいと思います。私自身も自分の存在を何かで確かめたい、まわりの世界を感じながら自分自身の存在を確かめなければ生きていけないと思っています。環境が感じられないと自分もなくなってしまう。ですから自分の存在を確認するためのもの、それが環境だと思います。

3-2

照明の正体

照明デザイナー　海藤春樹

【プロフィール】かいとう はるき／演劇、ミュージカル、コンサートなどの舞台照明で常に独自の手法を使い、また都市空間の分野でも《光》によって人と社会の豊かなつながりを表現するライトコンポーザーとして、多くのプロジェクトを手がけている。二〇〇四年「シネコンCINEMA・TWO」（総合プロデュース）、関門海峡ミュージアム「海峡ドラマシップ」「東京銀座資生堂ビル」など。京都ブライトンホテル独立型チャペル「AKTIS」（総合ディレクション）。その活動は多岐にわたり、「脱領域」的に展開されている。

「脱領域」の根は「習ったことがない」活動

私のこれまでやってきたことを「脱領域」と紹介していただいていますが、「脱領域」というよりは、どの領域も入れてくれなかったというほうが近いと思っています。私が大学生の頃はちょうど学園闘争の頃でして、大学もあまり営業していませんでしたから、私が今やっていることで、学校で習ったことは実はひとつもありません。さまざまな領域の活動をしていますが、どれも習ったことがない。照明からスタートして、その後建築も手がけるなど、さまざまな分野を手がけていますが、習っていないという意味ではどの領域とも同じ距離を保っているところが、いいかなと思っています。

舞台照明におけるさまざまな試み

【東京キッドブラザーズのアメリカ公演】

これまでに舞台の照明はいろいろ手がけています。最初に手がけたのは、「東京キッドブラザーズ」の舞台照明でした。彼らはおそらく、日本で最初に、国際交流基金やジャパン・ソサイエティーなどのバックアップもなく、単独かつ手弁当でアメリカに乗りこんだ劇団です。一回目は成功でした。そのときのプロデューサーは十七歳の女の子でした。昔は十七歳の女の子が一人でアメリカに行き、公演の話をまとめてきて「成功しちゃった」というようなことがあったのです。その一回目は「なぜ広島に原爆落としちゃったの」と無邪気に語る芝居でした。

二回目のアメリカ公演では、ジーンズをはいて舞台をバイクで走り回るという芝居でしたが、みごとにこけました。つまり日本人がジーパンはいてバイクに乗ってるのを見てもあまりアメリカ人は楽しくなかったんですね。

三回目のチャレンジには、私も同行し、現地で舞台照明を担当しました。ちょうど八〇年代初頭の話です。舞台装置はまだ若かった内田繁《うちだしげる》さんです。この時は和太鼓を入れたり、歌舞伎の方式を取り入れたりもしました。劇場はオフオフブロードウェイの「ラママ」という今でもある有名な劇場です。オフオフですからメジャーではありません。私が照明を吊っていたら、その劇場の有名なプロデューサーでオーナーでもあるおばさん、この方は黒人ですごく太っているのですが、飛んできて「お前は正気か?」というんです。「この劇場はつくって百年も経っているんだから、こんなにスポットライトを吊ったら、燃えちゃう」といわれました。

東京キッドブラザーズ　アメリカ公演

このときの演出家で、亡くなられた東由多加《ひがしゆたか》さんに相談したら、「英語がぜんぜんわからないことにしましょう」というんです。そこで、いわれたとおり、とぼけてしまいました。

次の日にプレビューがありました。プレビューというのは評論家や招待客を呼ぶのですが、それが、うまい具合に好評だったんです。ニューヨークポストとニューヨークタイムスに照明についても好意的な批評が載りました。そのせいもあり、いきなりロングランが決まりました。ニューヨークには二か月くらいいたでしょうか。

そんなわけで、プレビューの翌日に劇場に行くと、あれほど怒っていた例の劇場オーナー兼プロデューサーが、私をぎゅっと抱きしめていうんです。「お前は天才だ」と。

その時に、この世界で本気でやっていこうかなと思いました。自信があったわけではないですが、はっきりしていて、いいなと思ったのです。記念すべき舞台照明であり、公演でした。

【鎌倉古都展―フィナーレコンサート―古都大仏シンフォニー】

鎌倉古都展（一九九〇年）のフィナーレコンサートの照明では、当初、思い切ったアイディアを出しました。大仏を燐《りん》の紙でくるみ、火をつけて燃やしてしまおうというものです。燐ですから、たばこの火など近づけるとバッと燃えあがります。大仏は銅でできており、くるんだ燐の紙が燃えることによって、大仏炎上の効果を出したかったのですが、この案はイベントを担当した電通の制止で断念し、代わりに「後光が射している大仏」を照明で表現することにしました。背後から後光のような照明を当てると、大仏の前面の顔や衣の詳細は見えなくなりますが、「見えないほうが見える」という効果がありました。逆光を背負う大仏のほうがイメージが深くなり、ドラマもあります。詳細が見えるからいいということではなく、人間は相当イメージで見るのだということの例ですね。顔は見えないのに、後光の大仏のほうがいい男なんです。顔がちゃんと見えてしまうと、かえってつま

舞台照明

後光が射している大仏

らない。また、夜の闇の中で照明を当てたこの演出ですが、夜がいいのは、もののスケールが変わってしまうからなんです。このときの大仏は、ちょうどいい大きさに見えました。

【デイヴィッド・シルヴィアンのワールド・ツアー】

デイヴィッド・シルヴィアンの「ワールド・ツアー」コンサートの照明もやりました。ロンドンでたまたま私の本をもっている人がいて、その人とデイヴィッドと知り合いだったことから、いきなり「照明やってくれないか」という話が来まして、ワールド・ツアーの照明を三回やりました。

ワールド・ツアーというのはアメリカとヨーロッパを全部まわるんです。したがって、照明プランをつくるときには、どこでもできるようにしなければなりません。日本だったら話して聞かせて説明しやすいですけれど、照明のアシスタントはイギリス在住のイギリス人です。彼が一人でまわらなければならないのです。もちろん、行く先々で人は雇いますが、どこでもできて効果のある照明を考えなければなりません。舞台奥に立体的に映し出される照明の効果を観《み》て、みんな「どうやってやったんですか」といわれますが、それはせっかく考えたのですから、教えるわけにはいきません。

このツアーは、ロンドンのロイヤル・アルバート・ホールというところでもやりました。内容のおもしろさはもちろんですが、ロンドンでは終演後にケイタリングでバーが来るんです。お酒といっしょにバーテンも来ます。百円くらいで何でも飲めるんです。ただし、ゲストとして呼ばれた人しか入れないのですが、劇場の一角がバーになり、そこで二〜三時間くらい喋ったり飲んだり寛いだりします。このツアーで、アフターショーバーにいるとき、いきなり変なイギリス人が来まして、「建物のライティングもできるか」というんです。「やればできるんじゃないかな」といいましたら、「フランスのシェルブールという町の市役所の照明をやってくれ」とその場で

デイヴィッド・シルヴィアンの舞台

依頼され、やりました。そういうことが起こるのがヨーロッパのおもしろいところです。

　その後、デイヴィッドがソロコンサートをやったときも照明をやりました。照明は、手を替え品を替えいろいろな手法を使います。彼とは自宅にも招くつきあいですが、菜食主義者なので、わが家に来るとひたすら精進揚げを食べさせています。

【林英哲　太鼓コンサート】

林英哲《はやしえいてつ》さんという太鼓の名人がいます。彼とは、嫌になるくらいずっといっしょにやっています。山下洋輔《やましたようすけ》さんも参加していっしょにやったこともあります。この頃から、照明は煙が使われるようになって、ムービングライトというのがすごく流行《はや》りました。光自体が見えるんです。その時期は相当続きましたね。今でも、それが悪いわけではないのですが、ただ、もっとほかに、何かいいものがないかなと考えていました。そこで考えたのが、映像と照明の組み合わせです。

　映像作家とのコラボレーションも考えたのですが、彼らは映像がちゃんと見えないと嫌になるんですよね。それで、私は照明の一部として映像を使う場合、自分でその映像も全部つくっています。自作だから、映像を完全に見ることができなくても構わないのです。刻一刻と絵が変わっていくというのをつくりました。このような効果を映像以外の方法で出そうとするとものすごくたいへんですが、映像だと楽にできるんです。

　このようなコンサートの会場として興味深くおもしろかったのはカラヤンゆかりのベルリン・フィルハーモニーホール（設計ハンス・シャウロン　一九六三竣工）です。いい劇場なんです。内部を見て、「おー」とかいいながら客席を歩いていたんですが、なぜかまっすぐに歩けない感じなんです。「時差かな、飲みすぎたかな、どっちかな」と思ってよく見ると、あらゆる面が正対しないようになっているんです。だから少しずつゆがんでいる

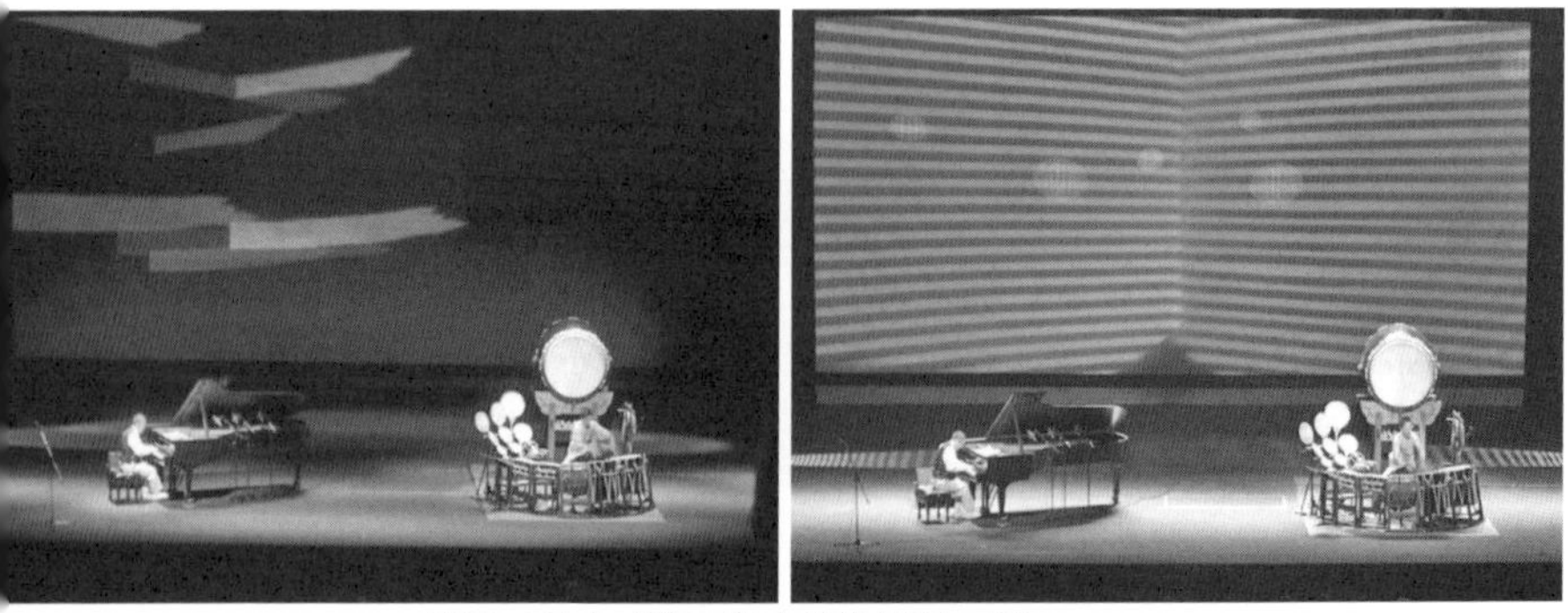

林英哲コンサート　照明の一部として変化する映像を仕様　© 池上直哉

んです。このようにすると、音がハウリングしないんです。

　照明では、流れ星を初め、いろいろな手法を使っていますが、これらの評価は趣味や好みによるところもあります。ただ、照明というのはすぐに名前をつけられてしまうんですよね。たとえば、赤い色を使うと、「夕日ですか」とか「血ですか」とか「盛り上がってきたら赤くなるんですか」といわれるんです。そういう表現はちょっと嫌だなと思っているものですから、「意地でも赤くしないで夕日をつくる」というような、へそ曲がりのようなことを舞台でやっています。


【野田秀樹、野田地図番外公演「赤鬼」】


野田秀樹《のだひでき》さんとやった「赤鬼」という舞台を、初演から振り返ってみましょう。美術が日比野克彦《ひびのかつひこ》さんで、好評でした。この芝居は、六〜七年後の二〇〇四年にも再演しました。初演の出演者は野田さんとイギリスの俳優ミスター・アンガス、富田靖子《とみたやすこ》さんと段田安則《だんだやすのり》さんです。後ろ向いたら違う役という調子で、一人が七役くらいやるんです。野田さんはそういうところがすごい。この芝居は、客席が舞台の四方にあるんです。照明って客席が四方だと非常にやりにくいんです。つまりどこかが逆光になってしまいますよね。そこを考えて工夫しました。

　この芝居は、世界の各地で上演され、それぞれ、タイバージョン（バンコク）、日本バージョン、イギリスバージョン（ロンドン）があります。私は日本バージョンとタイバージョンの照明をやりました。イギリスバージョンはイギリスだけでなく、日本でも再演しました。また、現在、韓国のソウルで野田秀樹さんが役者、スタッフ全員韓国人の韓国バージョンを上演中です。

　新しい日本バージョンは、再演にもかかわらず二〇〇四年に読売演劇大賞（優秀賞）、朝日演劇大賞（演出賞）の両方をとってしまいました。みんなで協議した結果、賞金を全部スマトラ沖地震の津波の被害者の義捐金に寄

「赤鬼」の舞台（観客は四方にいる）

付しました。

　この芝居では、「ひょうたん」みたいな形の舞台がおもしろいものでした。このときの舞台では、舞台の表面に模様をつくっていますが、すべてライティングでやっています。最近私もああいうのがうまくなってきました。このときの舞台照明の一番自信があるシーンは、ひょうたん型の舞台の端に並んで立った四人の役者の前に落ちた影を黄色にしたシーンです。四人の影がぴたっと黄色く揃《そろ》うというのが、狙《ねら》い通りでした。もう一つ、影を紫色にしたシーンも凝《こ》ったところです。影だけ狙って紫にするのですが、なかなかやっかいなんです。賞をもらってもいいくらいです（笑）。派手なやつは簡単なんですが……。これは意外に見ている人がいまして、あとで「すごいですネ」といわれ、観客もあなどれないなと思いました。

【東京芸術大学、オペラ「オルフェウス」】

　現在、私は東京芸術大学の客員教授をやっている関係で、東京芸術大学のオペラ公演の照明をやりました。オペラ「オルフェウス」は森鷗外訳です。森鷗外がドイツに留学したときにドイツオペラにしびれてしまったらしいんですね。それで自分で『オルフェとエウリディーチェ』という話を訳したのですが、それをそのまま東京芸術大学の奏楽堂で上演しました。オペラというのはやってみるとなかなか楽しいものです。自由な試みができ、ミュージカルよりもゆっくりだから手間がかけられ工夫がいろいろできる感じです。

　舞台背景に映し出された映像的なものはすべて自分でつくりました。今はマッキントッシュがあれば誰でも絵が書けるというたいへんいい時代です。これが画用紙だと「描け」といわれたら絶対嫌ですからね。東京芸術大学の奏楽堂はやたら大きいのですが、とてもいい劇場です。映像と照明を混ぜてしまうといいんですよ。どこが映像でどこが照明かわからない不思議な感じがします。正体がわかってしまって、「映像でしょう」とか、「CG

「赤鬼」タイバージョン

でしょう」とかいわれたら、ちっともおもしろくないのですが、そこをわからなくするというのがコツなんです。

イルミネーション・イベントディレクション——まちを彩る照明

【横浜、みなとみらい21　ビルのイルミネーション】

横浜のみなとみらい21という街ができあがったときに、その記念イベントとして依頼されたのが、ビルのイルミネーションです。できあがった三つの建築を使って、ビルを人に見立ててネックレスをかけたようなイルミネーションを付けるなどして、「こっちが女の人で、向こうが男」というふうにデザインしました。こういうのは街ができた後からやろうと思うとすごくたいへんなんです。またビルには、イルミネーションを留め付けるところがないんですね。高所作業ですから落っこちたらすぐ死んでしまいます。それを考えながらデザインしないと、いくらいいデザインでも実現できないですね。電気がないとせっかくの灯りも意味がなくなってしまうので、そのへんがこういうのをつくるときに一番面倒なところです。

【横浜、開港祭の電飾衣装】

横浜の開港祭のときには、建物にイルミネーションを付けるのにも飽きたので、人間の着る衣装に電飾を施してみました。桟橋埠頭をイルミネーションで飾り付け、そこに電飾衣装をまとった人間が立ち並ぶというものです。あっちこっち光ってかわいいので、こんな格好をするとみな楽しいんですよね。ただ、着ている人たちはニコニコしているけど、実はバッテリーを積んでいるから、すごく重いんです。

横浜　ビルのイルミネーション　左が女性、右が男性

電飾の衣装

【銀座通りの期間限定イルミネーション】

また、銀座通り商店街の依頼で銀座通りにイルミネーションを飾り付けた作品もあります。銀座ってわりと大人の街ということになっていて、「かわいい」という感じではないですよね。そこで、かわいらしいのを期間限定で建てようかということでやったものです。ところが、飾り付けのための柱などを建てるには、めちゃくちゃ不便なところなんですよ。銀座通りの下は全部地下鉄なので、ちょっと掘るとすぐに地下鉄の屋根に抜けてしまうため、掘って柱を建てることができません。しかたなく、横にH鋼を置きまして、それに建てました。柱を何本つくったか忘れましたが、銀座通りの端から端まで付けました。

【オペルの期間限定同時多発インスタレーション】

同じような仮設のイルミネーションでは、自動車会社のオペルのインスタレーション（据え付け装飾）があります。直径六メートルくらいの球体のイルミネーションをクレーン車で宙に吊り上げて飾りました。二週間くらいの期間でやったんですが、そのうち半分くらいの日数しか吊れなかったですね。条例の規制により、風が強いと上げちゃいけないんです。このときは同時多発インスタレーションを行ないました。テイ・トウワさんという有名なDJと、美術の日比野克彦さんも参加しました。恵比寿の会場でやっているものが、次々と中継されていくという趣向でした。オペルもその頃は日本で頑張ろうと思っていたものですから、相当気合いが入っていました。

【日産マーチのイルミネーション】

日産のマーチのイルミネーションもやりました。マーチの車体を形取ったイルミネーションです。日産がまだ調子が悪かったときのことで、よくこのようなイベントを行なったと思います。偉かったですね。日産では若い

期間限定 かわいい銀座

人を何人もパリやヨーロッパに勉強に出し、その中で一番優秀な人を、当時三十歳くらいでしたが、カラーを決める人に抜擢しました。三十歳くらいの人がこれだけの大きなプロジェクトを全部仕切るということはあまりないことですが、日産の勇気と意気込みを感じる抜擢です。このイベントでは、ＲＵＭＩＫＯさんというメーク・アップ・アーチストや、ＤＪのケン・イシイさんが参加しました。

【立川市、ファーレ立川のガス灯、街路照明】

立川市では都市計画をやったとき、ガス灯の街頭を東京ガスに頼まれてつくりました。ガス灯というのは中にマントルが入っています。マントルは、ガスストーブのもとみたいなもので、焦げてしまうので交換しなければならない消耗品です。したがって、ガス灯は、マントルの交換のためにどこかを外すことができないといけないんです。この外れるようにつくるというのがやっかいでした。ガラスを輪切りにしてつくったんですが、人間の力ではとうていもち上げられるようなものじゃない。そのへんがあのような物をつくるときは難しいところなんですね。メンテナンスをちゃんとしてもらわないといけない。自分が行ったときに半分消えていたりすると悲しいじゃないですか。

街灯は、町ごとに対応したデザインとなっています。ある区画の街灯では、街灯の柱の下の部分が石なんですが、石がティアドロップ型の断面になっているんです。それがなかなかできなくて、結局、最後は酒田のコンクリート屋さんでつくりました。ものすごくでかい乾燥機みたいなもので、ぐるぐる回るものがあるんです。遠心力で回してしまうのです。それに細かい石とコンクリートを入れて回すんですよ。出てきたものの周りを磨くとどう見ても石にしか見えないものができるんです。そうやってつくりました。

立川のガス燈

総合ディレクション・建築照明

【立川市、シネマシティ】

立川市の映画館「シネマ・ツー」では、総合プロデュースと照明設計を私が担当し、建築設計は武松幸治《たけまつゆきはる》さんが担当しました。本当はガラスの金魚鉢みたいな大きい色のついた箱がランダムに積んであるのをつくりたかったんです。それを最初コンセプトにしていたのですが、建築にはいろいろ制約があり、特に映画館は難しいんです。人がいっぱい乗るから荷重の問題などもあり、意外とちゃんとつくらないと駄目なんですよね。これをつくるのにロンドンとパリとニューヨークと映画館を見て回りましたが、良い映画館って本当にないですね。その中では、この映画館は、音と絵を見る環境としてはかなり良いと思います。看板などはすべて私の事務所でつくりました。スクリーンは湾曲して浮かせました。映写機は点光源ですから、端に行くと広がってしまうんです。スクリーンを湾曲させておくと、絵がどこも全部ピントがあうという理屈なんです。そして、スクリーン自体を浮かせると、見やすくていいんです。

【銀座、東京銀座資生堂ビル】

銀座の資生堂パーラーの入っている資生堂のビルも、協働ディレクションと照明デザインをやりました。建築設計は、リカルド・ボフィルという偉くて、おもしろいスペインの建築家です。この人はすごく良い人だな、と思ったことがあるんです。バルセロナに会いに行ったときのこと、話の途中で、「僕がつくったのを見に行こう」といって、出かけました。国立劇場、飛行場、マドリード駅など、全部この人の設計したものでした。マドリー

立川市　シネマ・ツー　内部の照明（左）と外観（右）

ド駅などは、線路を切って駅をずらしてそこを熱帯雨林にしてしまったんです。とんでもない人でしょう（笑）。

その一方で、彼は低所得者用集合住宅も手がけています。つまりお金のあまりない人の団地みたいなものです。この住宅が、遠くから見るとものすごく大きなスケールでできているんですよ。つまり高さがものすごい、どーんとした、ギリシャの柱みたいなのが建っているんです。

彼の考えは、「今は運が悪くてたまたまここにいなければならない人が、帰ってくるたびに嫌になっちゃうような建築をつくったらいけない」ということなんです。「これだったら帰るのが嫌じゃないだろう。でもね、中はすごく狭くて日本の団地といっしょだ」というんです。ですから見えてるものと内は違う。いくらスペインだってみんながそんな裕福ではないですから。でもそういうことを考える人に僕は初めて会ったんです。ちょっと感動しましたね。それがきっかけで仲良くなりました。

資生堂ビルは中の照明を全部やりました。照明器具は、オリジナルでつくったものです。これもぜひ行ってみてください。

内装は全部スタッコという塗りなんです。実は外装もスタッコにしようと最初考えていました。パリでもバルセロナでもこれを使っているのに、日本でテストしたら一週間ともたない。日本の酸性雨というのは相当すごいですよ。資生堂本社ビルの上に塗ったやつを置いておいたら、色が真っ白にハイターをまいたようになってしまうんです。最初ボフィルも信じないんですよ、「そんなわけない」って。「そういっても色がないよ」と説明しました。日本の環境は相当まずいかもしれないですね。大気汚染は、パリよりもひどい。私はあれ以来、傘をちゃんと差すようになりました。

オリジナルの照明器具は、特別なガラスを使ったものです。ボフィルとの打ち合わせは、素材についてのみでした。デザインはおのずとできてくるものです。この場合はなるべくデザインしないで素材の魅力でいこうかな

資生堂のオリジナル照明

シネマ・ツーのスクリーン

と思っていました。素材としては、泡ガラスを使いました。最近泡ガラスに凝っていて、繰り返し使っていますが、すごくきれいで宇宙があるみたいなガラスです。ただ入れすぎると割れてしまうので、泡を入れる加減が難しいんです。うんと溶かせば良いのですが、そうすると何のために泡を入れたかわからなくなってしまう。つくるのがたいへん難しいものですが、日本でもようやくつくれるようになりました。

【京都、ブライトンホテルのチャペル】

つい最近でき上がったばかりの、京都ブライトンホテルの依頼でつくったチャペルです。これは竹山聖《たけやませい》さんという建築家に頼んでいっしょにやってもらいました。周りにチタン鋼材の板をグルグル海苔巻きみたいに巻いたんです。すごくたいへんでした。形状がかなり複雑にできているんですよ。奥に行けば行くほど上下左右に広がっていく建築なんです。それですごく難しい計算になってしまいました。

入口には、またまた日比野さんにお願いして描いてもらいました。奥にも絵が描いてあります。

照明は天井に取り付けると高さが高くなりすぎて、電球をとり替えるときに手が届かないので、なるべくやめようと考えました。椅子の横のところにスターウォーズの剣みたいなのが刺さっているのがいいでしょう。人が通るにつれて灯りがついていく、などという演出が可能です。これはちょっと苦労しました。光源は実はネオンです。ネオンだとほとんど切れないですね。少なくともこれをつくったときの関係者は死んじゃってからじゃないと切れない（笑）。

花嫁の控え室もつくったのですが、この照明器具はできるだけプロユースを入れようと考えました。主役が大切に扱われているというイメージが一番大きいと思うのですが、実際にもメーキャップの人が使いやすいんです。

ここの照明でも泡ガラスを使いました（次ページの写真参照）。ちょっと自信のある泡ガラスで、きれいです。

外観

内部

京都ブライトンホテルのチャペル

泡ガラスの照明

光っている粒は全部泡なんですが。壁の中に光源が入っています。なんかちょっと宇宙チックでいいですね。ガラスが映《は》えてる照明とかいっていました。総合ディレクションというかたちで建築にかかわっている場合でも、照明の専門家なので、しっかりやっています。

ライブな仕事こそ面白い

私はいろいろな仕事で日比野克彦さんと組んでいます。彼と約束しているのは「原稿をもらうという仕事のしかたは絶対しない」ということです。つまりその場に来て「何したら良いかな」と考えてもらって描いてもらう。その出会いがなくて物をつくってしまうとおもしろくないですね。頭の中で想像してつくったものというのは、たいていおもしろくないので、その場に居合わせて、その場で考えて、できるだけライブなときに描いてしまうというのが一番良いと思っているんです。なるべく事前に考えないで行くというのが、私の基本姿勢です。舞台の仕事も、建築の仕事も同様です。経験を積んできましたから、事前に考えようと思えば考えることはできます。しかし、考えるとつまらないんですよ。だから自分がそこで何を考えつくかなというのだけが今楽しみでやっているところもあります。

なるべく考えないで行くと、劇場で何か行なわれていますから、そこで考えるようにしているんですね。あるいは、私が勝手に何か起こすんですけど、それが自分でもおもしろいなと思うんです。その運動神経というか反応が駄目になったらすぐ引退しようと思っているんです、実は。何も考えないで行き、「うーん」なんていってたら、失礼ですもの。舞台はそれの訓練にはすごく良いんです。なぜかというとすごく時間が足りないですから。鬱々《うつうつ》考えているうちにお客さんが来てしまったらまずいんですよ。その意味で舞台の仕事は訓練の場としてはいいです。

日比野氏のアートワーク

舞台と比べれば、建築は、すごく時間がいっぱいあって楽ですね。逆に時間があるから余計なことをいっぱい考えやすいんです。火花が散ったときに出てきたものを信じられないと駄目ですね。それがないと、どこでやめて良いかわからなくなっちゃうんですね。マチスの最後につくった「教会」というのがニースにあります。マチスは晩年にベッドに寝ながら棒の先に筆を付けて描いていたんですよ。それがすごく良いんです。それはあきらかにここにマチスが寝ていて描いたんだなという、何というかある種のセクシーな感じがある。そういうタッチがないものというのはどうもおもしろくないと思います。

現代建築というのはそこのところがどうもおもしろくないなぁと思っていたものですから、「現代建築を汚す係」というのもいいなと、最近思っています。タッチがなさすぎる、透けてれば良いというものじゃないんだと文句いっているものですから、少しだけど人間のスケールがずれてしまっている気がします。

先ほど話の出たボフィルが面白いのは、独特のスケール感があるところです。彼はバルセロナの国際空港も造りましたが、そのコンセプトは「人間が惨めに見えない」というものなんです。飛行場って、とくに外国の飛行場に着くと言葉の問題もあるし、おどおどしてしまいますよね。ちょっとした難民状態になるでしょう。その人たちがなるべくそういうふうに思わないようにするために、ダブルスケールという造り方になるらしいんです。全体は大きな構造でがちっと守ってあげて、中のショップやカウンターといったヒューマンスケールの部分は、なるべく小さくできているんです。そうすると人間は落ち着くというんです。これはいいなと、思っています。

ときどき建築にかかわると、サイズなどを自分で決めないといけないんですが、だいたいわからないから、「困った時はすぐボフィル」ということで、ボフィルがどういっていたか、どうしているかにならうことにしています。ボフィルに「黄金分割にせよ」といわれたものですから、「よしよし、困ったら『黄金分割』」となっています。

以上が、最近の私の活動です。

Q & A

――舞台の照明、建築の照明、都市の照明、大きく分けると三段階のスケールの違う対象がありましたが、照明する対象が変わると、デザインするときの態度、心構えが変わってくるものなのですか？　あるいは一貫したスタンスでお仕事をされているのですか？

海藤：舞台はちょっと特殊ですね。しかし、どれもアカデミックに勉強して今ここに至ったりしているわけではないので、どの仕事も素人代表だ、普通の人代表だと本当に思っているんです。普通の人がお金を払って見たり使ったりするものですから、普通の人だったらこういうのがいいんじゃないのというものや、変な気がしないというもの、そういうものをつくっているつもりなんですね。

建築家にいうのも、「普通の人が見るんだから、建築オタクが見るわけじゃないから、そういうややこしいこともやってもいいけど、そうじゃないほうをちゃんとやってね」といいます。つまり普通の方が使うということが基本なんです。だから「素地がきれいだな」とか、「ここ感じいい」って思わないと駄目だろうと思っているんです。

舞台だって演出家をはじめ、いろいろな人がかかわっていますが、そのような演劇人のためにやっているわけじゃなくて、お客さんがお金払うからやっているんです。だから舞台を見る際、できれば客側の目線と作り手側の目線を七対三くらいにしたいと思っているんですね。仕事というのは実際に携わっているとすぐうまくなっちゃうじゃないですか。うまくなっちゃうと、さっきいったパンチがなくなるような気がしているんです。ある種のスリルというか、今つくった出来立てのお饅頭のような感じがなくなって、お土産屋に売っているお饅頭のような感じになってしまうわけですよ。そうならないように何とか頑張ろうとずっと思っているんです。ですから自分でもドキドキしながらやっていますね。

——それは多分どのような仕事にも共通の取り組むスタンスだと思うんですが、対象によって違いを感じることがありますか?

海藤：ディテールはすごく違います。でも究極的には見てくれた人が「いい」っていってくれないと私の明日がなくなっちゃうでしょう。そういう意味では同じなんですよ。僕は建築家にゴマすっているわけでもなく、演出家のためにやっているわけでもないという姿勢だけは、ずっとくずさないつもりでいます。そうじゃない人が多いのはおかしいですね。それはおかしいことです。

——たとえば私がニューヨークのブロードウェイでミュージカルなどを見ると、観客として疑問に思うことがあります。ロングランの公演などで何年にもわたって継続して上演されている場合がありますね。そのような場合に、舞台の作品は時間の経過と共に流行や変化するものがあるのでしょうか、それとも変わらないものなのでしょうか。また、照明については、考え方として少しずつ時代にあわせて変化や改良があるのかどうか……。

海藤：非常に鋭い質問です。私も舞台の仕事を始めた頃には、「やはりブロードウェイかな」とかと思いまして、しょっちゅう行っていました。友人の部屋もあって便利だったものですからニューヨークに年間どれくらい行ったか忘れてしまいましたが、ずっと観《み》ていました。その結果として、今はブロードウェイ発のミュージカルや、劇団四季などに批判的な立場をとっています。

ご指摘のようにブロードウェイも問題をたくさんもっています。あそこは株主制度のようにみんなが投資をしているんですね。ということは儲からないともちろんまずい。だから、マーケティングによって演劇がつくられています。今流行《はや》っているのは、まずどこの国の人でもOKの作品なんです。「キャッツ」が一番わかりやすい。猫ですから、どこの国でも全然問題ないです。その前には「スターライトエクスプレス」というのがありました。これには日本も「KODAMA」や「SINKANSEN」などが出てくるし、主役を黒人の人がやったりするんですよ。それは実にじょうずなマーケティングなんです。白人の人たちだけで演じていては反発も多くなるからです。しかし、今上演中の演目がすべてそういうものかというと、そうでないものもあります。たとえば、すでに風化してしまった「オペラ座の怪人」みたいなものや、非常に古い時代の話などは大丈夫なんです。

ご指摘のように、長くやるというのが実に問題でして、役者が嫌になっちゃうじゃないですか。もたないんですよ、毎日感動しようといわれてもね。昔、水前寺清子さんのコンサートというのをやっていたんですが、あの人はすごい。「お蔭様です。ありがとう」という曲がありまして、これはオリジナルで、毎日歌うんですよ。歌って必ず泣くんですよ。歌えなくなっちゃうんです、感動して。そうするとお客さんは「今日はすごかった」とくるでしょ。でもこっちは毎日ですから。そういうプロわざというのも、もしかしたら長くやっていくとあるのかもしれないんですよね。私自身はそれは好き嫌いでいったら好きじゃなくて、やはりライブでそこで生成されなくては駄目なんですよ。ロングランもほどほどにしないとみんな疲弊しちゃう。このように、演劇とは、ごく腐りやすいものなんです。

――照明についていえば、やはりロングラン公演の作品での照明と、そうではない作品の照明では取り組み方が違うのでしょうか。

海藤：ロングラン公演の照明は、今度はアメリカの契約社会の問題になってくるんです。オリジナルというものが、ものすごい守られ方をするんです。これはロンドンでも同様です。私もそういう意味では居心地いいんですよ。ロンドンなんかでやっていると、オリジナルを絶対に変えないということが徹底しています。何もそこまで守ってくれなくても……っていうくらい守ってくれるんですね。日本では、オリジナリティーというものが非常に軽く扱われています。そういう意味ではブロードウェイやロンドンはいいんだけど、ただそれは逆側でいえば、そのようなやり方がある種の硬さを生みますよね。

　私の照明が変化しにくいようにコンクリートされてしまうんです。もう絶対に変えられないというように……。その照明のデザイナーである私がいっても、勝手に変えられないんですよ。そのプロダクションで、そのプログラムを使って、その時に、私に「たいへん良かった」とかいわれたりするじゃないですか。その時点でセーブしていますから、私がまた勝手に行って変えると、商品をいじってしまうことになるんですね。

――先生にとって、環境とはなんでしょう。

海藤：環境ですか。立川をつくったときに文章を書かされたんですよ。私はそのとき、「環境をつくろう」といったんですね。それでその頃、他の照明デザイナーが、何か他の雑誌に環境のことを書いていて、「きれいな景色をつくろう」とあったからちょうどいいかなと思って、それに噛み付き、「景色の中には人は住めない」っていったんですよ。中に入っている人のためにつくるんですよね。だから目線が、どんな人でもいいけれども、外側からつくられちゃうと、それはただの景色じゃないですか。そんな中に人は住めないといったんです。今でもそう思ってますよ。

　ですから環境というのは、人がいるから環境で、人が住めない部分は絵ですよね。単純に都市計画をやったときに、人は車か歩くか、寝ている人はあまりいない、移動するでしょう、町を。その目線でつくればいいんですよ、というふうにやりました。それが一番で、それ以外に視点をもたないでしょう。スーパーマンじゃないんだから。空飛ばないし。リアルにそうやっていくのがいいと思うんですよ。ですからどちらかというと、環境づくりというのはアコースティックなというか手づくりなアプローチがいいと思うんですね。フィロソフィーではなく、デザインでもなく、体が気持ちいいというのをつくるのが一番いいと思います。

3-3 言葉・芸術・身のまわり

詩人　平出　隆

【プロフィール】ひらいで　たかし／一九五〇年福岡県生まれ。一橋大学社会学部卒業。現在、多摩美術大学教授。詩集に『胡桃の戦意のために』思潮社（芸術選奨文部大臣新人賞）、『家の緑閃光』書肆山田。散文作品集に『左手日記例言』白水社（読売文学賞）、『葉書でドナルド・エヴァンズに』作品社、『ベルリンの瞬間』集英社（紀行文学大賞）、小説に『猫の客』河出書房新社（木山捷平文学賞）、『伊良子清白』新潮社（芸術選奨文部科学大臣賞、藤村記念歴程賞）、評論集に『破船のゆくえ』思潮社、『光の疑い』小沢書店、エッセイに『ベースボールの詩学』筑摩書房、『白球礼讃』岩波書店、『ウィリアム・ブレイクのバット』幻戯書房、など。

最も近い環境——身のまわり

私は、詩を中心にものを書いてきた人間ですが、ある意味で、いわゆる詩というものからどんどん離れていっているような気がします。ところが、人間があつかう言葉の領域はさまざまで、たんに文学の世界だけではありません。言語活動がとる形態には日記や手紙のように、だれもが経験している次元があり、そういう次元が人間の活動の共通の基盤になっています。そのような領域もふくめて、私の活動があると考えています。

今日、与えられた大きなテーマは「環境」ですが、私が考えていることの中で、いちばん近いところに環境ということばが関わっていることに気づかされました。そのことばを言い換えますと、「身のまわり」ということになります。「身のまわり」というのは、たとえば、身のまわりの世話をする、という表現としてつかわれると思います。とても柔らかい、いわば普通の言葉だと思いますが、意外にも使いみちは限られています。

私が言葉の周辺で活動してきて、とても困っていることがあります。それは、身のまわりが渾沌としている、分りやすくいいますと、整理整頓ができないという状態のことです。机のまわりにさまざまなものがあふれ返って、つねに奥さんに叱られているというような状況が、ここ二十五年くらい続いています（笑）。しかしいま、頭の中では、この問題がどこから来ているかが分っています。伊達に年齢をかさねていないといいますか（笑）、まあ、そういう状況にあります。

身のまわりということが、いまの私にとって非常に大きなテーマになっています。言葉について考えてきたこと、つまり詩について進めてきたいろんな思考は、最初は身のまわりのこととか机のまわりのことなんかは大して問題にしていませんでした。ところが、想像力や美意識の飛躍によってはるか向うに見ていたはずの詩のことが、身のまわりの塵や芥のようなものとの関係において見えてくる、という状態になっています。

時をつづるアート――河《か》原《わら》温《おん》、時間をとらえる絵画

黒に近い色などで塗りつぶされた地に、白い文字で日付（たとえば「JUNE 5, 1966」）が書かれているだけの美術作品があります。ご存知の方もいらっしゃるかと思いますが、河原温というアーティストの作品です。現代美術の作家で、世界的な画家です。若い頃に日本を離れ、主にニューヨークで活動してきたために、日本の社会

河原温《Date Painting》

ではそれほど知れ渡ってはいないかもしれませんが、美術史を変えた世界的な美術家といえます。

この作品群は《デイト・ペインティング》（「日付絵画」）と名づけられています。あるいは《トゥデイ・シリーズ》と呼ばれることもあります。「今日」というシリーズですね。キャンバスの上にアクリル絵の具で描かれたものです。活字のように見えますが、印刷ではなくて、すべて手で描かれているものです。この「絵画」には、作品を入れるための箱が付属しています。一九六六年といえば大分前のことになりますが、この時期から現在まで、このようなかたちで、ほとんど同じ方法で描かれてきているシリーズです。毎日ではありませんけれども、少しずつ色は変えたり、書体が微妙に変ったり、大きさがときに大きく変ったりしますが、基本的にはこのようなかたちで描かれていきます。これについては、その日のうちに描き終えるというルールが、画家自身に課せられています。一日が終るまでにこの絵が描き終えられなかったときはそれを破棄する、という規則にしたがって描かれているようです。

まず、これを描くのに、どれくらいの時間がかかるのだろうか。二十四時間のうちには、寝たり食べたりもするわけです。また、こういうことをやって面白いのだろうか、という素朴な疑問を抱く人もあるかと思います。違う日付の作品を見ても、同じように描かれています。若干書体が大きくなっているように見える場合もあります。この場合、日付の月の部分が「MÄRZ（メルツ）」とドイツ語の表記になっています。この部分の表記が、ドイツ語になったりフランス語になったりスペイン語になったりします。そこにも、きちんとしたルールが画家自身の中にあって、ドイツにいるときはドイツ語をつかう、スペインにいるときはスペイン語をつかうというかたちで、このシリーズは描かれています。

また、作品を入れる箱の中に新聞紙が貼り込まれているものもあります。この新聞には当地の、まさにその日の新聞を貼り込んでいます。けれども、作品を納めるためのこの種の箱は、画家自身のことばによれば、作品で

河原温《8. MÄRZ 1991》を納める箱

はない、というのが基本的な考えだそうです。

この人はなにが面白くて、こんなことをしているのか、とみなさんは思われるかもしれませんが、それは私にも分りません。だれのどんな絵でも、愉しみとともに描いているんだろうなとは思いますが、これだけ無機的なものになりますと、描く喜びを自分からあえて追放しているような感じさえしてきます。

さらにこの写真では、このシリーズの作品の箱がたくさん並んで、大きな箱の中に入って、シリーズが納められています。箱は作品ではなく、作品を収蔵している状態にすぎません。それでもこの眺めは、時間と人間の関係を比類ない方法で示すものと思えます。

私は、この作家に関心をもつ前に、よく知らないまま、ニューヨークにあるこの作家のアトリエを訪ねてしまった経験があります。一九八〇年代ですけれども、知り合いの宮内勝典という小説家が河原温のところに居候をしていた時期があって、彼は何度かそんな滞在をくり返しているのですが、私はそのころニューヨークに行って、宮内さんに戴いていた住所をふらりと訪ねたことがありました。そこがあの河原温のアトリエだったのです。しかし、当時はそのことに気がつきませんでした。宮内さんはそれより前に、小説の中でこの河原温のことを書いていて私も読んでいましたが、私は河原温のアトリエだとは思わずに、宮内さんを訪ねたのです。そこは、ニューヨークのソーホーの、倉庫を改修したいわゆるロフトという居住空間でした。本日の講演会の会場の半分くらいはあるような大きなロフトでしたが、テーブルが置いてあるだけで、その上にも壁にも、きれいさっぱり家具も装飾もなにもない状態でした。おそらく整理整頓を常にして、作品が見えないような仕方で、日頃も制作している。制作するときだけキャンバスが現われるのです。こういう状態は、私の机の状態とは対極にある状態です。あとで気づいて、だから関心をもったのかということもありますが（笑）、それ以上に、幽霊のような、不思議な人だなと思って、この人を見つめはじめました。

《Today》を納めた箱が積み重ねられると

河原温には、他に、《I Went》というシリーズもあります。地図上に赤い線が入り、日付がスタンプされているという作品です（次ページ参照）。これは、地図の上に自分が歩いた軌跡を示しているわけです。いちばん下には「一九七三年三月八日」という日付が見えます。一種の記録です。こういう記録を付けて日付の順にファイルに入れていく、ということもやっています。彼が自分のことを記録する方法は、その人の気配が感じられない非常にストイックなものです。《I Went》のほかに《I Met》というシリーズがあります。これは、その日に会った人の名前をタイプライターで紙に打ち、それをファイルに入れて並べていくというシリーズです。

このように、日々の生きている時間をたいへんにシステマティックに整理していくことを、この画家はいろいろなかたちでやっているわけです。「一日」という単位が働いていることが、ここで分ると思います。「一日」という単位で整理していくということが、いまお話ししました三つのシリーズでも展開されています。

さらにまた別のシリーズがあります。葉書のシリーズです。シリーズのうち、ある葉書の相手は、デュッセルドルフのコンラート・フィッシャーという著名な画廊主です。裏の絵は、と見ると、ごく普通の絵葉書です。おそらくピッツバーグの有名な野球場でしょう。こちら側に切手が貼られ、宛名にはゴム印を押し、文面は《I GOT UP AT 9.51 A.M.》となっていて、九時五十一分に起きました、と書かれています。これも「一日」が単位ですから、その日の朝のこと、という時制になるわけです。日付は左上に入っています。

このような葉書を、ある特定の人につづけて送ります。何時に起きたというのは、毎日違うのが普通でしょうが、それだけをゴム印で押して送る。このゴム印の押し方は、手の気配が感じとれないくらいにまで消されています。不気味ということばがふさわしいといえますね。同じ人から、毎日、何時に起きたという葉書が来る状態を想像してみてください。それがどうした、と叫びたくなるようなことかもしれませんね（笑）。

また別に、電報のシリーズがあります。今日では、日本でも電報の姿が随分変りました。慶弔電報にしても、

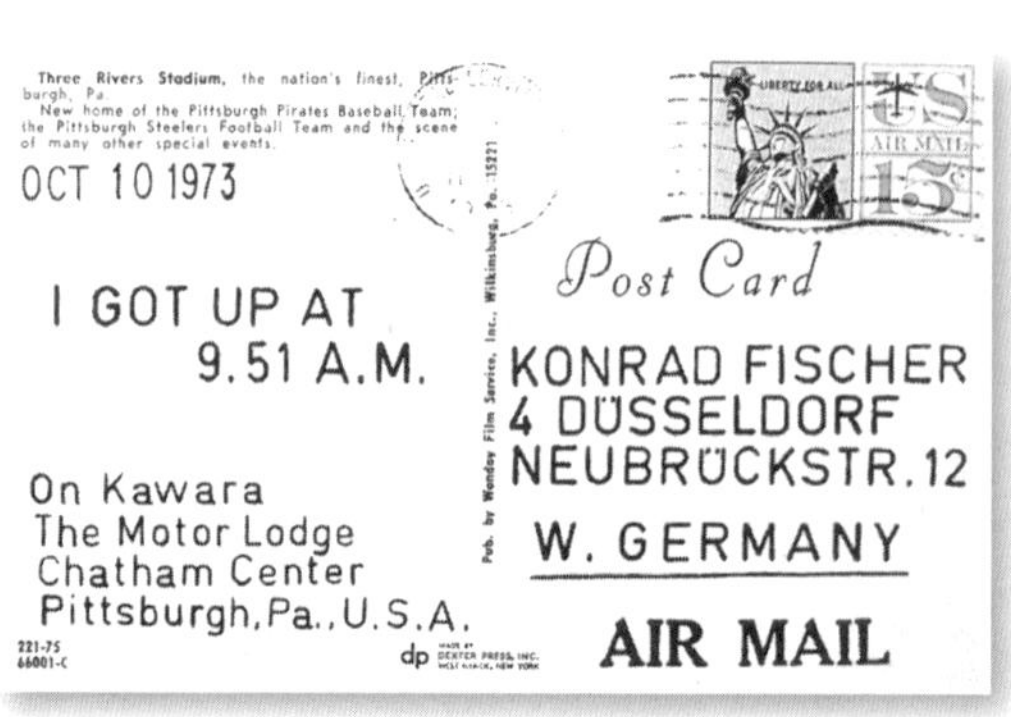

河原温《I Got Up》

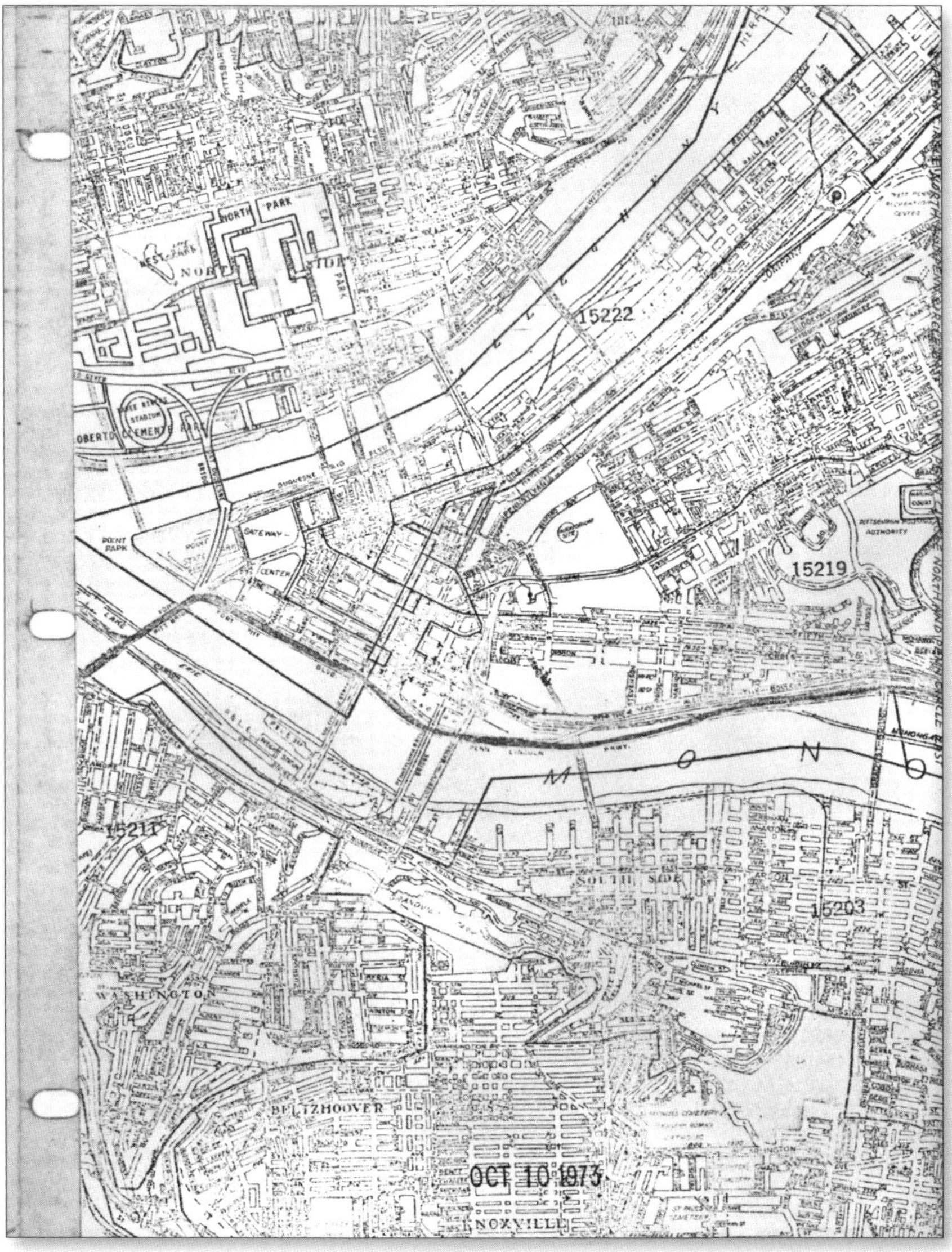
NORTH PARK
15222
15219
15211
15203
SOUTH SIDE
WASHINGTON
BELTZHOOVER
OCT 10 1973
POINT PARK
GATEWAY
DUQUESNE
AUTHORITY

河原温《I Went》

いろんなものがあります。昔の電報は簡素な紙にカタカナで打刻されていて、濁点、カギ括弧なども、独特のしかたで入っていました。ここにたとえば、ドイツの電報をつかって送られたものがあります。文面は、《i am still alive》(まだ生きています)と書かれています。こういう電報が来るのも困ったものです(笑)。ほんとうにシリアスかもしれませんから。これらのシリーズの電報は、ともあれ美術作品としてつくられています。美術作品という概念を変えたということ、あるいはこれまでになく、概念そのものを美術作品にしたということで、conceptual art と呼ばれています。河原温は conceptual art の非常に重要な作家ということになります。

conceptual art がどういうものかはともかくとして、このようなやりかたを特徴づけているのは、シリーズになっているということです。先ほどの葉書にしてもそうですし、最初の《トゥデイ・シリーズ》のキャンバスの絵画にしてもそうですが、特徴はこのようにシリーズにしていくということです。このシリーズの中で浮び上ってくるものは、時間との付き合いかたといったものかもしれません。つまり、時間をとらえる絵画、あるいは時間とともにある美術、といえるかもしれません。

これまで絵画というものは、キャンバスの上で、つまり限られた空間において時間というものを感じさせるものでありつづけたわけですが、キャンバスを離れて、このような時間の推移の中でもアートがありうることを示した例だと思います。

私は、この画家にいろいろな啓示を受けて、とくに時間のあつかいかたについて多くを学んでいます。芸術において時間をあつかうことがどういうことなのかを考えさせられました。この作家に限らず、他の画家においても、作品に時間というものが表われている人にたいへん興味をもちます。一般的な話ですが、ある美術家が亡くなったとしますと、残された絵画というのはとても混乱した状態にあるのが普通です。有名な作家の場合は助手がついたり、画廊がついたりして整理ができているかもしれませんが、その作風に沿った整理、たとえばある時

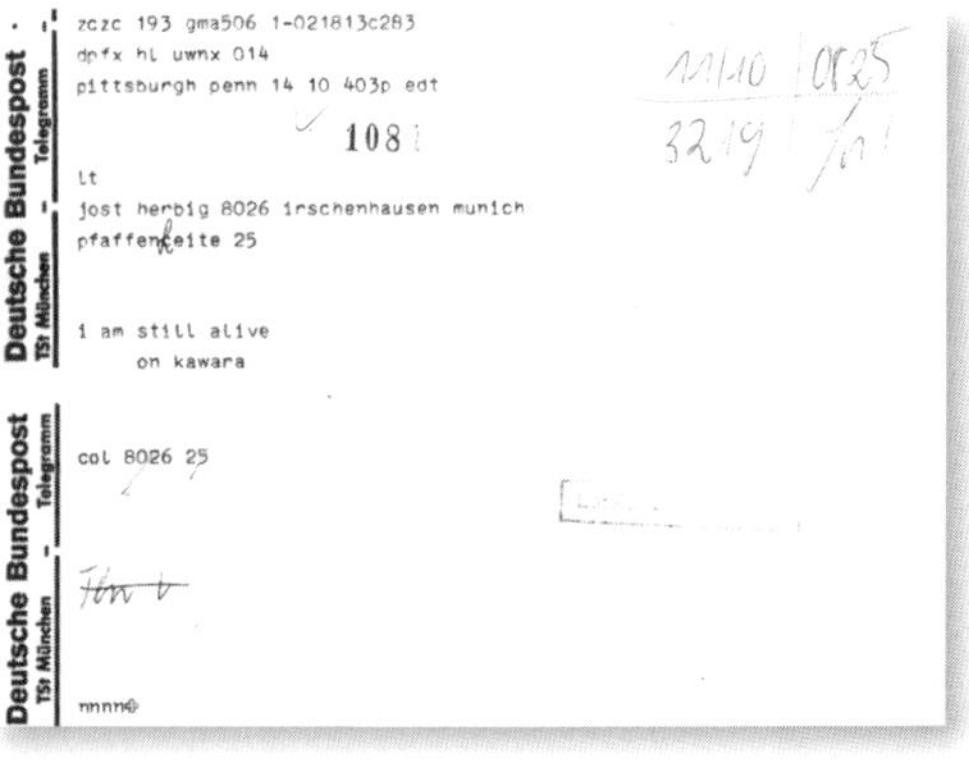
Deutsche Bundespost - Telegramm
TSt München
zczc 193 gma506 1-021813c283
dpfx hl uwnx 014
pittsburgh penn 14 10 403p edt
1081
lt
jost herbig 8026 irschenhausen munich
pfaffenleite 25
i am still alive
on kawara
col 8026 25
nnnn

河原温《I Am Still Alive》

代は青の時代だとか、ある時代は抽象の時代だとか、そういった整理は、はるかに時間が経って客観的になってから行なわれるのが普通だと思います。ご本人は、これはこの系列の作品ということを、ある程度は意識しているかもしれませんが、なかなかシステマティックに整理するところまではいかないのではないかと思います。河原温の場合は、そうではなくて、システマティックであることばかりか、整理していくこと自体が作品になっているという例だと思います。自分の生きている時間を整理していく。ちょうど私たちが日記をつけるのと似ていると思われます。日記をつけるのと同じようにして、このような絵画が描かれていくわけです。

この美術は日記をつけるという行為とかなり近いのではないかと思います。生きられる時間を整理しながら生きていくということです。絵画を描くという行為が自分の時間を整理していくことになる画家のありかた。こういうことがありうるのだろうか、ということも、私の中でとても大きく動いている問いかけのひとつです。渾沌としているものを整理するための器や枠、そういうものについても考えます。先ほどの起床時刻の葉書のシリーズは、葉書という器を用いながら時間について私が考えてきたことと密接に関係しています。

架空の国をつづるアート――切手を描く画家ドナルド・エヴァンズ

一九四五年に生れて一九七七年に亡くなったドナルド・エヴァンズというアメリカの画家がいます。この人は、火事のために三十一歳にしてアムステルダムで亡くなっています。生れはニュージャージー州です。建築家になろうとしたこともありましたが、画家になります。当時はポップアートが隆盛で、アンディ・ウォーホルとかジム・ダインとかいった人たちが活躍しはじめていた時期です。自分はどういうふうな画家になろうかと考えていたときに、彼は切手という形式を選びました。

彼が描いた水彩の切手の作品があります。画面は郵便物の表面を表現しており、左上に宛先の名前と住所があります。オランダ人に時にある名前らしいのですが、ナークトゲボーレンという長ったらしくて時代錯誤みたいな名前が書かれています。実際にないわけではないかもしれませんが、変な名前です。「裸で生れた」とか、「生れたまま」という意味です。「生れたまま」様へ、という宛名です。宛先の二行目は住所です。なんとかストラートと街路名が書いてあります。画面の右側の隅に消印がありますが、この消印、消しゴムをゴム印代りにして、彼が彫ったものです。アクテルデイクと書いてあります。画面左側には彼の描いた切手が貼られています。切手を集めたことのある人ならご存知でしょうが、昔の切手には、目打ちがなくハサミで切るようになっていたものがあります。それを真似していて、いかにも古い切手というふりをしているのですが、彼が描いた切手です。水彩で描かれていて一点物の作品です。印刷ではありません。切手には国の名前がつきますが、これはアクテルデイクという名前の国なのです。実際の地名からアクテルデイク公国という国をイメージして、そういう国を彼がつくってしまいました。こうして彼がつくっているのは架空の国の、架空の切手なのです。こういうものをつくっていけばいくほど、彼の中では国が増えていく。それらの国と国の関係も生れてきて、この国とあの国はかつて支配と被支配の関係にあったとか、この国ではこういう言語をつかっていたということまで考えられています。切手には通貨の単位も表われますが、この国では何々という単位が用いられていると、すべての切手に示されています。よく見ると、ときに笑ってしまうような単位ですが、とりたてて笑わせようとするような感じはなくて、さりげなくつかわれているところが重要です。

このような国をたくさんつくり、何千枚という切手を描いたあと、エヴァンズはアムステルダムで火事に遭って死んでしまいます。

エヴァンズは、少年時代から多くの切手を描いています。彼は、最初はよくあるように、切手を蒐集しはじめ

ドナルド・エヴァンズ《1940. Airpost》

ました。そして、膨大な切手が集まってきたあるとき、自分で描いてみようと思い立ちました。こうして描かれた少年時代の切手は、大人になってからの作品と比べると、やはり子供っぽい感じがするかと思います。

それでも、このようにして、自分で国をつくることを少年時代に一度経験していたわけです。ところが、彼が高校に入ってからは制作も蒐集もやめて、普通の高校生としてフットボールゲームを観戦したりデートをしたりする少年に変っていきます。切手のことは一度忘れてしまったのです。二十代を過ぎてアーティストになろうと思ったときに、この少年時代にやったことがふたたび蘇ってきて、架空の国の切手を描く画家になるのですね。

ただ、この人が極端なのは、こういう切手を描きましたが、切手しか描かなかったということです。このやりかたしかやらなかった。切手は現実の切手と同じサイズです。バックの黒は、黒のストックシートの上に、描いた切手を載せているのです。切手のふちのぎざぎざをつくることをパーフォレーションといいますが、早い時期には穴を開ける器械を手に入れられませんでした。そこで、タイプライターのピリオドを連打し、黒い紙の上に置いて、穴のように見せています。これもその例だと思います。実際に穴が開いている作品と、穴が開いているように見える作品とがあります。パーフォレーションという器械は、私も関心があって日本で探しましたが、なかなか手に入らないことが分りました。おそらく、印紙などの偽造問題があるからだと思います。

このようにして、架空の国の切手をつくるうちに、今度は地図を描きはじめます。空想の国がたくさん並んでいって、空想の切手カタログも厖大なページになり、おのずから空想の世界地図ができるわけです。

さらに切手の制作集計表もあります。それは、国のリストでもあります。想像がつくり出した国です。リストのいちばん左に、国の名前があります。制作年がいちばん上にあります。制作点数が描かれています。ところが、たとえば、このアクテルデイクという国を見てみましょう。切手の発行年としては、これより前の時代の年号が切手の面には表われています。ですから、いちばん上にあるエヴァンズが実際につくった年とは時間軸が別なわ

ドナルド・エヴァンズの少年時代の切手

CENSUS	1971	1972	1973	1974	1975	1976	1977	TOTAL
Achterdijk	1	69	35	43	30	3	–	181
Adjudani	–	30	–	73	47	10	–	160
~~Allersma~~	–	1	–	–	–	–	–	1
Amis and Amants	–	4	6	78	16	13	3	120
Antiqua	–	–	41	60	–	–	–	101
~~Asselijn~~	–	10	–	–	–	–	–	10
Atran	–	–	12	–	–	–	–	12
~~Azori Islands~~	–	14	–	–	–	–	–	14
Banana	–	–	–	–	36	16	–	52
~~Barcentrum~~	–	14	14	–	–	–	–	28
Cadaqués	–	–	–	–	34	–	–	34
~~Cape Girao~~	–	–	5	–	–	–	–	5
Islands of the Deaf	–	32	2	34	10	–	–	78
Domino	–	2	79	84	128	52	4	349
~~Emmanation~~	1	–	–	–	–	–	–	1
Fauna	–	–	14	5	127	219	–	365
Fauna and Flora	–	46	12	–	20	–		78
~~Gnostis~~	–	10	5	–	–	–	–	15
Glenveagh	–	–	–	–	–	30	–	30
~~Hedblom~~	–	1	–	–	–	–	–	1
Jantar	–	–	9	68	–	–	–	77
Joias	–	–	28	–	–	–	–	28
Katibo	–	43	18	54	14	3	12	144
Lichaam and Geest	–	–	10	31	–	–	–	41
~~Macrobiotica~~	–	1	–	–	–	–	–	1
~~Malona~~	1	–	–	–	–	–	–	1
Mangiare	–	41	5	86	–	–	–	132
Marandel	1	–	–	–	–	–	–	1
Marisol	–	–	4	–	–	–	–	4
Moose Islands	–	–	–	6	–	–	–	6
My Bonnie	–	–	–	–	–	194	89	283
Nadorp	–	81	68	64	155	109	30	507
Pasta	–	–	–	25	–	–	–	25
~~Rona~~	–	–	4	–	–	–	–	4
Rups	–	–	–	–	22	–	–	22
Sabot	–	6	32	20	68	–	–	126
Slamat Makan	–	–	–	–	–	–	20	20
~~Stein~~	–	35	–	16	–	–	–	51
Sung-Ting	–	18	–	–	28	38	–	84
Tropides Islands	3	67	77	26	22	116	40	351
Weisbecker	–	–	4	–	2	–	–	6
Yteke	–	36	81	109	36	10	–	272
TOTAL	7	561	565	882	795	813	198	3821

ドナルド・エヴァンズ《Census》 死の直前の制作集計表

けです。一九七七年四月十六日の記録ですから、死の十三日前のものとわかります。もし彼が、あのとき火事に遭わなかったら、この「世界」はもっともっと広がっていたでしょう。一九四五年生れですから、いま生きていれば六十歳をすぎたばかりです。この世界がもっともっと広く緻密になっていたと思われます。

既製の葉書に自分の描いた切手を貼りつけた作品もあります。この場合も、時間というものがよく表われている芸術ではないかなと思います。

渾沌をつかまえる時間的方法

本日は、画像をお見せするのに、「実物投影機」（オーバーヘッド・プロジェクター）でスクリーンに投影しています。この器械を私はよく使用しますが、このようなきまった大きさの紙を載せてつかうのは、今日はじめての方式です。以前、このB６というサイズの紙をたくさんつくって、ここにいろんな考えついたことのメモや図式や、関心のある人の言葉を整理しようと思っていたのです。ところが、授業で画像を出すのにこのシステムにしてしまえばいいと思いついたのは昨日のことです。これから生かしていきたいと思っています。いまやったみたいに、実物投影機に本を載せて画像を見せますと、本の厚さがありますからピントがずれたり曲面ができたりしますが、この方式だと紙を置くだけでいいわけです。しかも、自分の頭の中で進んでいく話と、偶然手でつかまえたものとが、うまく噛み合ったり合わなかったりしながら進めることができるわけです。

「渾沌をつかまえる方法」と、私はいおうと思いますが、もし、これを「パワーポイント」のようなＰＣソフトできちんとしてシナリオにしてしまいますと、渾沌がつかまらないと思えます。整理されすぎてしまう。整理が悪い人間の悪あがきのような、居直りのような言い草ですが、渾沌をつかまえるためには、ある程度の渾沌が

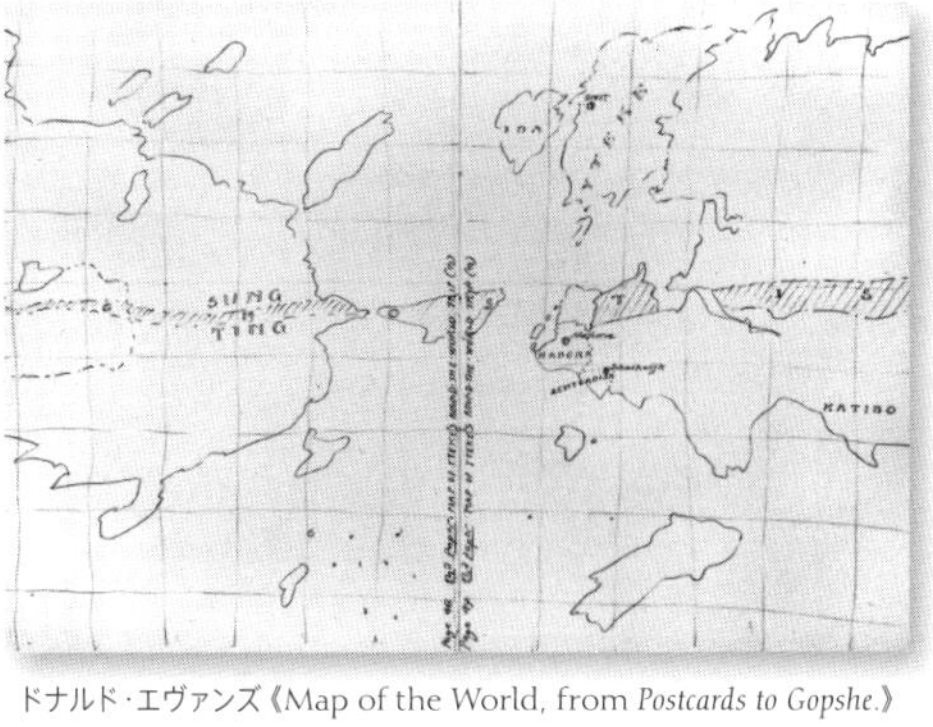

ドナルド・エヴァンズ《Map of the World, from *Postcards to Gopshe.*》

必要だと思うのです。日々、そういうふうに居直りながら、しかしじつは謙虚に生きていくという方法を（笑）、河原温から学び、ドナルド・エヴァンズから学んでいるのですね。

その一つですが、いろんな品物を戴いたり、他にも言葉を戴いたりして、礼状を書かなければならないことはだれにもあると思いますが、私の場合だと、詩集などの本が送られてくることがとても多い。それに対する礼状をなかなか書けないという日常を過していまして、非常に不健康な精神状態になります。他方、書くべき原稿が溜まっている、これも不健康な状態です。同じ書くという行為において、手紙とか葉書、返事やお礼状が書けないまま日々流されていく。これもたいへん不健康な状態です。併せて運動不足で、これもまさに不健康な状態です。

この歳になりますと、やりたいこと、やるべきことはだいたい分ったし、残っている時間もだいたい分っている。ところが、分っているのに、これがうまく噛み合っていかない。これをどうしたらいいのかということを考えているわけですけども、考えながらも日が経っていく。いま、いちばん困っているのがコンピュータのことです。この時期にコンピュータというものが出てきて、紙が無くなってくれて、身のまわりに渾沌としている紙ごみ類が整理されると思ったのが二十年前です。しかし、実際にはそうはならないわけです。そればかりか、あたらしい技術の進化に追いついていくための時間が必要になり、進化が激しければ激しいほど、不具合がどんどん起ってきます。私も一応、その機械は使用中なんですが、不具合によって止められるケースというのが、とても増えています。「ワード」などで原稿を書きながら、書いている途中に不具合が起る。これは、以前のシンプルな、あるいはプリミティブな機械だった時代のほうが、もっと効率がよかったということに、最近気づいています。書きながら邪魔をされる時間がどんどん増えている。

それから、メールが増えています。メールが増えることは、先ほどの葉書と関係してきます。河原温やドナルド・エヴァンズに影響されて、お礼状というものを溜め込んでいる現状をなんとか打破する方法として、私はこ

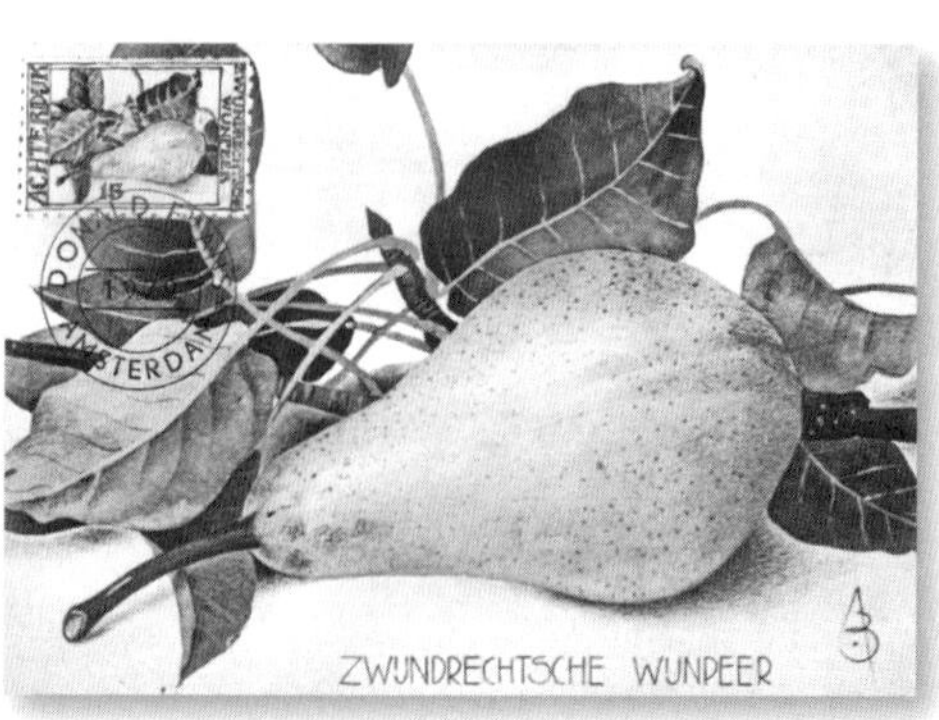

ドナルド・エヴァンズ《1966. Pear of Achterdijk》

ういうことを考えついたのです。先ほどの河原温の葉書のように、ゴム印で the one and only mail on として、日付のゴム印をその後に押します。つまり、この日、唯一の郵便であるということをゴム印で押した葉書を送る。このとき、「一日」に二通以上送ってはいけないという規則を考えつきました。すると、十通溜まっているときには、「一日」に一通しか書けないので、日頃からこつこつやっていくしかないということになるわけです。いままでは、まとめて十通書いたりしていましたが、「一日」に一通しか書いてはいけないという縛りを自分に加える。そうしますと、面白いように、溜まっていたものが送られていきます。日割りされた手帳の欄に、この日はだれ、とひとつの名前だけを書いていくのが楽しくなりました。日付とその人とが結びつくからです。もらった人は、かなり嬉しがってくれる人もいましたので、どなたも悪い感じはしないのではないかと思います。この葉書は、この日において、あなただけに送ったものですよ、と表明されているわけですから。

このシステムを考えついたのが一昨年の大晦日で、去年の一月一日からはじめました。とても上手くいって、一年目は延べ三百六十五人に送るという形が成り立ちました。われながら美しいかたちで、これを回収して展覧会を開きたいぐらいです（笑）。もし日付順に並んで、いろんな人に宛てた文面が並んだなら面白いだろうなと思います。ところが、それが、今年になって大いに乱れはじめました。せっかく一年間うまくいったのに。私がいま置かれている職場の環境がたいへん慌しくなっているということもあるのですが、あらためて考えてみると、メールの数が劇的に増えています。電子上のやり取りが、知らないうちに一年で三倍、四倍になっているのではないかなと思われます。多いときは一日に四十通とか五十通という着信があります。そういう数のメールを読むだけでもたいへんだし、見落ししないようにもしなければなりません。さらにメールで返事をするのは、葉書にゴム印を押すよりも楽といえばいえるのですが、それでも意外に時間がかかっているものです。それで、知らないうちに時間を取られていることに気づきました。メーリングリストというものがありますが、私の場合の最初

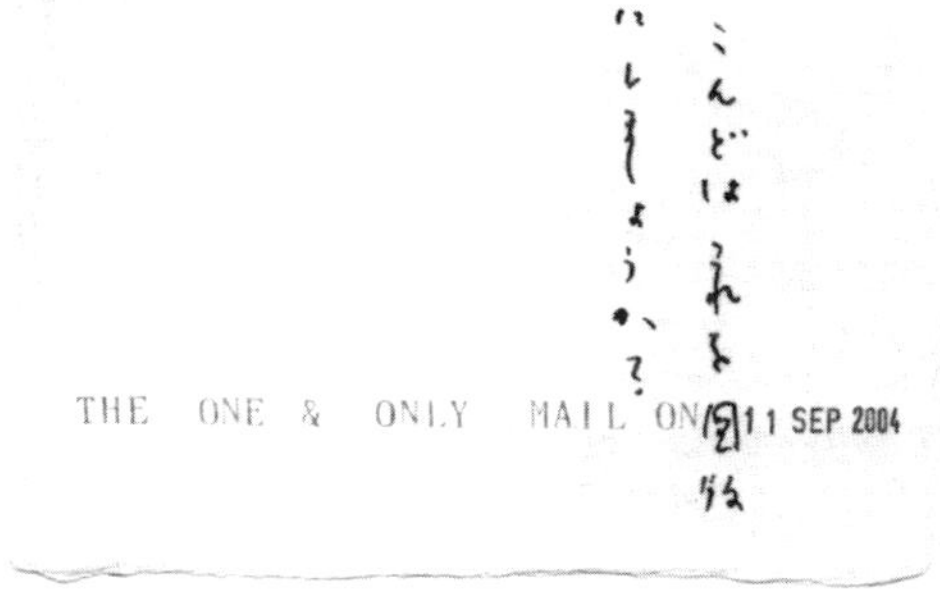

平出隆《THE ONE &》

は一九九九年に、そのひとつに入りました。最近まで、二つしか入っていませんでした。それが、仕事の関係で知らないうちに五つも入ってしまいますと、百数十人とつながっているわけで、もうなにがなんだか分らなくなってしまっています。

こういう状況に対しては、いろんな対応の方法が説かれているのを雑誌などで見ますが、基本的に私は、この流れに抗おうという気持はありません。経験的にも、抗ってもしようのないものだと知っています。経験的というのは、たとえばこういうことです。公衆電話機が十円玉を入れる時代からカード式に変ったときに、私の出版社時代の上司が、カードなんか恥かしくてつかえるかと、異常なほどに抵抗しているのを見たことがありました。それから、ファックス普及時代に入ったときに、親しい装幀家が、自分はファックスはつかわない、というふうに、昔の職人を思わせるふうにいっていました。それでもやはり、その後はお二人とも、時の流れに抵抗しきれなかったのです。このようなかたちで抵抗すること自体には、私はとても好ましいものを感じています。自分自身にもそういうところがあるからですが、しかし、全世界的なテクノロジーの趨勢に一度でも関わってしまったら、もはや逆行的に抵抗することはできない、というのが定式らしいのです。したがって、コンピュータをつかいはじめた以上は、この流れに抗えないと思います。だがしかし、本当には便利とはいえない進化というものがあるということだけは、見えてきたような気がします。

「パワーポイント」に抵抗しているわけではありませんが、「パワーポイント」を見ていますと、話の筋が決ってしまっていると感じます。整理してなにかを伝えるということが必要なケースもあるでしょうが、私の場合は、それが困る。講義や講演ではとくに、喋ったり、話しているときに、なにかが起ってくれないと困る、というような言葉との関係をもとうとしているからです。生きた言葉との関係が、詩を書く者として私のベースにあるわけで、それが軌道を決められてしまうと、失われるような気がします。そういうものに抗いながら、「一日に一通」

の葉書の形式みたいなものがあってほしいと、自分の中では思っているわけです。

身のまわりの時空の世界史的変動——ヴァルター・ベンヤミン

ヴァルター・ベンヤミンの話をしましょう。この人は一八九二年の生れです。日本でいいますと明治二十五年の生れということになります。この世代は、科学技術の変化をとても大きく被った世代で、子供のころが世紀の転換期でした。つまり、一九〇〇年前後という時期に、彼は幼年時代をベルリンで過しています。そのベルリンの思い出を書いたのが『ベルリンの幼年時代』という本です。この中に電話機が世に出てきたときのことが書かれています。電話機が生れたのが自分と同じ一八九二年と彼は書いています。これは、正しいかどうか分りませんけれども、電話が家の中に入ってきたことによって、家庭の時間や空間が暴力的に壊されてしまったことを、まざまざと覚えているとも書いています。この文章が書かれたのはおそらく一九三二年なので、この文章は回顧なのですが、一八九二年に生れた少年が一九〇〇年前後の家庭、つまり小学生のころに家庭の中に電話機が入ってきたことを思い出しているわけです。ちょっと読んでみます。

「今日、電話を利用している人びとのなかで、かつて電話の出現が家族のまっただなかにどういう破壊を惹き起こしたかを、まだ覚えている人は多くない。ふたたび学校友だちがわたしと話をしたいと思って、二時から四時のあいだに電話が鳴り出すときなど、その音はまさに非常ベルだった。それはわたしの両親を午睡から叩き起こしただけでなく、父や母がそのふところに抱かれるようにして午睡をたのしんでいる世界史的一時期そのものをも、掻き乱していたのだ。電話局との意見の衝突はいつものことだった。まして、苦情相談係にたいして父が脅すようなことを言ったり、雷を落としたりしたことは言うまでもない。でも、父のほんとうの修羅場は、何分間も、われを忘れ憑かれたようになってまわしつづける電話のハンドルにあった。そんな父の手つきは、さながら法悦にひたっている回教の托鉢僧のお祈りだった。だが、私の胸は早鐘のように打っていた。そんな場合、なおざりにされた腹癒せに、交換嬢にたいしていまにも雷を落とすだろうということが、私には確かだったからだ」(小寺昭次郎訳)

こういうふうに思い出されています。これが書かれている一九三二、三年頃、電話はすでに非常ベルのような鳴り方はしなくなっていたでしょうし、苦情などもなくなってスムーズに機能するようになったのだと思います。しかしおそらく、百年前の技術誕生直後の状況は、現在のパソコンをめぐってメーカーに対し苦情をいったりヘルプを求めたりする状況と似ているのではないかと思います。

世の中が変っていくということは当然ですが、その変りかたが極端である場合、その時期を生きる人たちというのは、どんなふうに傷を負わなければいけないのでしょうか。少年である時期に、この時期を過す人たちと、私のように四十代から五十代にかけて、この時期を過す人たちとでは、まったく違うのではないか。同じ時代を生きていますが、まったく違うことを感じ、経験しているのではないか、とも思います。

命の限り身のまわりの時空を記録する――正岡子規

ヴァルター・ベンヤミンの生れた明治二十五年に日本では正岡子規が二十五歳でした。正岡子規は慶応三年の生れで、明治の年と同じ年齢です。ですから、明治二十五年なら二十五歳で、二十八年は二十八歳ということになります。彼は日清戦争で従軍記者として中国に渡りますが、途上で病を得、帰ってきてから歩けなくなります。そして、いまの鶯谷駅の近くですが、根岸の家で、いわば寝たきりの状態になって三十五年の生涯を終えるわけです。ところが、この三十五年の生涯の中で彼がやった仕事の量はものすごいものです。信じられないような仕事の量です。量だけではなく、大きな転換期にあった日本の詩歌を革命的に近代化したともいえる仕事です。どうして、あれほど短い生涯であれだけのことができたのかを、私はいま、調べています。これも、まずは整理整頓の問題になるわけですが。

子規は四国から上京して、いまの東大に入ります。その前に大学予備門というところに入り、それから文科大学といわれていた時期の東大の哲学科に入ります。その後、哲学から国文学に転じます。そして、すぐに退学をしてしまうわけです。この人の決断もなかなか面白いのですが、退学して小さな新聞社に入ります。これは、新聞「日本」という新聞社です。陸羯南《くがかつなん》という人が「自分の新聞社に来ないか」と誘い、「もし気に入らなければ朝日を紹介してもいいんだよ」といいます。ところが、子規は朝日への紹介を断って、新聞「日本」というたいへんに小さな新聞社に入ります。この決断が非常に優れていたと思います。もし、当時すでに大新聞となっていた朝日に入っていたならばできなかった仕事が、この新聞「日本」という小さな新聞社に入ることによって可能になったわけです。彼は書きたいことを、書きたい長さで自由に書くことができた。それから、寝たきりになり、書くことが困難になった時期も、毎日毎日、一日一日、新聞のテンポで書くことによって、大きな仕事を果すことができたのです。

ここで、「一日」という主題がもう一度浮びあがってくるわけです。河原温における「一日」というものと、正岡子規における「一日」というものがとても近いものだと私には考えられるのです。

正岡子規は病床で絵筆をとって、真白い半紙を綴じた帳面、これは自分でつくるわけですが、それに筆でその日の記録を書いていきました。書いていく傍ら、その余白に絵を描いていく。絵そのものが「一日」の記録にもなっていく。自分の見るものは限られています。ふだんは庭の植物を見ることができるだけです。したがって、もし人が鉢植えのものをもってきてくれたらめずらしく、それをすぐに題材にして描くということをしました。記録ということを共通にして、言葉による記録と、絵による記録というものとが渾然としたもの、それがこの『仰臥漫録《ぎょうがまんろく》』という、本ならぬ本ですね。これが書かれ、かつ描かれたのが最晩年です。病床から見える糸瓜の棚を描いています。日射しがきついので夏はガラス障子の外の棚に糸瓜を這わせようというのでつくらせたわけです。また、朝顔も描いています。彼は絵の勉強をしたわけではありませんが、とてもいい絵になっています。

このような絵がどういう状態で描かれたかといいますと、寝たまま上を向いた状態で描かれている。ある時期までは横を向いて描くことができましたが、ある時期からはそれすらできなくなります。つまり、こういう絵を、とても不自由な状態で描いています。

「朝皃《あさがお》や絵の具にじんで絵を成さず」という句が『仰臥漫録』にありますけれども、これはたんに絵の具が滲んでいるだけではなくて、それを取り繕うことさえもままならぬほど不自由な状況で描いていることを示しています。

新聞「日本」の社主、陸羯南が朝鮮に行って帰ってきたときの、お土産の少女用のチョゴリも描いています。この人は隣組なので、奥さんが娘さんと一緒に遊びに来て、娘さんが病人に、そのチョゴリを着て見せたわけです。子規がそれを非常に喜んで描いた絵です。

また、子規は食べることが大好きで、病気の状態でもものすごく食べました。とくに果物は大好きでした。元気なときは、蜜柑ならば一度に十五から二十個、柿ならば七つか八つくらい食べるといった人でした。当時の食べものの状況は冷蔵庫のない時代ですから、ある日、刺身に蠅の卵がついていたという記述も残っています。そ

正岡子規『仰臥漫録』の表紙
(財団法人虚子記念文学館発行「仰臥漫録」より)

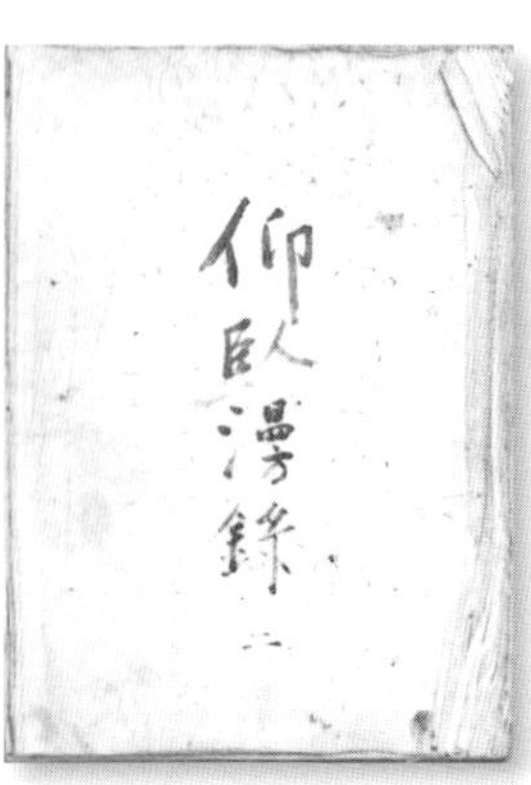

正岡子規　朝顔の句と画
(財団法人虚子記念文学館発行「仰臥漫録」より)

れでも半分は食べるという状況だったと思われます。

菓子パン、粥、刺身、薩摩揚げ、佃煮、梅干、梨など、ものすごく食べています。このような食べものの絵も描いています。こういう中で同時に、もちろん文字による記録も書いています。

非常に危なくなって、痛み止めのモルヒネを飲むようになります。自殺を考えることもあったようです。

また、この冊子の中には、送られてきた絵葉書をその紙に貼り付けているところもあります。浅井忠という画家がいますが、彼がパリから送ってきた絵葉書を貼り付けています。さらに、チキンローフの缶詰のラベルなども描かれています。こういうふうにして『仰臥漫録』という和紙の大きなノートのページが、いろんな絵で飾られ、スクラップブックのようにもなっていくわけです。

また、自殺したいと思ったときのことで、隣の部屋に行けば錐《きり》がある。お母さんと妹と一緒に住んでいますが、二人が留守の間に、その錐のところまで這って行って、それで自害したいと思ったけれど、そこまで行く力さえない、ということを嘆いているページもあります。

このようなものを書いているということを、弟分であった高浜虚子が見ているわけです。そして、「ホトトギス」という雑誌に、好いところをぜひ出してくれないかと子規に頼みますが、子規は、とんでもない、これは自分ひとりの密かな楽しみで書いているのであって、原稿として書いているのではないんだ、これは絶対に出さない、と言って断りました。

表紙を見ると、二冊に分れています。一冊目はいまのような感じで、このいちばん最後に、それで自殺したいと思ったという錐の絵が描かれています。二冊目になりますと、だんだん余白が多くなります。つまり、描く力がもうなくなってきているわけです。

その余白に、今度は時間が書かれている。たとえば午前九時五分というふうに時間が書かれている。「六月廿

正岡子規　食事の記録と菓子パンの画（財団法人虚子記念文学館発行「仰臥漫録」より）

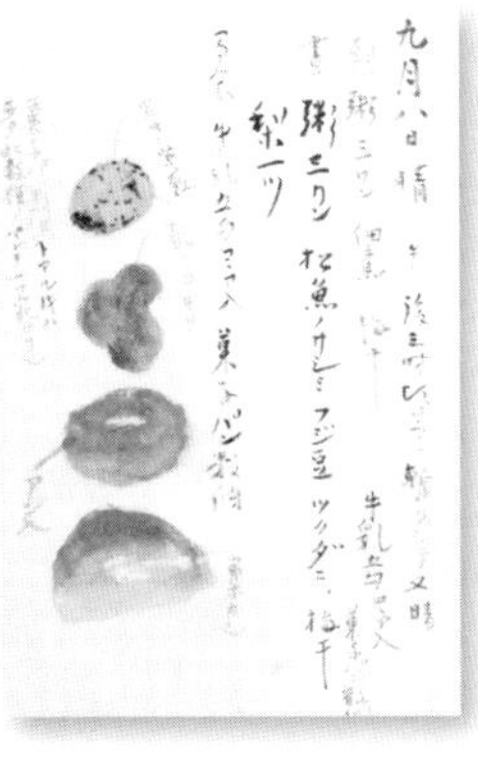

三日　午前二時十五分」とだけ書かれています。文字の部分は活字化されて岩波文庫に入っていますが、絵の部分はあまり入っていません。文字の部分には、「何時何分」という語句が繰り返し出てきます。これはなんでしょうか。覚醒した時刻ではないかと私は思っています。随分いろいろな可能性を検討しましたが、そう読めるわけです。何時何分に起きた、というふうに記録されています。これは、人間のなにか本能のようなものを表わしているのではないかと思うのです。私の身内で、病気の者の枕もとにあったノートにも、何時何分とだけ書いているページがありました。危機の状態にある人は目覚めたときに、その時刻を書きとめるとか、自分の睡眠の状態を確かめるとか、そういう共通した本能のようなものがあるのかもしれないと思いながら、これが先ほどの河原温の《I Got Up》という連作シリーズと通い合う、というふうに考えるのです。

そのような論を書いて、つまり、子規と河原温とをつなぐような論を書いて河原温さんにお見せしたところ喜ばれましたので、外れていないなにかがあるのではないかと思います。人間は毎日、小さな死を迎えるという言いかたもあります。眠るというのは小さな死である。逆にいいますと、目覚めるというのは小さな生である。そうしますと、毎日毎日、私たちは生れ直していると考えることができるのではないか。この生れ直している瞬間をどうつかまえるかということが、身のまわりを哲学するということにつながっていくのではないかと思います。

「一日」とのつきあい方――「信行文動録」

いろんなかたちで人間と「一日」との付き合いかたを、これからも見ていきたいと思っています。いろんな作家の作品、文学に限らず、さまざまな芸術や、芸術ともいえない線とか文字とか、あるいは舞踏における身体の軌跡とか、そういうものの中に、制度ではない「一日」というものが生れてくるのではないか。そして、「一日」

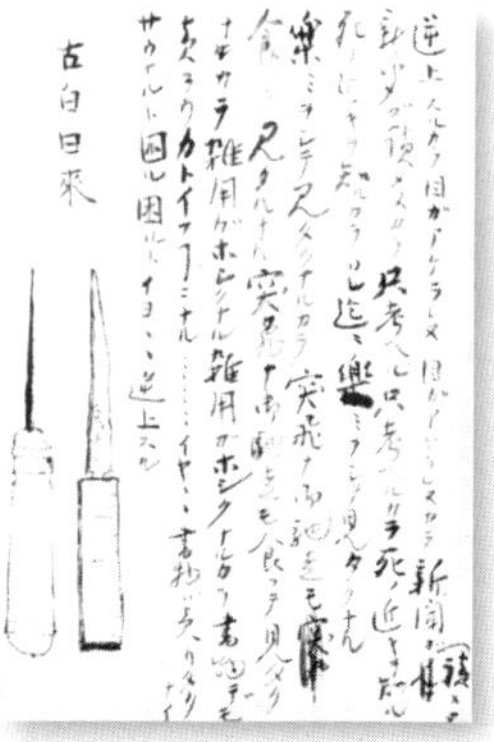

『仰臥漫録』第一冊 最終丁（財団法人虚子記念文学館発行「仰臥漫録」より）

というものが生成してきてくれるお蔭で私たちは、長い渾沌とした時間を、一齣一齣として区切ることができるのではないか、と考えるわけです。

整理整頓が自分の力ですべてできるわけではなくて、「一日」として生れてくる概念の力を借りて、はじめてできていくのではないかと思い、私もあらためて「一日に一通」というのを実践していこうと思っているわけです。自分の務めがどういうものか、見定めるまでになかなか時間がかかったのですが、「信行文動録」というもっともらしい言葉を考え出して、この順番で「一日」をこなしていけば、何とか生存のノルマをこなしていけるのではないか、などと考えています。「信」は通信の信です。葉書とか手紙です。「行」というのは、私にとっては詩を意味します。いちばん基本のものがなかなかとりかかれない。詩の行を書くということが、ですね。「文」とは散文をあらわしていまして、これは依頼された原稿というケースが多いのですが、文章を少しでも書くということです。「動」は運動する、身体を動かすということで、「録」は日録です。最後に「一日」を記録するということです。これだけのことができればいいな、と思いますが、なかなかできない。その中で「信」という部分だけが、やっとできかけてきたところだったのですが、急増して津波のように襲ってくるおびただしいeメールの力で突き崩されてしまって、いままた、なんとかもち直そうとしたりしています。「文」の原稿はなかなか捗《はかど》らないのですが、締切りというのがあるお蔭で、なんとかできています。できざるをえない（笑）。これも、だんだん日が近づいてくると、一日あたりの枚数が増えていきますね。みなさんのうち、卒論の学生もそうでしょうけれども、一カ月で三十枚なら「一日」に一枚書いていけばいいのに、十五日たつころには「一日」に二枚のノルマになり、残り三日になったころには「一日」に十枚になってしまう。「一日」に十枚はなかなか書けません。しかし、そういう信じられないような状況で、火事場の馬鹿力といいますか、なんとか書いてしまう、というのが人間なのではないかと思います。その辺のところを逆手に切り替えて私は、「一日」に二枚以上書いてはいけない、という規則を自分に課そうかとしています。書きたいんだけど規則により書いてはいけないんだ、一・九枚で止めておかなければいけない。というふうに、義務のモードから禁止のモードに切り替えることによって、あらかじめ火事場を消してしまう。すると、あら不思議、仕事がどんどんできていく(笑)。そういうことにならないか、と夢見ながら日々暮らしているわけなんですね。なかなかそうはならないんですが(笑)。

とりとめのない話になりましたけれども、言葉と身のまわり、そしてそこに芸術ということがどういうふうに関わってくるか、ということについてお話ししました。どうもご静聴ありがとうございました。

Q & A

――言葉を使ってお仕事をされているということで、たとえば書物を読んだり書いたりする身のまわりの環境ですが、どんな環境で本を読んだり書いたりしたいなとお考えになっているか教えてください。

平出：それは話し損ねたことなので、ありがたい質問です。私は、垂直の状態で書き、水平の状態で読みたいと思っています。闇雲に書いていこうとしても捗らない。捗らない理由を一所懸命調べたところ、書くという時間の中に読むという時間がいっぱい入っていることが分ったのです。そんなことは当り前じゃないかといわれるかもしれませんが。たとえば、原稿の速度を考えたときに、一時間で一枚書けるかどうか、と思いながら仕事を進めてきたわけです。しかし、それがどうもうまくいかない。反対に、うまくいくときは一時間に三枚も四枚も書いているときがある。この違いはなんだろう、と考えました。文章において、この先はどういうふうな展開にしようかと考えあぐねるときに、本に手を伸ばして見つけた部分について、これを引用しようかしまいか、というふうな判断をしますね。そういうことに費やす時間が、じつはたいへん多くあるんだということに気づいたのです。

一時間に何枚という計算の仕方が間違っているということが分ったわけです。ということは、読むことと書くことを切り離して二つの時間帯にすればいいんだ、あらかじめちゃんと読んで仕込んでおけばいいんだ、という平たい話なんですがね。書くということに追われていると、純粋に読書することがどんどん後ろに追いやられていって、寝る前の時間になるわけですね。ついつい三時とか四時までも、書くための机についてしまって、読書の時間がなくなってしまう。そしてまた翌日、書く時間が訪れるが、書く時間の中で読むことをこなしていくことになって、いつまでたっても読むだけの時間ができない。

これをなんとかするために、垂直になっている状態のときには書き、水平になっている状態のときは読む、つまり寝床で読むということをやりたいと思っています。

ところが、寝床で読むというのは、先ほどの『仰臥漫録』ではありませんが、たいへん難しいわけです。寝床で読むというのは、本が重たかったりしますと難しくなります。軽い本の場合も、眠たくなるという問題があります（笑）。眠たくなってもいいんだ、というのが基本ですが、重いというのがいちばん困ります。枕もとに置く病人用のごつい書見具がありますが、楽譜を乗せるように挟んでおくものです。それを使うことも考えましたが、その光景そのものがあまり美しくない気がします。ひとつ、とんでもなくいいものを見つけました。これは、あまりお知らせしたくないのですが、お腹の上に本を乗せていると読める眼鏡です。眼鏡がプリズム状になっています（笑）。お腹に乗せただけで読めるのです。そういう眼鏡があることに気がつきました。これはまだ買っていませんが。是非こういう生活、垂直と水平をうまく組み合わせた読み書き生活に移りたいと思っていますね。

——先生にとって、環境とはなんでしょう？　ぜひ教えていただきたいと思います。

平出：「身のまわり」ということばを選んだ時点で、私なりに、いまのご質問にお答えしているつもりです。身のまわりとは、ではどこまでが身のまわりなのかということですが、先ほどの詩の話もそうですが、どこまでが詩で、どこからが散文になっていくのか、あるいはどこまでが芸術でどこからが共通の領域になっていくのかは、よく分らないわけです。身のまわりというのも、どこまでが身のまわりなのか、と考えていくと、どんどん広がっていきます。おそらく、その最大限のところで他者と重なりあう領域が、いま一般的な意味でつかわれる「環境」ではないかと思います。逆に、そこから凝縮していきますと、やはり「環境とは身のまわり」ということになるのではないかと思います。とくに個人における生死の意識の発生やそれを契機とした芸術の発生を考察するとき、「身のまわりとはなにか」そして「身とはなにか」という質問につきあたりますね。そこで、こういう題をふってお話をいたしました。

3-4
アートが拓く環境

アーティスト　たほ　りつこ

【プロフィール】田甫律子／徳島県生まれ。イェール大学芸術学部大学院修了。アメリカ各地、日本で活動し、ランドスケープ彫刻と市民参加による新しいジャンルのパブリックアートを拓く。ハーバード大学視覚環境学科講師、マサチューセッツ工科大学建築学部視覚芸術科教授、同大学院建築都市計画科研究員を歴任、現在、東京芸術大学美術学部先端芸術表現科教授。人と環境との関係を問い直し、自然、共生への契機となるアートを提案し、多様な《風景の創造》をめざしている。

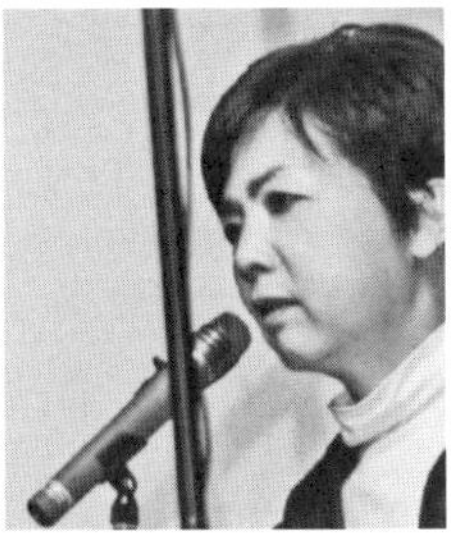

アーティストの原点

今日は、私の作品を見ていただきながら、「アートが拓く環境」の試みについてお話しいたします。私は二十数年、大きな社会的変化の中で、自分をとりまく環境、特に空間や風景にどのような意味を見いだし、関係をつくり、働きかけることができるのかを、「記憶」をキーワードにアートとして表現し、社会への提案を試みたと思います。その原点は幼い頃を過ごした故郷の風景です。四国の吉野川流域で河口に近く、四季折々の変化が鮮やかな田んぼ、遠くに見える青い山の端《は》に囲まれ、光に満ちた大きな空が空間を包みこんでいました。その風景に向かい、また、その中をめぐりながら刻々と伝わってくる風景の息吹《いぶき》を全身で感じられた幸せな時間、私の「原風景」です。ところが、中学の頃、ある朝、雨戸を開けると、田んぼにブルドーザーと土の山。思わず息をのんで戸惑う私の思いとはかかわりなく、学校からもどる頃には、なじみ深い風景は埋められていました。日本の高度成長期に多くの人々が体験したこと、原風景とその喪失が私のアートに向かう動機です。

田んぼが消えたときから、毎日の生活をすごす風景、日常の居場所、自分をとりまく空間や環境がとても大切だと気づいた、環境が大切だと教えられたわけでなく、つきまとう郷愁や世界との繋《つな》がりを失った閉塞感が、その大切さを教えてくれました。素朴でしたが、強い感情と共に体験した出来事の意味を知り、風景を取りもどしたいと思いました。風景を理解し、創造するためには、専門的な知識と長い時間を要するものですが、私の場合は、景観（ランドスケープ）のデザイナーや土木エンジニアの景観づくりの専門でなく、工芸デザインや彫刻を学び、インスタレーション、都市や建築空間とかかわるパブリックアートを通じて風景とかかわってきました。

美術大学を卒業して間もなく、私の作品に原風景である田んぼの象徴的素材として藁《わら》が現われ、大量の藁を使い空間をつくるインスタレーションを展示しました。その後、三年近く同じ藁にかかわり、その灰を故郷にある川の風景の中に運んだ、夢中で行なった個人的儀式に近い過程をへて、そのときはじめて、風景の中に「還《かえ》っていく」感覚をもち、失われた風景、そして世界とつながる体験をつくるために先に進める気がしました。

O・F・ボルノーの「人が生きる空間は均質ではなく、空間の中心には、帰っていく個人的な〈ふるさと〉としての空間がある」と語っていることに心から共感をおぼえました。風景が失われたことを嘆くより、出発して、いつか、「新しいふるさと」の風景を創造すること、生きられる環境をつくることに大きな関心をもつようになりました。時代の流れと共に変化する社会に暮らすとき、失った風景をそのまま再現するのではなく、幸福だった風景の中で感じられた感覚を生みだす何かを取りもどしたいと考えました。それは、未知の「ふるさと」です。その直後に渡米し、風景を変える大きな要因になった文化の国へ移り住むことになりました。

渡米して気づいたことは、空間が均質だということです。特に大都市では、生産と消費のための日常空間です。日本ではなんの変哲もない自分が見知らぬ者（ストレンジャー）、均質な空間を逸脱した者になるのを感じました。複数の素材やメディアを組み合わせた空間表現であるインスタレーションや特定の場所での（サイトスペシフィック）作品を制作しました。空間は抽象的、場所は具体的な地理上の位置をもつのに対して、場は展開される現象や活動、プログラムと時間を意味しています。サイト（現場）は作品が設置される場所であり、作品と場所の文脈が結ばれる場でもある、つまり、サイトには場所と場が共存しています。サイトの場所には、過去と現在の人々の「記憶」が刻まれたモノや空間があり、仮にそれらが失われていたとしても、人々の意識や身体の中に「記憶」として生きています。サイトと共振しながら、自然と文化、個人（プライベート）と社会（パブリック）、の関係を検証し、空間と時間の中に具体的に作品として身体化したいと考えました。そこで痛感したことは、自然を愛《め》でる習慣もなく経済効率と競争に生きる都市に自然との関係をつくる困難さ、都市の深刻な社会問題と直面せざるをえない現状があることです。

風景は自然と文化の継続的な相互関係でなりたっています。文化は人間が世界に意味を与えるさまざまな営みをさし、自然や空間に個人の主観的な解釈による意味づけの集積をもとに、その文化固有の表象による客観的な秩序をつくりだします。ですから、一人で簡単に風景を創ることはできないと自覚しながらも、アーティスト個人に可能なことは、自然や空間に個人の主観的な解釈による意味づけと身体化、具体的な表現として提示することです。それは問いかけであり、オールターナティヴな提案、変化と創造への契機となります。

私にとって、モノも空間も意味と想像力を紡ぎだす力をもち、それらに働きかけ、反応を受け止め、ふたたび、応えるという相互の関係をもつときに、自分にとっていちばん自然で生き生きと仕事ができると感じています。それを相互生成と呼ぶなら、多くの専門的な仕事は、分業化による相互生成の結果だけを求める効率のよいプロセスが望まれている点ではまったく相容れない部分があります。私が意識的に努力したことのひとつは、作品に相互生成の過程を取り入れることです。モノや空間を通じて始まった相互生成の過程は、人とかかわる相互生成の場、自然環境や物理的環境から社会環境、文化環境との関係へと広がりました。それには米国社会のオープンな部分が不可欠で、社会的に受け入れ話し合う場をつくることを力強く援助してくれたと感謝しています。建築やデザイン専門領域と隣り合うこと、また、作品の主な観衆となる人々とかかわり、アートの社会的な役割と可能性について学ぶことにもなりました。

当然のことですが、在米生活では外国人・移民としての自分を意識しました。文化を外側から見て、自分が誰なのかを問い続け、意識・無意識的に、文化的アイデンティティーの形成を求めるプロセスでもあったと思います。米国で自然を観る眼差しが、私とは確実に異なること、それも何か抜け落ちて欠落しているように感じたことは否定できません。その欠落の内実が何なのか、今も興味の中心にあります。意識していなくても、すでに自分の作品の中にも見られ、生活習慣に潜んでいる自然への眼差しや空間への意味づけを大切にしたいと考えています。それは私の中に生きる「記憶」であり、パブリックな仕事を継続しながら平行して個人的な仕事を続けていくことが重要だとおもいます。それは「自己」と「他者」が重層するサイトの仕事に不可欠だからです。

これからお話しする作品は、それぞれに違った位相やスケールで、サイトの場所や人々の中に生きる「記憶」とかかわっています。自然と文化、個人と社会の関係について提案があります。個人ができる提案はつつましいものです。ただ、風景の中へと近づくほどに大きくなるように思えます。つねにアーティストは誰よりも楽観的な存在で、前向きな態度を失わない役割を担っていると信じています。

パーマネント作品の出発点——「ポストユートピア（夢跡庭園）—働く人々のために」

プロジェクトといえる私のパーマネント作品が栃木県那須の五洋建設技術研究所に三年がかりで完成したのは一九九四年、在米中で、現代アートのアースワークにはじまるサイトスペシフィックなパブリックの作品から一歩進めて、西欧の伝統的な彫刻素材にはない自然物、それも生きた素材をもちい、ある特定の場所と特定の人たちの記憶や価値観と共振しながら作品をつくることです。研究所が作品のサイト（現場）でした。土木・建築の材料や構造、水の波動などの実験の研究をされている所員の方々から、専門領域の特徴的な仕事や技術開発の歴史と研究所の経緯を聞く中で、スエズ運河掘削が記念碑的事業で、エジプトに何度も足を運んだことやピラミッド訪問の話がありました。ピラミッドは古代建造物の原型でもあり、パブリックの芸術を語るうえで欠かせないものです。従来は政治権力や文化的権威の公的な力の象徴として知られていましたが、環境への配慮や働く人々のために力を与える象徴としてピラミッドをつくりたいと考え、作品のテーマとして提案しました。素材には、生命を保つ土、そして、成長していく植物です。伝統的な彫刻素材ではないので、私にとっても研究所にとっても挑戦でした。

人と環境との関係を考えると、人が立つ地球の表層に地面があり、人が行なう最初の行為のひとつは「掘る」ことです。地面を掘ると穴ができます。まわりを見渡しても、トンネル、地下施設、溝など、結構な数の掘った穴があります。しかし、穴だけを造ることはできません。穴の横には、必ず土の山ができ、穴と土盛りは同時の作業です。住む人の考え方や生活様式が風景や環境への働きかけの契機となり、同時に、意味を紡ぎメタファー（比喩）による象徴的イメージを創ります。たとえば、「土を掘る」ことは「自分自身を掘り起こす」に通じます。

ピラミッドと穴の作品「ポストユートピア」1994 五洋建設技術研究所 那須 栃木

自分自身を掘り下げると、横に土盛りのピラミッドができる、自分自身を構築する比喩としてのピラミッドです。この象徴的関係をピラミッドのポジティブとネガティブの組み合わせで表現することにしました。

エジプトの王の墓、ルーブル美術館のピラミッド、ラスベガスのカジノにあるピラミッド、いずれも力の象徴です。これらのピラミッドは、人間の大きさに比べると巨大で威圧感があるものとして造られています。しかし、研究所のピラミッドは、ヒューマンスケールで、人間の身長、特に日本人の男性の平均身長として提案しました。ところが、先にお話ししたように、ピラミッドは石ではなく土で、その表面は芝生で覆われるため、芝生が育つように一年間あまりかけて実験をしました。所員の方々と実験中のピラミッドを見学した際、たまたま足で蹴る場面があり、心理的に同等な関係が必要だと感じ、ピラミッドを少し高くしました。

作品のピラミッドは一つではなく、複数あります。その敷地全体はゆるやかなスロープで、水はピラミッドの表面を流れて排水溝に集められ、敷地全体の勾配に沿って一箇所に集まります。水の流れによって大きなピラミッドが敷地全体に投影されているようでもあります。それぞれのピラミッドの頂点から、スプリンクラーで散水されるので、噴水効果もあります。ピラミッド群の敷地は正方形で、中心から真北の方角に池があります。ピラミッド群と池の関係には、エジプトのピラミッドとナイル河の関係を重ねあわせる、いわば「見立て」の配置にして、池の中心とピラミッド群の敷地の中心を南北軸線で結びました。

池の形はエジプト神話にインスピレーションを得ました。神話は、死後の魂は身体を離れて舟に乗り旅立つ、そのとき神様の天秤に心臓をのせて永遠の命を与えられるかどうかを測る、とあり、池を水と舟の両方に見立て、水の舟としてイメージし、その上に見えない天秤を想定して、一方に研究所の人たちが心臓を置くと、天秤のもう一方には丸いソロバンがあると設定しました。

ソロバンは数字と計算を意味しています。研究所の技術的な実験が膨大な数字との戦いだからです。誤差や強

ピラミッドの上からスプリンクラーで灌水（"ポストユートピア"より）

ピラミッドの北にある池（"ポストユートピア"より）

度の数値や予算など、成果も決定もすべて数字に還元され、裏付されていく日常の営み。このソロバンはまっすぐではなくて円環です。つまり永遠に計算し続けることはできるが、あるところから計算し始めて一巡してからは、計算を続けるには、すでにある数字を壊さないとできない、計算に慎重さが求められるというソロバンです。当時、よく語られた「進歩」という直線的な近代的思考を喚起させるまっすぐなソロバンを円く変容させてみた、というところです。池まわりの舗道には、一つのピラミッドの底面と同じ大きさの正方形の中に小さなブロンズに文字を刻み埋めこんで、さりげない体験となっています。

昼間の空間だけでなく、夜間照明を考えることで作品体験の変化を考えました。完成後には、季節ごとに変化が見られました。初冬には風が一方向から吹いてくるため、雪が片面だけに積もります。冬になり雪が積もると、白いピラミッドとなり、幾何形体は雪の表情を映しだします。春から夏にかけては、緑のピラミッドです。前出ピラミッドの写真は、芝を刈った直後ですので、写真撮影のために散髪屋さんからもどってきたばかりの新鮮な草の香りをただよわせる状態のものです。少し芝が伸びると、くつろいだ普段着姿で、もさもさと柔らかい感じです。いろいろなパターンに芝刈りをするのもおもしろそうだと、計画段階では完成後の芝刈りデザインコンペ案なども出ました。実際には、音楽会イベントも開催されています。作品は「ポスト・ユートピア」と名付け、サブタイトルは「夢跡庭園——働く人々のために」です。在米中に大好評で、同じものを造ってほしいと何度か依頼され、お断りしました。

研究所という企業の一部にアート作品があること自体は珍しくはありません。けれども、プロセスを共有したことに加え、自分たちのためにアート作品を共同でつくりあげていった結果である点もユニークでした。働く空間とアートに関する画期的なモデルといえるのではないでしょうか。地域住民というコミュニティーではないですが、特定のコミュニティーのためにつくられ、企業という抽象的なシステムより、具体的な人々とつながり、記憶に生きている作品です。その点で、作品に熱い思いや特別な意味が込められているパブリックアートです。研究所は近隣の小中学校生を招くなどの公開を行なって体験や記憶を広げようとしています。完成後十三年を迎え、芝生の貼替えを含めて改装計画があり、第二期を迎えます。あたらしいことが始まるかもしれません。

夢を集めるワークショップ——インスタレーション「ゼロの変換」

テンポラリーの作品は、常設の作品の場合よりも鮮やかに、作品と参加した人々との相互生成の特徴や過程が見えることがあります。私の「夢を集める」一連の作品もそうです。

「夢を集め」はじめたのは一九九四年のアトランタでのプロジェクトです。アトランタは一九六三年にワシントンで「私には夢がある」という素晴らしい演説をしたマーティン・ルーサー・キング牧師の生まれた街です。夢は夜みる夢、あるいは、願い事《ごと》という意味の夢もありますが、アトランタでは誰もがキング牧師の演説から公民権運動の歴史をふまえた将来に対するビジョンとして理解しています。

私が、アトランタ在住の多様な移民グループを主な対象に、四万人から「夢を集める」と告げると、すぐ賛成の声がもどってきました。夢は未来への希望に凝縮する明るい表現で問題を提示しつつ、解決とそれに向かう意志を提示します。実現への道は遠いかもしれない。

「夢を集めた」ところ、小さな字で真摯《しんし》に長い夢を書いてくれた人たちがいました。けれども、大半の夢はお金がほしい、というもので、少し興ざめしながら夢を読んでいくにつれ、お金は家族を思う気持ちであり、自己実現や社会を変える熱い思いの反映だと理解しました。お金は、夢のはじまり、そして、米国の夢……「夢を集める」作品は、『風と共に去りぬ』の作家であるM・ミッチェルの家の屋根に四万個の手袋に夢を入れて設置、二週間後にすべて燃え尽きるという劇的な結末となりました。タイトルは「多文化外交官」、移民の誰もが夢を語る役割を担っているのです。

一九九五年には、ゴールドラッシュに始まる街、サンフランシスコで、夢とお金と環境をテーマに「ゼロの変換」と呼ぶインスタレーションを展示しました。インスタレーションとは、いろいろなメディア（媒体）をもちいて一つの空間を構成するアートの形式ですが、ドローイング、彫刻作品、建造物のような構造体、ビデオ映像、また、作家のパフォーマンスや作品を観《み》る人たちの参加をも含むことができます。

数週間という短期間でしたが、ギャラリーとサンフランシスコの街で展開しました。ギャラリー内には、左右二つの階段、正面にはテーブルの高さの台をつくり、一方の階段には土が盛られ、もう一方の階段には使用済みの切り刻んだ一ドル札が薄い緑色の小さな山のように積まれています。正面の台の上には、材料（アルミフォイル、切り刻んだドル紙幣、種、水）が入った容器とビデオ映像が流れるモニターがあります。訪れる人たちには、最初に小さな紙に「夢」を書いてもらいます。次に、用意されたアルミフォイルを一枚取り、土と一ドル札をそれぞれ好きな量とって混ぜ、水を加え、よく混ぜてお団子をつくり、最初に書いた「夢」の紙を入れて、お団子のまわりに胡麻《ごま》をまぶすように草の種を付けたあと、おにぎりを包む要領でフォイルに包み、包みに自分用の目印をつけて台の下の棚に並べてもらいます。これだけでも私が日本人だと気づかないわけにはいきません。そして、何日かして包みを開くと「夢」が育ち始めているのです。

この言葉遊びでは、ユーモアと本気が出会います。笑いながらおもしろがってくれた人たちも、不思議と「夢」は本気だったかもしれないのです。芽吹くころになると必ずギャラリーにもどる人が多く、目印をたよりに自分の夢の入ったフォイルの包みを棚から取り、育っているかどうかそっと見ます。「よく育つように」と、水をたくさんあげすぎると、かえって育ちません。包みを開いてみて、「育ってない」とがっかりして怒る人もいて、

育ち始めた「夢」（"ゼロの変換"より）

悲喜こもごもの反応でした。

展示の準備段階で「夢」のお団子づくりキットをつくり、各種材料入り容器を重ねた台車でサンフランシスコの街中を移動できるようにして、市内の銀行をいくつか訪問しました。ある銀行の支店長さんはお子さんの身体が不自由なこともあり、誰もが暮らしやすい世界になるようにと「夢」のお団子をつくってくださいました。勤務時間の終了直後に短時間で銀行で働いている方々と「夢」のお団子づくりワークショップを開催、お金についてお話を伺いました。ビジネスのお金と自分が個人的にもっているお金に対する感覚がとても違っているのですが、使い方は共通で、何に、どうして、どれだけ使うかなど、次々と具体的な意見があり、とてもおもしろいものでした。

銀行に加えて、環境を改善する運動をしているグループを訪問してワークショップを開催。彼らはボランティアで活動していました。活動資金集めの苦労話や、社会貢献する活動なのにお金で苦労することに「納得できない」という意見を聞きました。ビデオ映像はこれらのワークショップの記録です。ほとんどの包みが開かれ、芝が伸び「夢」が育ちつつあるところで展示は終わり、その後、学芸員の方が「夢」を家の庭で育ててくれました。「夢を集める」テンポラリーの作品は、各地域の人々の参加を得て、相互生成の場が生まれ、活力を与えます。ある時、ある場所に、それまでなかったパブリックな場が広がり、そして、ふたたび、閉じます。

常設の作品でも専門家は住民の意見を聞き設計をすすめますが、パブリックアートにテンポラリーな相互生成の過程を組み入れることを考え、一九九七年のマサチューセッツ州ケンブリッジ市セントラルスクエアの作品では、「夢を集める」常設のアートを提案して実現されることになりました。ケンブリッジ市はボストンのチャールズ川対岸にある街です。大学町でＭＩＴとハーバード大学の間にセントラルスクエアがあります。マサチューセッツ通りの大通りにセントラルスクエアはあり、その改修工事の一環として建築家の人たちと細かい打ち合わせを行ない、スクエア交差点のコーナーにパブリックアートが完成しました。

セントラルスクエアはアトランタと同様、八〇年代半ばから移民の人たちが増え、特に九〇年代以降は激増しています。冷戦の終結、世界各地の戦争のせいで移民が流入して世界中から人が集まっています。国や言語が異なるだけでなく、貧富、教育、年齢の差、通りを行きかう人々には鮮やかな差異が見えます。住宅、ビジネスが混交する区域です。

「夢」を集めました。国家・言語・宗教のボーダーが複雑に異なります。英語が話せない人たちには自分の言語で書いてもらいました。作品に記された夢は、日常の言葉で抱えている問題のポジティブな解決への意思表示となっていました。こうして集めた「夢」は、手書きを生かして真鋳のシリンダーに記しました。(「夢のシリンダー」)。世界各地のテキスタイルに特徴的なパターンを夢といっしょに描いてあります。シリンダーは手で回転させて「夢」を読み、パターンを見ることができます。回転するチベット経典のようだといわれます。回すとチャイムが鳴り、まるで「夢」が叶う魔法の杖から聞こえる音を想像して制作しました。

「夢」を集める数週間のインタビューと平行して、夢という文字を集めることで、街では四十八か国語もの言語が話されていることがわかりました。ガラスブロックの表面に「夢」という文字を四十八か国語で書いた塔をつくりました(「夢の塔」)。それぞれの「夢」という言葉の横に、それが何語であるか書き添えました。言語には点字や手話(アメリカン・サイン・ラングウィッジ)も含めた言語名を添え、書き言葉のない言語はアルファベットで記述してあります。夜になると塔に光が入り文字が透けて見えます。この地方は春と秋が短く、蒸し暑い夏と長く寒い冬があります。夏には少し涼しい光、冬には暖かい光の光源になるようにデザインしました。

「夢の塔」は三基つくりました。四十八か国語で「夢」という言葉を書くだけですから、一見簡単そうですが、三基ある塔のどこにどの国の言葉を配置するかで神経を使いました。政治・文化的な対立が世界各地にあるので

「夢のシリンダー」1997 セントラルスクエア ケンブリッジ マサチューセッツ・USA

す。ヨーロッパの中でも細かな歴史が個人の記憶に生きています。「あの言語と隣り合うのは絶対に嫌だ」とか、「この言語の下には絶対にいたくない」とか、クレームは予想以上にいろいろありました。遠く離れた人にしてみれば、いつまでこだわり続けるのかとも思えるのですが、当事者にとっては重要です。住民代表、ビジネスの代表、市の担当者が出席したミーティングで話し合い、調整を繰り返し、ようやく決まりました。

このように街のパブリックの空間は政治的で、力関係と対峙《たいじ》せざるをえません。自由に語り合われていい事柄も普段は表に出てこないことが多いものです。グローバル化によって外国から来た新しい住民がどのように生活し感じているのか、お互いに知らない場合も多くなります。アートによって、いろいろな人たちの声が街の通りに現われ、人々の理解が高まり、交流が始まるとしたら、アートが新しい変化を起こす力になるのではないでしょうか。

「夢の塔」

癒しと出会いの場、畑もパブリックアート——神戸、震災後の公営団地

次にお話しするのは、一九九八年の作品で、神戸の大震災の後にできた公営団地のパブリックアートです。芦屋市と兵庫県が最終的に所有者になる公営団地の中にあります。震災の二年後にできた被災者のための公営住宅です。

いくつかのアートが導入されました。当初の住民は高齢者と単身の人たちが多く、いわば「姥捨て山」状況とでもいうか、毎日を小さな部屋に閉じこもり、話をする相手もなく過ごす暮らしになってはいけない、という配慮からです。住みなれた町の風景や家族を失って団地に来た人たちが出会う場所と機会をつくりたいと思ったのです。

最初に被災者の人たちの仮設住宅を訪ねてお話を伺ったとき、植木鉢がならぶ仮設住宅のまわりの運動場のような土を耕して、大きなトマトをつくっている方が、「畑仕事をしていると癒《いや》される、本当に気持ちがいいんだ。その上、食べるとうまいんだ」と日焼けした笑顔で話してくださいました。「それなら新しい公営住宅には畑が絶対必要ですね」と話は盛り上がり、私は「だんだん畑」の作品を提案することにしました。

しかし、公営住宅の中で住民が農作業をすることは「緑地の管理権の問題で許可できない」、つまり、管理権は所有者の市や県にあって、農作業などは住民の「自主管理」になるので承認できないというのです。そこで、「だんだん畑は大きなランドスケープ、すなわち彫刻で、単なる緑地ではない」と主張しました。最終的には一年くらいかけて自主管理が認められました。結果的に、作品は公営住宅の外構緑地を住民管理とした最初の事例となり、画期的なことでした。

市営住宅と県営住宅のそれぞれにある作品の「だんだん畑」は誰もが思い出せる風景をモデルにしています。実際に近隣の「だんだん畑」をリサーチに行きました。本物の「だんだん畑」のように高い段にするには、広い場所が必要で、バリアフリーへの考慮もあって花壇くらいの段の高さに抑えざるをえませんでした。けれども、そう名付けることで、住民の方々に理解され馴染んでいただけました。市営と県営ではデザインを変えています。

仮設住宅にお伺いして事前のワークショップを行ないました。〈思い出の植物を植えよう〉〈畑の土はどんな土?〉……そして、畑開きの日には、住民の方々にプロジェクト担当者も加わって畑の土おこしをしました。車椅子対応の畑にも鍬が入れられて、春の暖かい風が心地よく吹く一日を、汗を流して過ごし、時折、声をかけあいながら瀬戸内海に目をやれば明るい光がかえってきました。誰もが楽しそうにみえた、今も忘れられない印象的な一日でした。

住民の方々は自由に参加して畑仕事や花づくりができることになっています。ただ普通の畑のように、Aさん

神戸震災後の公営団地の畑「注文の多い楽農店」1998 南芦屋浜団地 芦屋 兵庫

はここ、Bさんはここ、と区画を決めて、担当するエリアだけを自分が好きなように耕すのではなく、みんなでいっしょに話し合い、みんなでいっしょに植えようということになっています。そうするとなかなか話し合いが難しいですね。けっこう激しい言葉のやりとりがあったり、喧嘩をしたりと、問題もあります。しかし、「喧嘩するのも相手がいればこそ」、それも元気の種になるというものです。最初の年には、さつまいもが実り、収穫祭をしました。その後、他の野菜なども採れるようになってきました。お月見など、四季折々に出会いの場をつくるようなプログラムも考えました。アートのコーディネーターで、しかも近所に住まわれている橋本敏子《はしもととしこ》さんにライフワークの一部としてかかわっていただいた功労があって、畑の仕事は今も続いています。

当初の計画どおり学術的なリサーチを行ないながら、応援団の方々の暖かい励ましと共に、問いかけがなされた長い時間の中で、当初中心になってくださっていた人たちが高齢となり、小学生の子供たちとお母さんたちへの世代交代の時期を迎えています。完成した作品なのか、永遠に未完の作品なのか、住民の方々によって変容されることで完成している作品なのか、いろいろと問いかけつつ、時間の流れの中で折にふれて、住民の方々の懐かしい顔にお会いできることが何より嬉しいプロジェクトです。

タイトルは「注文の多い楽農店」。震災が天災なのか、人災なのかという議論から始まり、畑づくりに至るまで、多くの問いかけと注文が行きかうプロジェクトです。

噴水——シャーロット市のニュータウン開発

次はアメリカのシャーロット市にあるアメリカ銀行のテクノロジーセンターの中庭にデザインした作品です。アメリカ銀行がシャーロットを根拠地としてニュータウンを開発、オフィス環境や住環境に自然を取り入れる水

「ミストファウンテン」2000 アメリカ銀行 シャーロット・USA

のアートを提案したものです。周囲の住民に建物や施設を開放したいという希望もあり、作品が周囲の空間をつなぐような動きのあるデザインにするために二重のスパイラルをもちいました。中心部に噴水のノズルがあって、比較的粒の大きいスプレー粒状の水が出ます。都市計画段階でランドスケープや建築家とのコラボレーションで中庭に作品が完成しました。企業と街が深いつながりをもち、街でアートが大きな役割をはたしています。シャーロットのニュータウン計画は、同じニュータウンでも、南芦屋浜団地とは異なり、住民もオフィスの人たちもまだ顔が見えない段階でのアートの導入で、専門家とのコラボレーションによって空間をつなぐプロジェクトでした。

アムハーストの四行詩

この作品は、建築家とのコラボレーションに加えて住民参加によるものです。住民の人々との相互生成と共に作品が将来的に担う時間を意識して制作されました。マサチューセッツ州アムハーストの町です。高名な詩人のエミリー・ディケンソンという女性の生家があり、中心にある駐車施設の壁面に五つの窓をつくり電光掲示板を組みこんだ作品です。五つのテーマを準備して町の人に四行詩を書いてもらいました。作家を多く輩出している大学もあり、居住する作家も多い町では、日本の俳句や和歌の例も抵抗なく聴いてもらえました。四行詩を集めているときに9・11のテロがあり、集まってくる内容が激変しました。そのために、作品は9・11に関しての街の人々の考えを示す記念碑的な要素も含まれることになりました。

窓の一つひとつに小さい電光掲示板があり、その手前にあるガラスが透明になったり不透明になったりします。五か所の窓のうち一個だけが見えるようにプログラムされています。それぞれの窓には約五十、全部で二百五

「ポエムの窓」2002 アムハースト・USA

十の四行詩があって電光掲示板を流れています。けれども、一度には一か所の窓しか見えません。透明になって見える場所が順番に動きます。したがって、全部の字を読むためには、ここに立ち続けて数年間かかることになっています。すべての詩を必ずしも読めるとは限らないのです。でも、同じ詩を何回も読むチャンスがある人もいるかもしれません。偶然が大きな役割を果たしています。時間と共に変化します。人々が動く駐車場で、来るたびに作品の違った詩に遭遇する、あるいは同じ詩でも、読む人の状況が変わっていると感じ方が違うはずです。作品は時計のように正確に時を刻んでいくのですが、作品を体験する人たちは、偶然にその二百五十ある詩の中の一つと出会うのです。まるで占いのように、その詩と出会う偶然を、必然と感じることもあるかと思いました。

空に向かって宣言する「火」「水」「農」…——越後妻有トリエンナーレ二〇〇三、「グリーンヴィラ」

本日の司会役の風袋宏幸《ふうたいひろゆき》さん（武蔵野大学人間関係学部環境学科准教授）に提案イメージ制作でお世話になった作品です。新潟で開催された二〇〇三年大地の芸術祭「越後妻有《つまり》アートトリエンナーレ」で段状の休耕地をスロープに造成して五つの象形文字を土で制作した作品です。「火」「水」「農」「藝」と「天神」という文字です。サイトのある妻有地方は米作りの中心地域で、農業の土木技術によって山中の川の流れを変えて田に水を引いたこともあったとのことでした。作品づくりではブルドーザーが活躍し、人の手のように器用に操作されていました。表面は土を安定させるために芝を植えました。サイトのすぐ横に小さな谷の流れがあり、イタリアの水の庭園がある別荘ヴィラを想起して「グリーンヴィラ」というタイトルです。

サイトの下では縄文式土器が発掘され、埋め戻されたとのことで、縄文式土器の表面に盛り上がった力強い表現が作品のインスピレーションになっています。妻有地方が米作りや林業だけで成立しない現状を聞くにつれ、

「グリーンヴィラ」2003 旧川西町 新潟

空に向かって町の人たちの意思表示を表現したいと思いました。イサム・ノグチの作品に「火星から見るための彫刻」というのがありますが、常設の作品は土地に刺青《いれずみ》のように永く残る痕跡を記すわけですから、刺青なら二の腕に「○○命《いのち》」とか書くところでしょう。現地にある河岸段丘のスロープを二の腕と見立てて、縄文の盛り上がった模様のように文字を記す意味で盛り土で制作しました。文字は、現地の人たちにとって大切だと思われる文字を選び、天神といっしょに、空に向かって宣言している場所として制作しました。ですから、作品を見るのは、飛行機に乗って見て欲しい作品です。現地を訪れる人たちにとっては、まるで蟻になったように大地の大きさや土の香りと土地が生みだす生命を追いかける体験の場所で未完の記憶を埋め、継続して何かがおこることを要求している作品なのかもしれません。

壊れた都市の遺跡――ボストン湾、スペクタクル島

ボストン湾のスペクタクル島にある作品です。サイトの島は五十数年間、ボストン市のゴミ捨て場でした。古いゴミ捨て場を再開発して公園に改修する計画が、ボストンの高速道路を地下に埋める大プロジェクトの一環として、ウオーターフロント開発とも組み合わされて長期にわたり行なわれました。地下工事のために道路を掘り起こすわけですが、先ほどお話ししましたように、穴だけつくるわけにいかないので、大量に出た土で島を全部覆って、島を環境について学ぶための公園にする計画の一環としてアートが導入されたのです。「アクアポリス」と名付けました。

十五年くらいかかり、数多くの提案などの紆余曲折を経て、最終的に島の入口に作品をつくることになりました。ボストンの運河の建材だった石を使って作品を造りました。島にはボストンから大小さまざまなものが捨

てられ、都市全体の記憶が捨てられているという印象をもちました。それで、遺跡をつくるのが一番だろうと考えたのです。捨てられた都市の破片によって遺跡風の作品を計画しました。幾何学的な建造物が壊れた感じです。島内にインフォメーションセンターがあるのですが、その建物から出る二次水で小さな植栽のエリアをつくっています。石の設置に立ち会いながら、石を並べていく工事の日雇いの人たちはメキシコから働きに来ていて、中には大学の先生や農場の持ち主がいて、研究費や一年間働いてブルドーザーを一台買うために出稼ぎに来ているとのこと、アメリカの複雑な影響を痛感しました。完成までの十五年間に継続してプロジェクトのコーディネーターをしてきた女性は、最初に会ったときはまだ若くて独身でしたが、最後には五人の子供たちが大きくなり、一番上の子が高校に進学する年齢になっていました。改めてパブリックアート、そしてパブリックプロジェクトとかかわる人々の人生について考えざるをえませんでした。長いプロジェクトと共に歩んだ人生があること、それは島に重層する新しい記憶です。

バオバブの樹の力、生命の波動を表現するアート――フロリダの公園

現在進めているフロリダの公園での「ミレニアムの泉」というプロジェクトです。昨日フロリダからもどってきたばかりです。提案のコンセプトは環境、技術、歴史を統合する作品で、主に噴水を中心に大小含めて五つの要素があります。サイトは大きな木が力強く育つ公園で、中でも注目したのはバオバブの樹《き》です。バオバブはアフリカ原産で数千年の寿命があるといわれ、〈星の王子さま〉にもあるように大きくて有名ですが、八種類のバオバブのうち、公園内に一種類のバオバブが数本あります。サバンナに植生して貯水能力があるといわれています。公園のバオバブは移植されたそうですが、正確な移植時期はリサーチ中とのことです。公園のバオバブを一本

選んで、計測した生体電位のデータで噴水を作動させる提案をしました。また、データ波形から人が睡眠中に夢をみるときに発するレム脳波の形を舗道に記すことを考え、公園にある街の創始者の彫像から視覚的につながるようにテラゾで造り、真珠貝が光る中に大きな貝殻の輪切りを入れたテクスチャーにしました。

バオバブの樹は聖なる樹でさまざまな使用が可能であり、貯水能力のほかにも住民の水甕としても使用されたことから、噴水のプログラム源としてコンセプトにも連動しました。生体電位を長期間にわたり計測できる方法を調べ、数年がかりで計測器の制作と改良を続けながら計測をしました。六十本のノズルから水が噴射されます。時間の変化と共に各ノズルはデータにもとづいた高さの水柱を噴射します。長期間のデータを編集して短時間に圧縮したプログラムによる制御では、ゆるやかな日周変化をみることができ、リアルタイムの作動では、微細な変化を刻々と伝える波形としてみることができます。長期のデータはサウンド源としても使用しており、バオバブの樹の周囲にポールを設置して、そのまわりからサウンドが聞こえます。

また、バオバブの樹が聖なる樹であることを示すために、「しめ縄」を付けました。「しめ縄」の写真を見てもらうと、彼らは「素晴らしい」というので実現したものです。樹木に「しめ縄」を付けることによって、木に対する理解や、その木がもつ生命力に対する敬意を表する精神が伝わればいいと思っています。

公園のプロジェクトの工事が始まり、順調に進んでいたのですが、ご存知のように大きなハリケーンが襲来しました。フロリダ州南部は特に被害が著しく、公園のバオバブも枝は折れ、無残な姿になりました。ハリケーンの直後に現地を訪れたときはまだ停電中、交差点の信号すら電気が来ていない状態で、歩くような速度で運転していました。いたるところで樹が根こそぎ倒れているのが見られました。普段はテーマパークのような雰囲気のある街ですが、自然との闘いがある場所なのだとも感じました。幸いデータの採取ボックスは無事で、データも取れていました。

「ミレニアムの泉」2007 ヤングサークル アーツパーク ハリウッド フロリダ・USA

プログラムされた水制御による噴水

バオバブの木

リアルタイムの噴水

噴水のある池とバオバブの樹は、ストライプの歩道で視覚的にも空間的にもつながりが感じられるようになっています。池の底には、ストライプのパターンが六十のノズルとバオバブの樹を結ぶように配置されています。噴水の制御には、正確な設置工事が必須ですが、工事の期間中は、現地の人たちといい関係をつくりながら、制作を続けていきたいと思います。バオバブの噴水によって、自然のもつ生命の躍動感を伝えることができるようにと願っています。完成後には、ウェブカメラを通じて日本でも噴水の様子が見られる予定です。

たくさんの作品事例を見ていただき、いろいろと話が飛びましたけれども、以上で、サイトスペシフィックなパブリックアートを中心にした私の作品例の話を終わります。それぞれのサイトの地域や文化によって「記憶」の形は異なりますが、そこから環境に意味づけをして、関係をつくり、働きかける提案としてアート制作してきたことを理解していただければ幸いです。

Q & A

——パブリックアートの仕事をするときの、「そこにある見えない力関係が可視化されてくる」というお話でしたが、可視化されて何が起こるのかを、もう少しお話しください。

たほ：ケンブリッジでは、「夢の塔」がつくられるまでは、おそらく四十八か国語も違った言葉を話す人たちが同じ街に住んでいるとは感じていなかったと思うのです。たとえば、多国籍料理店が多いことには気がついていても、そんなに多様な人々が住んでいるのは誰にとっても驚きでした。しかし、このプロジェクトはそういうことをお互いに知る一つの機会になったと思います。それで何が変わったかというと、一つは作品ができてから何年間かスクエアでカーニバルを六月に開催するようになりました。通りが全部小さい屋台みたいなお店とカーニバル風に着飾って踊る行進の人たちで埋まります。片方でジャズが聞こえる、隣でサンバがワンワン鳴っているみたいな、そんな一日が一年に一回行なわれるようになりました。大きなトラックに乗って、みんな精悍に見えます。普段は比較的地味なのですが、その日だけはめちゃくちゃ派手で、エネルギーがあふれる元気な光景がみられます。また、パブリックアートを学ぶ教育プログラムの一環で、この作品では、夢のシリンダーを磨いて通りを清掃したり、また、自分の夢を語る寸劇をビデオ撮影してギャラリーで展示することを通じて、自己表現と社会意識を育てるプログラムが生まれています。そのほかにも、ボランティアを中心として英語が喋れない人たちを助けるような活動が始まったそうです。

――住民参加型のプロジェクトでは、いろいろな対立的な意見が出て、まとめることが非常に難しいと思うのですが、始めるときの心配ごとや、まとめるための苦労についてお話しください。

たほ：よく「アーティストというのは楽天家である」といわれていますが、相手の立場にたって、できるだけポジティブに考えて、その考えを伝えるようにしています。ビジネスの人たちは街頭に人々が集まることを望まないケースがあります。ホームレスの人たちを敬遠して、座る場所の広さを限定しようとしたりする考えもあります。けれども、誰もがゆっくりと腰掛けるベンチは街に必要です。また、立ち止まって人が話し合うこと、出会うこと、何かの活動が町の人たちによってできる場所を創っていくことにより、町の活力というのができていくと思います。たとえばセントラルスクエアの作品には、植栽があるプランターに囲まれた小さい何もない空間があります。それは、必要なときに人が集まることができるように、たとえば、大道芸の歌や演奏、踊りができるための場所です。それがビジネスの活性化へもつながります。

――バオバブの木としめ縄の話について、どのように感じておられるのかお話しください。

たほ：私は最初に公園に行って素晴らしいと思った樹が、バオバブだとは知らなかったのです。「すごい」といいたくなるようなエネルギーを感じるわけです。そういう感情に国境はないと思いました。生命力を感じさせてくれるものがいつも街の中にあるのは幸せなことです。「しめ縄」とバオバブ、ちょっと唐突な組み合わせですが、聖なる樹として「しめ縄」を付けなければ、伐採されていた可能性もあったかと思います。街の人が理解して、一年に一回取り替えるしめ縄に賛成してくれたのは、ほんとうに嬉しいことです。

――先生の現在にとって「環境」とはなんでしょう。難しい質問ですけど、短い言葉でぜひお聞かせください。

たほ：「環境とは何か」という言い方をしないつもりできました。いろいろな定義があると思います。私の場合には、いわゆるエコロジーの物質の循環だけを意味していなくて、風景への関心に始まったように、自然と文化、個と社会を含んでいます。でもどうなのでしょう、結局は他者であり、働きかけて共に創っていけるものだと思いたいですね。働きかけるとおもしろい答えがもどってきてつながりができる。自然も人もそうですが、いい意味で「えっ」と驚いたり、予測できない部分があって楽しみを与えてくれるのが環境だとも思っています。

[おわりに]◉鼎談

環境デザインに何が可能か

河津優司×風袋宏幸×水谷俊博

一、自然との距離感（自然と身体とのかかわりを空間という次元で考える）

誘う

河津：僕は一時風水に興味をもって学生といっしょに勉強したことがありました。風水には細かい法則がたくさんあって、すべてはわからないのですが、たとえば都をどこそこに構えるとか、集落をつくるとかいったときに、そのふさわしいロケーションといったようなことが語られている。山が平野に伸び出してきているとか、川が蛇行してその平野を包みこんでいるとか、「気」にとってふさわしいとかふさわしくないとかいうことが書いてある。それを見て、「あ、少しわかったかもしれない」と思ったのは、山や河、岩や水などの地形的条件を決して無機的なものに閉じこめてしまわない、むしろ「気」をもった生命あるものと認知するということでした。そのことが「風水」の本質なのだと感じました。

もしそれが正しいのだとしたら、宮城さんの風景を誘《いざな》うという考え方、ランドスケープを読み取り、吸収しながら、新しい姿を現出させる手法は、この「風水」の自然の読み取り方と近いのではないか？　そんな気がします。

風袋：場所をエネルギーの流れのようなものとして動的にとらえる。そうした場所とのかかわりによってデザインを試行していくところは、最近の建築作品にもしばしばみられます。それらは建築というよりはランドスケープ的な感じに近くなっている。

近代を経て、「風水」のような自然観がいったん壊れてしまった。そこで、場所性というか、近代都市に対する批判力としてのランドスケープ的なものがクローズアップされてくる面はあるかと思います。

河津：思想のベースはかつてのものであっても、状況（時代）が異なるのでおのずと現代性を帯びてくるということですね。それでも、状況（環境）が異なるがゆえにかつてのそのままというわけにはいきません。その、現代における特異性の確保はどこでできるのでしょう？

風袋：建築があるからこそ意味をもってくるともいえるかもしれません。つまり近代建築がもっていた主張性への批判のことなのですが。

水谷：宮城さんのランドスケープをみると、素材感であったり、造形であったり、デザインプロセスすべてに建築と非常に密で良好な関係をもっているように思います。建築の主張性を真摯に受け止めている。だからこそ、あるサイトの中でさりげない「気づき」のデザインをいかにするか、ということを非常に大切にされているのだと思います。

河津：「気づく」というのは両面性をもっています。その場に立って感ずる人々の側の「気づき」と、その気づきの装置をデザインする側の「気づき」です。それらの「気づき」がたくまず会合したときに作品が成立するのでしょうね。

風袋：そのことについて、詩仙堂《しせんどう》の庭と風景との関係を例に挙げて核心的な話がありましたね。

河津：「風も寒さも暑さもすべて感じる。雨が降れば、土の匂いがする。夕方になると西側の雑木林を通して西陽が入ってきます。お月様が東山に登ると、前の白い砂がふわっと明るくなる」……これが庭だ、というものですね。人工的なものだからこそ、逆にそこに強く風景、すなわち自然みたいなものを感知できるという。そして、こういうものこそ自分がつくるべきものだといっています。「風景を誘う」の原点ですね。

　あくまで人工のものである庭、その人の手を経た庭が、普段気づくことのないまわりの暑さ寒さを含めた自然を体感させる。そういう自然の中に身を置く、そういうデザインをしたい自分を置くという、デザインの主眼を語った文言ではないかと思います。

対峙

水谷：宮城さんの「誘う」と、安田さんの「対峙《たいじ》」は言葉のニュアンスだけですと対極にあるような感じを受けます。ぜんぜん違う言葉なのですが、実はおふたりの自然とのかかわり方やスタンスを考えるといろいろな相関関係もみえてきます。

風袋：「Let it be」という言い方をされていますね。この「Let it be」は安田さんの自然に対するスタンスを象徴しているようです。誘いこむというのではなく、「もう、そこにいろ」みたいな突き放した感じをもつ方もいるかもしれませんが。

河津：「どうでもいい、なるがままになれ」という意味ではない、といっています。本来あるようにあれ、あるがままにあれ、そのときに方向は自然と決まってくるのではないか。それを見定めるということが肝腎だ、といっています。これは、結構シビアな話です。かなり厳しいことをいっている「Let it be」じゃないかと思います。

水谷：おそらくすごく客観的な位置に「Let it be」はあるのではないでしょうか。距離感というものはケース・バイ・ケースなのでしょうが、それに対してどうデザインをしていくか。そのようなスタンスは建築の設計をする身にとっては非常に共感できるところは多いですね。自分がどこまで第三者になって自然をとらえ、その先をみつめられるかが、勝負なのでしょう。

風袋：「相手を思いやる」「お互いを尊重しあう」という言い方もされています。自然とのそういう関係の取り方です。それは、自然に勝つこと、あるいは負けることでもなく、そうした関係を超えたところで成立するものなのではないですか。

河津：つまり、対峙とは「相手を思いやる」「お互いを尊重しあう」ための前提なのですね。

水谷：すると、対峙という前提が成り立って、はじめて誘うことが可能になるのではないでしょうか。

愛する

河津：新宮さんのウインドキャラバンでおもしろかった話のひとつに、世界中のどこの箇所でも、寒さにしろ、風にしろ、突然の大嵐にしろ、自分だけでなく、プロジェクト自体を揺るがすようなことにつながっている苦労話があります。あれらのできごと自体が作品の一部という気がします。身体的な枠組の話にも通底しています。

では、『じんべえざめ』『いちご』『くも』などの絵本の表現は、どのように位置づけたらいいだろう。

水谷：新宮さんがどのように意識されているかはわからないですが、お話を聞いていて、やはり読む対象を子供までひろげて、自然の素晴らしさを伝えていきたいという新宮さんの強い思いを感じました。

河津：「地球の素晴らしさを子供の段階でなんとかわかってもらえるといいなあ」というコメントがあります。そこに託す思いは、ある意味おもしろいなと思いました。「果たして人類は地球に生き残れるか」という最後のまとめのところで、「本当に個々の人たちが自覚をもって過ごすことにより、人間の英知がなんとか事態を食い止めるようになることを願っている」と語っています。

今、本当に個々の目覚《めざ》めに託すような時代になっているのではないでしょうか。集団的な活動ももちろん大切ですが、それがものすごくやりにくい時代になっています。集団での活動のベースには、個々の自覚があって初めて成り立つというふうに確認したのではないでしょうか。そのことゆえに、子供に託したい、ということがあるような気がします。絵本の話を聞いて、そう思いました。

世界レベル、地球レベルのワークであるウインドキャラバンも、子供たちが喜ぶようなことがあり、行く先々で、凧《たこ》を揚げたり、子供たちといっしょにワークしています。歌ってもらったり、踊ってもらったりということは、なにかを託しているような気がします。子供は子供で大きくなってもらいたい、早いうちに目覚め、自覚みたいなところに行くように。そのひとつの表象として、絵本というものがあるような気がしました。僕も今、集団のワークがものすごくやりにくくなっていることを常々感じているので、「個々の自覚」がやはりベースではないかと感じています。

風袋：自然と向き合うことで、個々に目覚めることができる。そうだとすると、絵本で表現された自然がもたらす目覚めとはなんでしょう。おそらく風を可視化するような装置では表現し切れないものがあり、それを絵本が補完してくれているのではないかと思います。

絵本では『いちご』『くも』『じんべえざめ』など、形をもった自然を描いていますね。『いちご』では、「いちごに対するラブレター」という言い方もされている。自然という対象へのストレートな思いを表現されているのではないでしょうか。また、絵本だからストーリーを表現できるということもあるでしょう。そこには、時間の流れみたいなものも表現しやすい。

河津：『くも』の場合は、蜘蛛という対象物のすごさが表現されている。時間という目に見えないものがトレーシングペーパーを使って表現されています。また絵本の中に掌に収まるようなひとつの世界が入っている。物理的にウインドキャラバンが地球規模で展開されるのに対して、その対比がおもしろい。

水谷：受け取る側に立ってみると、風や水の彫刻作品との大きな違いは作品との物理的な距離感。絵本を実際に手にとってみれるというのはある意味すごく身体的な体験ではないでしょうか。

風袋：スケール感の違い、表現方法の違いが生む解像度の違いがありますね。絵本だと、描きこんで主題の詳細なディテールを表現できますが、ウインドキャラバンの場合は、そういう繊細さではなく、ダイナミズムみたいな自然のあり方をとらえている。そこには違う種類の気づきがあるように思います。新宮さんがおもしろいことをいっています。「作品がなくなった後に心に残る風景」と。余韻のようなことだと思うのですが。

河津：それともうひとつおもしろいと思ったのは、新宮さんの「芸術家は風見屋でなければいけない」という言葉です。「芸術家は、炭坑の中の風見屋でなければならない」、あの表現はけっこうおもしろい。自分をどう定義するかという中でいわれていますが、本人が意図するかしないかにかかわらず、それが「気づき」みたいなところにつながっています。たとえば「環境」ということも、みんながグローバルにいっているからやっているのではなく、やっていることが何かそういう「気づき」を促しているということを感じています。

変換

風袋：新宮さんの作品の、「風の存在に気づくことで、何かを自覚していく」というメディアとしての働きをみると、それとかなり近いものとして、庄野さんの活動がありますね。通常は意識されない環境の音、そこに気づくことで、何かを獲得しようとしている。ただ、何か自然観のようなものに違いを感じます。

河津：風や音など目に見えないものに気づかせるという点では同じですね。普段気にしなかった自然の音に気づかせる。現実の生活の中の音を聞いてみようみたいなところからスタートしますが、それをサウンドスケープとしてデザインするときには、伝声管にしても、研究所の装置を使って実験をしたり、データを採集したりして、かなり手間をかけますね。

風袋：新宮さんの場合は、編集するということはあまりしないですね。庄野さんの場合は、もう一段階操作が介入している点で、実際の音との距離を感じます。

河津：それを体験したのは、九州の中津の「風の葬祭場」ででした。かなり人工的な音に置き換わっています。一方、海の潮の音を聴く小名浜のものはかなりストレートな音の拾いですよね。伝声管を伝わって聞こえてくるものだから。

風袋：あれはむしろ新宮さんの作品よりもストレートで、音を直接身体で感じるようなものだったと思います。一方で茅野の場合は、チューブで直接音を聴くなどのストレートな部分と、かなりいろいろな音からサンプリングしたものをコンピューターでミキシングして……。

河津：それは、どう解釈したらいいんだろう。環境に対してストレートなありようと、いったん人工的な操作をしたものと……。

風袋：文化が積層し、身体と自然との距離がどんどん離れていってしまうような現代のあり方と重なってくるようなところが庄野さんにはあるのではないでしょうか。

水谷：自然と身体の関係において庄野さんと新宮さんの取り組み方の違いを感じます。適切な表現かわかりませんが、一言でいうと、庄野さんのほうがどちらかというと能動的で、新宮さんは受動的だということです。庄野さんは人工的な音も含めて自然や日常に存在する音を聴く環境、場をつくろうとしているのだと思います。ある音を「聴こうよ」と呼びかけるような。新宮さんは、たとえば、「僕は風を待つ、ずっと待つ」みたいなところがあり、パッシブなやさしさを感じます。たとえ風が吹かなくも作品は成立しているのではないでしょうか。

風袋：庄野さんの場合は音をがんばって聴こうとする、ということですか？

水谷：そう、「聴かせよう、いい音だよ」といわれて、意識を集中して聴く感じ。でもその誘い方はとても繊細なのは作品から見て取れます。そこには音を聴く側の積極的な参加が重要になります。聴く側もセンシティブでいないといけないのです。そこがとても大切で、音をつくる側と音を聴く側との接点を積極的に誘発する庄野さんの考えがあらわれていると思います。

河津：彼女が話の中で京都・詩仙堂の鹿威し《ししおど》を紹介していたけれど、鹿威しの音は人工の音だろうか、自然の音だろうか？

風袋：あれはピュアな自然とはいえないでしょう。そこにはやはり人間の操作が介入していますから。ただその操作というか装置が自然の流れにはまり、消えていくところがありますね。

河津：少なくとも音に気づくということ、鹿威しなども「コーン、コーン」と鳴ることによって、逆に自然の音や静寂さに気づくということを指摘しています。サウンドスケープの大切なテーマの一つにそういう音への「気づき」があるように思います。そのこととコンピューターを使った音の変換との連関については、「環境デザインの試行」を考えるうえで大切なテーマが胚胎《はいたい》しているかもしれません。

二、経験する身体（身体と文化とのかかわりを時間という次元で考える）

場所とかかわる時間

風袋：まず体験と経験のニュアンスの違いを少し押さえておきます。体験とは文字通り自分の体でたしかめたエピソードみたいなものです。すると「身体が体験する」は冗長な言い方になってしまいますね。一方で、経験とはある体験を契機にして時間を経て獲得した、判断や行動を起こすときの基盤というか根拠のような感じだと思います。これは普通、頭で考えた知識の一種だとされがちですが、それだけではない。身体によって獲得されたとしかいいようのない知も存在するということを、レクチャーを振り返り改めて感じました。つまり「身体が経験する」ということについてなのですが。

河津：宮城さんの「現場に立ってしか摂取できない」というスタンスは海藤さんにもありましたが、宮城さんの現場に立って読みこんでいくというか、誘う風景に向かっていく、デザインするというときに摂取することと、海藤さんの場合とは、差異があるのでしょうか？

風袋：すごく違うような気がします。

河津：どこがどんなふうに？

風袋：僕の感じるところだと、宮城さんはその場のコンテクストを読み取ろうとしているわけですが、その読み取り方がかなり知的というか、思考の部分が働いているという感じがします。一方で、海藤さんの場合は、まさにご本人もいうように運動神経、瞬間的な判断でものごとをスパッと判断していくような、そういう現場感覚がある。場の感覚でも時間のスパンが、海藤さんは一瞬の現場感覚、宮城さんはずっとそこに居座って何年もかかって、ある境地に達してこれだ、というような感じです。

河津：そのときの両方に共通する「現場に立つ」「その場に立つ」ということの意味の違いはなんでしょう？　もしくは共通性はなんでしょうか？

風袋：やはり共通点は身体の存在だと思います。体感することですね。一方で、判断するまでに許される時間が全然違いますね。この時間という量の違いが何か質的な違いを生むかどうかは興味深いところです。

河津：そこに居るということ、しかも長期であろうと、短期であろうと、その現場に身体があるという点は共通ですね。

水谷：デザインを考えている容量やデザインするパワーの総和量はいっしょだと思います。大きな違いは、つくるものが片やずっと永続的に続くようなランドスケープ、片や一発限りのライブやあるタイムスパンの光景であるという意味で、デザインプロセスに対応する時間的な長さでしょう。その身体を拘束する時間の長さがデザインにある種の質の違いを生んでいる。

河津：「フィロソフィーじゃなくて、デザインじゃなくて、体が気持ちいいということが一番いい」と。

風袋：北川さんの大地の芸術祭では、二〇〇六年の作品の中で僕が興味をもったのは、家を彫る作品です。彫刻家と学生が民家の内部空間を彫り、表面を全部模様にしてしまった。そのグラフィック自体もすごいが、半年間ひたすらワンパターンのことを繰り返すあの行為自体に「えっ」と思う。肉体的なところが表現と直に結びついていることが伝わってきます。

水谷：二〇〇六年のトリエンナーレの作品では菊池歩さんの「こころの花」が一番印象に残っています。ビーズで花をつくって一本一本森の中に植えていくのですが、これは本当に美しい。やはり一個一個つくっていったという個々の制作過程と、地域住民とアーティストが協働でつくっていったという背景が作品のバックグラウンドにあるということが見てわかるのでしょう。

河津：肉体性とか身体性とかいうものがもつ力が再評価されているのだと思います。大地の芸術祭の場合、北川さんが作品自体をつくったわけではなく、作家をチョイスしたり、その制作の方法を選んだりするわけですが、そこに通底するものは何でしょう？　北川さんは「都市は終わった」といっています。

風袋：「大地」というロケーションが大きいと思います。その場のゆったりとした時間が抑圧された身体を解放していく。彼の場合は、「環境」とは何かという問いに「おもしろく、気持ちがいい」ともいっています。大地の芸術祭、それは、アートが大地のポテンシャルをひきだしていくという時間なのかもしれません。

記憶への時間

河津：あるデザインがものすごく人々の共鳴を得るということがあります。時代的な背景がもちろんあるとしても、どこか無意識の記憶に訴えているところがありはしないか。それが、「気づき」ということになりますが、時代の共鳴を得るデザインには、気づかせるやり方、気づかせ方、気づきを促す手法が潜んでいるのではないか。
　たとえば、杉本さんが廃材をもってきて表現したとき、今の文化の表象でもあると同時に、みんながわかる、共鳴するというところに大きな意味があるのではないか。記憶は前頭葉かもっと脳の深いところか、といった脳的なものだけではないところがあると感じています。

風袋：杉本さんのは、「ものという環境に埋めこまれた記憶」かな、と思います。それはみんながもっているが、ただ見えないだけである、という。それをふと気づかせてあげる、というか、もっと出してあげるのがデザイナーであるということですね。

水谷：僕は、杉本さんのお話でよくわからなかったのは、「情報がデザインの価値となる」とおっしゃっていたことです。この場合、情報というのは、どういうふうにとらえられているのか。もちろん単なるデジタル・デザインということではないのですが、この情報というのは何を指しているのか、というところがつかみきれなかった。

風袋：その例として出たのは青木淳さんのルイ・ヴィトンでしたね。ブランドのような、その空間のもっている記号のようなものを例にあげている。そのものがもっている意味作用というか、あるいは価値といってもよいのかもしれません。

河津：「ビル自体が半分は情報のビルになっている」といっていますが、ブランドのもつ力みたいなものを「情報」と言っているのでしょうか？

水谷：もしそうだとすれば、ブランドのないものはだめだというのが大前提となるのでしょうか？ それはすこしさびしいですね。おそらくその裏にデザインの価値になるようなものがあるのでしょう。

風袋：信用すら操作対象とされてしまう。それが高度に情報化された社会の特質なんだと思います。ただ、杉本さんの商空間はファッションブランドがもつ情報のことなんでしょうか。

河津：この場合の情報というのは、少なくともそういう意味ではないと思います。新宿の「SHUN KAN」の話をしていますが、そこに段ボールを積み上げたり、廃材の木っ端やソフトドリンクの瓶などを使って構成したものなどは、それはブランドではない。あるソフトドリンクの品名を見て、そこに託する思いはそれぞれ違う。思い入れや過去の記憶があって、そういうものが情報である、といっています。それは、それぞれ違っていていい。ある時代の表象であったりしてもかまわないのだが、そういうものがデザイン化されるという言い方をしています。ブランドの力も、たとえば福助なら福助であっても、それがひょっとしたら違うものに見えてきたりするというのがデザインの力になりつつある、というようなことをいっていたと思います。

風袋：商業空間というのは変化が早いですね。そうだからこそ、記憶というもう少し長い時間に価値を見いだしたのではないかと感じたりもします。情報というのは、記憶であり、文化につながっていく。

河津：文化をいいかえると「時の化石」などといいますが、時間の化石なのです、木っ端なり瓶なりが。

水谷：そう考えると、情報というものは見えない、時間の断片の集積ともいえます。それをいかに具体的にかたちにするか、実体化するか、というのが杉本さんのデザインなのでしょう。

日常という時間

河津：時間の化石というと、平出さんの紹介してくれた一連のアートが思い出されます。

水谷：平出さんが紹介された河原温《かわらおん》の作品を最初に見たのは東京都現代美術館の「河原温　全体と部分 1964-1995」展でしたが、それを最初見たときは衝撃的でした。もしかしたら一見誰でもできそうな作品群なのですが、その目のつけどころ、それを実際やって展示作品としてまとめている。その事実とパワーがすごいと思いました。ある意味フェティシズムの極致なんです。しかし、最近、美術館の所蔵展でいろいろな作品と並んで展示室の一画に展示しているのを見る機会があったのです。で、そうなると、よくわからない。本当に、はがきがあって、ただ日付と何時に起きたかがただ書いてあるだけで、それをどうアートとしてとらえられるのかというのが、ほかの作品と並べられてしまうと意味がなくなってしまうように思えてしまう。逆に、よくこれは評価されたな、ととんでもない感想をもってしまったんです。

風袋：どんな感じで展示してあるのですか？

水谷：普通に見るような美術館展示ですよ。ホワイトキューブの部屋にキーファーなどの他の現代アートのさまざまな作品といっしょに壁際に展示してありました。いろいろな作品の中に「あ、あった」という感じ。これは所蔵展だったのでいたしかたないかもしれないですが。

風袋：なるほど。では、なぜ美術館に置かれるとその作品の価値が見いだせなくなるのでしょうか。他に置かれるべき場所があるのでは。

河津：僕は、場所ではなく、時間だと思う。ストーリーといっていいのかもしれない。つまり、あの作品の背景を知って最初に感じた衝撃が、あの作品そのものなのだと思います。それを単体でもってきて、背景にあるストーリーを知らないままで見ても、その衝撃が伝わらないため美術作品と認知できない。あれは、ああいうことをやっているその断片であって、そしてそれが日々継続されている。だから背景にある物語、ストーリーに対して、一つの断片がのぞき穴になっているという気がします。ところが、今までの美術作品は、単体で完結したものでした。その違いがあります。あれは、一つの完成作品ではなく、見えないところがあること、もしくは継続していることに驚愕があり、それこそが作品を成立させているのだという気がします。

風袋：僕は、時間、あるいは制作とかかわる身体の問題じゃないかといいたい。制作し続ける作者の姿をイメージできるかどうか。美術館に置かれた時点で、身体から切り離されてしまう。身体との距離が生じたことで、作品のもっていた制作プロセスが見えなくなる。

河津：継続性という意味で、たしかに時間性と身体性を有した作品かもしれませんね。

水谷：平出さんのお話で僕がおもしろかったのは、「整理」ということを主眼に語られていたところです。整理というと意味や分類の単一化ということを連想しそうですが、平出さんのおっしゃっているのは、それらを無に帰すということだと思います。日常の混沌を整理することにより言葉や詩がうまれてくるということでしたが、これは建築とも通じるところが大きいです。建築もさまざまな条件やニーズや社会情勢に囲まれていて、それをどのように整理していくかということが重要です。ある意味、建築をすることは整理することともいえると思います。そう考えると、整理するといういわば身体的な行為がデザインへとつながるということがみえているのではないかと思えます。

風袋：今流行《はや》りの手帳にみられるように、こうやれば効率的に整理ができるというようなハウツー本がすごく売れていますね。それだけ、整理ということに対する一般的な関心が高いのだと思いますが……。

でもここでの整理は、そういうこととは本当に違う。同じ言葉なのに、なんでここまで違うのって感じです。

河津：でも、冒頭は、「僕の身のまわりはすごく散らかっている」というところから始まる。

風袋：そこから始まるのですけど、全然違うところに行ってしまう。

河津：やらなければならないことが同時にたくさんあることが、未整理につながる。それにけじめをつけるには、どうするか？

風袋：「一日」というのは、本当に日常的な身のまわりのことだと思います。ぼくが「なるほど」と思ったのは、一日が、宇宙の真理、何十億、何百億年変わらずに繰り返されて来たスケールの大きさのようなものとつながっている点です。そして、宇宙の大きさそのものをもち出すのではなく、それに密接にかかわっている一日を自分の体と結びつけることによって何かことをしようとしている。手帳が流行《はや》っているような整理とは違うスケール感というか、すごい深いところに行っているという感覚があります。

河津：時間、死、一日、というのがリンクしており、それに自身を置いてみる。それが整理、日常ということにつながっているという気がしました。

三、関係の中で生起する

人のつながり

河津：ここに登場した皆さんの話を聞くにつけ、デザイナーの存立基盤は結局人と人とのつながりではないか。制作活動ができるのは、それを要求する人がいて、制作する場面が与えられるということではないか。彼らの財産は何かと見ると、タレントもさることながら、結局は「人」ではないか。そのことを強く感じました。

風袋：そうですね。たとえば安田さんは「ご縁」という言葉で「人とのつながり」の大切さを指摘され、新宮さんは、人といっしょにつくること、それがまさに自分たちにとっての環境デザインであるというような言い方をされた。

水谷：やはりただつくっていくだけではだめだと思うのです。作品をつくっていくそのプロセスの中で、いかに人や環境とかかわっていくのかということが大切だと思います。これは、すべてのデザイナーに関していえることと思います。そうでないとただのマスターベーションに終わってしまう可能性もあります。テリー・ギリアムの「ロスト・イン・ラマンチャ」のように、作品は完結しなくても、その制作プロセスや人間の関係性にドラマがあれば、そのプロセス自体が作品になりうることもあります。

風袋：作品と人間関係という点で鮮烈だったのは、長倉さんの写真です。あの家族の表情にどうやって出会うことができたのか。何回も現場に行って人間関係をつくっていくようなことなくしてはまず成立しえないでしょう。

河津：ただ、たとえ現場を何度も訪ねたとしても特別な関係がつくり上げられるわけでもなく、たとえ人間関係が構築できたとしても、誰でもがいい写真を撮れるわけでもない。そこに、何かがあるんだろうね。

風袋：人とのつながりをつくるときに、長倉さんでなくてはつくれないような関係のつくり方があるのではないでしょうか。それは、その人のもっている資質だから真似ができないようなものだと思います。

河津：いわゆる芸術家というのは、好きな勝手なことをやっている連中といったイメージですが、「私は才能があります」ということだけでは作品は実現できない。人とのつながりの面からいうと、違う意味での体力、粘り強さが必ず要求されていると強く感じました。それが、彼らの根本的な存立基盤のような気がしました。

共につくる

風袋：たほさんのパブリックアートには、地域の人々とのワークショップを通じて「共につくる」ということが大切な役割を果たしているように思います。今日この「共につくる」、あるいは北川さんがいう「協働」ということの可能性についてはどう考えたらいいのでしょう。

水谷：「協働」あるいは「共につくる」ことの本質とは、「個から総合へ」ということを徹底することなのではないか思います。普通、都市とか建築については、大上段から総合計画やコンセプトやデザイン・コードで押し切っていく手法があると思います。それとは逆に、「協働」あるいは「共につくる」とは、ミクロな発想を積み上げていって中心的な本質を含んだものにまでたどり着くというようなプロセスであると思います。

風袋：個から総合へ向かうというつくり方をするときに難しいのは、どうしたら総合化できるのかということだと思います。いろんなものがただ寄せ集まった状態と、総合化された状態の違いをいかにしてつくり出すのか。そのときに大切なのが、プロジェクトのドライビングフォースというか、ファシリテーターとしての北川さんや、アーティストのたほさんの存在ですね。

水谷：ファシリテーターの役割は、基本的には、プロセスそのものを参加者といかに共有していくかというシステムづくりと、具体的な作業のエッセンスをいかに創造的にさまざまな場面（たとえばワークショップとか）においてプログラム化するかということだとは思います。そこで課題になるのは具体的ターゲットにどう進むべきかというところがぼやけないようにするということです。特にアートを一般市民と共につくる場合、アーティストのビジョンをどのように共有できるかということはとても難しく、パワーのいる創作行為だと思います。決してスリアワセの技ではない、参加者の半歩、あるいは四分の一歩先のモノを見ながらのプロセス・デザインといったところでしょう。その中でも最も重要なのが参加の現場のアトモスフィアを読むということでしょうね。それが一番重要なことで、本当に難しいことだと思います。

風袋：たほさんや北川さんの取り組みを見ると、作品そのものではなく、アートがもたらすもの、それ自体を中心に据えて活動している。そこでは、作品は一種のメディアなんですね。北川さんの場合はまさに「まちづくりやコミュニティー形成」というビジョンがあり、たほさんの場合はそのプロセスをアートとして位置づけているように思います。そして、彼らの取り組みを成立させる根底には「共感」があるのではないか。「まちづくりやコミュニティー形成」にはこの「共感」が必要であり、それは北川さんのいう「協働」によってもたらされています。

水谷：そうですね。僕はひとつのプロジェクトは企画、制作、運営というプロセス全体だと思います。表に立つのは最初の企画と最後の運営なんですが、本当は真ん中の制作、平たくいえば準備することが最も重要で、そこでいかに「協働」できるかがポイントだと思います。実際、モノをつくるということはひとりだけではできないということがほとんどでしょうから、プロジェクトに関係するさまざまな人たちとのそれこそ「共感」ということが必要になってくる。その際、常にお互いに想像力をめぐらせ、マイノリティーのことを考慮するということがとても重要だと思います。

変容するコミュニケーション

水谷：原さんがディスクリートという概念を説明するとき、インターネットや携帯電話の例にあげていました。ディスクリートとは、まず前提として個が自立していて、その個と個が自在にコミュニケートできるシステムの在り様なのだと理解しました。

風袋：コンピューターあるいはネットを可能にする原理の中に世界モデルをみているのだと思います。つまり、連続的にとらえるのではなく、0《ゼロ》・1《イチ》と離散的にとらえることによって可能になる構造、そういう構造をもった世界観です。

水谷：離散的というのはどういう世界なのでしょうか。単に連続してないということではないのでしょうね。たとえばコンピューター上のネット・コミュニケーションなどは絶えず進行していますが、そこへのアクセスはクリックによるON《オン》・OFF《オフ》で切り替えられる。その切り替えによってネットとの連携が瞬時に入れ替わることができる。このあり方がコミュニティーを超えていく新しいつながりのあり方になっていくのでしょうか。

風袋：原さんが、ある種の集落にみられるような分散配置の例をあげましたね。そこで強調されていたのは、その配置が可能にしている、情報伝達というかコミュニケーションのほうであったように思います。言い換えると社会のあり方ということになるのだと思います。

コミュニケーションというのは、かつては挨拶などにみられるようなわかりやすい姿かたちとして現われていた。しかしもはや、かたちの問題ではなくなっているので、ちょっとイメージしにくいところがあるのだと思います。ただそこにこそ環境デザインの可能性があるのではないでしょうか。

水谷：たとえば建築設計に関していえば、60年代くらいであれば、ある意味、造形に優れた時代に即した建築をつくるということが第一義の仕事であったような気がします。現在は建築のソフトや運営の話までどう構築するかというところまで求められてきています。それには互いのコミュニケーションのあり方をどうとらえるかというところが重要なのでしょう。そこを切り口にしてどうデザインしていくかということなのでしょうね。

河津：電話というものが、ベルが発明して以降、世界に広く流布していく。この変化は、なんとかうまく乗り越えられていったのですが、今日の携帯電話のこの急激な流布は、人と人のコミュニケーションにいったいどのような変化をもたらすのだろうか？

風袋：電話がもたらしたもの、携帯電話がもたらしたもの……。そこでの変化の大きさは、携帯電話のほうが大きいような気がしますね。違いは恐らく、「自由さ」だと思う。電話がもたらした自由は、移動しなくてもよい自由でしょう。ただ、移動しなくてよい自由を得たかわりに、電話のところへ行かなくてはならなくなった。そういう場所に固定される不自由を生んだともいえます。一方で、携帯電話は移動しなくてよい自由を得ると同時に、場所に固定される不自由も取り去ってしまったわけです。そういう意味で、自由度の水準が上がった。しかし、携帯電話によって生み出された不自由はないのでしょうか？

水谷：のべつ幕なしにつかまってしまうということではないですか。

河津：相手の自由度はこっちの不自由度ですね。

風袋：切れない不自由さですね。常につながっていなければならない不自由さです。そう考えると、携帯やネットがつくる社会の現実は、ディスクリートとはどうも違うところへ向かっている。逆説的ですね。

水谷：一方で、常に切れている、コミュニケートできない社会もある。

河津：携帯電話の世界も個別分散しているわけですね。コミュニケーションのあり方自体に不自由性を温存している。

環境の時代の全体像

河津：そのとき、その全体像のデザインというものはどう描けているのだろうか？　それはネット社会も同じで、ネットなどで機能が数倍社会化されているとして、ON・OFF の世界であることはわかるが、そういう社会の全体像をどのように描けばいいのだろうか？

風袋：現代の全体像は、その描き方自体が変わってしまったのだと思います。わかりやすくいえば、地球を宇宙から眺めたときの一体感のようなものとしてはもはや描けない。宇宙を外から眺められないようにです。内側から個別の事象の関係性をみて、個々に世界の全体像を想像するしかない。環境の時代の本質はその辺にあるのではないでしょうか。

河津：私たちを取り巻く具体（自然）の状況から「環境」を問わざるをえなくなったというのが今世紀の様態であるように思います。一方、抽象（科学や情報技術）からは分散化、ON・OFF 化が進行しています。環境には ON・OFF はなく、いやおうなく巻きこまれてしまう全体性が要求されています。そのズレに対する整合性を取り戻す、そういう段階に入ったという気がします。

水谷：現代においては、全体像を見ることができなくなってきている、ということでしょうか？

河津：単純にいってしまえば見えなくなってしまった。どんどん抽象化、分散化してしまっているから。そして、そうなればなるほど、逆にますます全体像への欲求が昂じてきているように思います。

水谷：確かにそういう側面もあるでしょうね。自分の目の届く範囲に関しては非常によく見えていて専門的知識もあり洞察力も深い。でも少し隣の領域や分野の話になると全然コミュニケーションがとれなくなってしまうというケースが散見されます。自分の想定内のことであれば対応できるんです。いわばリスクヘッジはうまい。しかし、いったん予測不能な想定外なことに直面した途端、無力にフリーズしてしまうんです。そのあたりへの対応の所作を考えたとき、全体像を探るうえでも、環境デザインということが重みをもってきているのだと思います。

風袋：かつてその全体像の説明は哲学が担っていたのではないでしょうか。しかし現代の哲学はあまりにも難解で普通の人にはついていけない。

河津：古い話をすると、その全体像を提示してくれていたものは宗教だったかもしれない。この世に生まれてきたこととか、生きることや死ぬことについて一応の答えを用意していてくれていた。ところが今はそれが見えない。

風袋：それが、ある時から科学に期待が集まりましたね。けれども、科学だけでもいかん、ということになり、そこで環境学みたいなものへの期待が高まってきているように思います。

水谷：おそらくわれわれの現状というのは、いわばプリミティブなものから高度に情報化された世界が幾層にも入り組んでいる環境にあり、その中を絶えず行ったり戻ってきたりしているのだと思います。

そして、その幾重もの層はもちろん身体の内部にもある。環境デザインということを考えたとき、われわれは、その身体の内部と外部を相互に連携しながらデザインという行為にアプローチすることができるはずです。

またそこに時間の軸というものが絡んでくる。われわれは過去の記憶や経験を蓄積させながら未来を見つめたり、過去と未来の時間の流れの中を行ったり来たりしています。そしてその多様な行ったり来たりの振幅の中で、ある瞬間、経過においては逆の位相を見ているというところがあるのではないでしょうか。あるポイントで今やっていることと逆の方向に回答を求める行為です。そこにデザインのキーがあるのではないかと思います。

多様化を極めるわれわれの環境において目に見えない時間という不可視の世界をいかに視覚化（感覚化）するか、それがいわば時間の空間化ということになるのかもしれませんが、身体の内外、さまざまな環境の層の振幅の中にあっていかにそれをどのようなかたちで提示できるかということが環境デザインなのだと思います。

風袋：デザインとはある種の「自然」をもとに「文化」を形成していく行為だといってもよいかと思います。ただしこのプロセスは「自然」↓「文化」という一方向的なものではありません。その次に「文化」↓「自然」という反対向きの変容が生じることを私たちは何度か経験してきました。

都市に生まれ育った子供たちがスケートボードを自在に操り、ビルや車の隙間を疾走する姿をイメージしてください。彼らの身体にとっては都市は自然であるに違いありません。こう考えると、この「自然」と「文化」というものが私たちの環境の二面性としてみえてきます。つまり「自然」か「文化」なのかは私たちの身体性の変容によって反転してしまう。

こうした認識に立つとき、環境デザインは、自然を体験し、自ら気づき、経験するという、いわば私たちが相互に生きるということと共にある。それは「関係の中で生起する」ということと不可分な制作行為です。この行為によって、変容する不確かな世界を生きるイメージをつかみたい。そんな希望をもちました。

河津：宗教が担ってきた役割を二十世紀は科学が代役をしてくれていたわけですけれど、そしてその延長線上にコンピューターやインターネットの世界があり、おそらく際限なく拡大してゆくわけですが、それが全能ではないかもしれないという予感が蔓延し始めている。その具体的な反映が「環境」なんだと思います。気がついてみると、環境ということを意識しようとしまいと、「環境」という概念（それが何を指し示しているかはさておいたとしても）に接触せざるをえなくなった世界ができていた。

現在のデザインは、意図する・しないにかかわらず、必然的にそこにコミットせざるをえない状態だという気がします。表現者のワークは、みなコミュニケーションがベースだったのではないか、という話が出てきましたが、その結果としての作品には、意図しなかったけれど、それを見せられて何か気づいてしまったということがない限り、デザインになっていないのではないか。「気づき」を孕《はら》んでいない作品には、訴える力がないのではないか、という気がし始めました。

こうやって日常の生活があり、生きていて、そして死んでいる。そんな中で環境の問題というのは、「気づき」がない限り、訴求力がないのではないかと思います。その「気づき」をどうやって実現するのかについては、個別のデザイナーたちのワークにヒントがあるのかもしれません。「環境デザイン」とはそんなワークのような気がしています。

風袋：個から始まるということですね。文化の中での個、自然の中での身体、すなわち環境の中での私自身。そして、結局それらはすべて、私たち人類全体の存続に向けた試行なのではないでしょうか。環境デザインの重要性はまさにそのへんにあるように思います。

[編者プロフィール]

河津 優司 Kawazu Yuji
かわづ ゆうじ／1950年福岡県生まれ。早稲田大学大学院理工学研究科建設工学専攻博士後期課程修了。『日本建築みどころ事典』(1990年 東京堂出版 共著)『よくわかる古建築の見方』(1998年 JTB監修) など。現在、武蔵野大学人間関係学部環境学科住環境専攻教授。

風袋 宏幸 Futai Hiroyuki
ふうたい ひろゆき／1964年東京生まれ。東京工業大学大学院およびコロンビア大学大学院修士課程修了。環境デザインとメディアアートの境界で活動。芥川ビル(SDレビュー2003入選, マイアミ+ビーチ国際ビエンナーレ2005シルバーメダル)、文化庁メディア芸術祭・審査委員会推薦作品 (2004)、東レデジタルクリエーションアワード・グランプリ(1998) など。現在、武蔵野大学人間関係学部環境学科住環境専攻准教授。

水谷 俊博 Mizutani Toshihiro
みずたに としひろ／1970年神戸市生まれ。京都大学大学院工学研究科建築学専攻修了。株式会社佐藤総合計画を経て、2004年水谷俊博建築設計事務所設立。設計担当作品「小美玉市四季文化館」「羽鳥の家」等。著書に『建築思潮05漂流する風景・現代建築批判』(1997年 学芸出版社)『文化がみの〜れ物語』(2002年 茨城新聞社) など。現在、武蔵野大学人間関係学部環境学科住環境専攻専任講師。

環境《かんきょう》デザインの試行《しこう》

発行日……………2007年6月1日 初版第1刷
編者………………河津優司, 風袋宏幸, 水谷俊博
著者………………新宮 晋, 宮城俊作, 安田幸一, 原 広司, 杉本貴志, 長倉洋海, 北川フラム, 庄野泰子, 海藤春樹, 平出 隆, たほりつこ
発行………………武蔵野大学出版会
〒202-8585 東京都西東京市新町1-1-20 武蔵野大学構内
Tel 042-468-3003 Fax 042-468-3004
印刷・製本………凸版印刷株式会社
組版・書体制作…釋 雲心

Printed in Japan ISBN978-4-903281-05-6

武蔵野大学出版会ホームページ http://www.m-you.hello-net.info/syuppan

落丁・乱丁本はお取り替えいたします。